ENCYCLOPÉDIE-RORET.

—

BOULANGER,

NÉGOCIANT EN GRAINS,

MEUNIER

ET

CONSTRUCTEUR DE MOULINS.

—

TOME PREMIER.

AVIS.

Le mérite des ouvrages de l'*Encyclopédie-Roret* leur a valu les honneurs de la traduction, de l'imitation et de la contrefaçon. Pour distinguer ce volume, il portera, à l'avenir, la signature de l'Editeur.

MANUELS-RORET.

NOUVEAU MANUEL

COMPLET

DU BOULANGER,

DU

NÉGOCIANT EN GRAINS,

DU

MEUNIER ET DU CONSTRUCTEUR DE MOULINS.

NOUVELLE ÉDITION,

ENTIÈREMENT REFONDUE, ET ENRICHIE DE TOUTES
LES DÉCOUVERTES ET PERFECTIONNEMENTS QUI SE RATTACHENT
A LA FABRICATION DU PAIN,
A LA CONSTRUCTION DES MOULINS ET A LA CONNAISSANCE
DES CÉRÉALES ET DES LÉGUMINEUSES;

Par M. **Benoit,**

Ingénieur pour les Usines, Manufactures, Machines, etc.; l'un des Fondateurs
de l'Ecole centrale des Arts;

M. **Julia** de **Fontenelle** et M. **F. Malepeyre.**

Ouvrage orné de Planches.

TOME PREMIER.

PARIS,

A LA LIBRAIRIE ENCYCLOPÉDIQUE DE RORET,
RUE HAUTEFEUILLE, 10 BIS.

1846.

INTRODUCTION.

—

L'étude des céréales, de leurs succédanées, des légumineuses, etc., etc., ainsi que celle des moyens propres à les panifier ou à améliorer leur panification, sont un vaste sujet qui intéresse non-seulement l'agriculture et le commerce, mais encore toutes les diverses branches de la société. Une longue expérience a démontré que la culture et la conservation de ces mêmes céréales sont un des objets les plus propres à fixer l'attention des gouvernements. C'est, en effet, à cette partie de l'économie publique, et même politique, qu'est attachée la prospérité, et, par fois, le sort des nations. On ne saurait donc se livrer avec trop d'ardeur à propager les préceptes qui peuvent en multiplier la reproduction, et en faire la meilleure application à la fabrication du plus précieux des aliments, le pain.

L'étude, la connaissance, la préparation et la panification des céréales, constituent trois arts séparés : celui du négociant en grains, celui du boulanger et celui du meunier. Ces arts ont entre eux une telle connexion, que nous avons cru devoir les réunir dans un seul ouvrage, afin d'offrir, dans un même cadre, l'ensemble de tout ce qu'ils présentent d'intéressant, et de faire servir chacun de ces arts à éclairer les deux autres. La première édition de cet ouvrage, donnée par M. Dessables, était incomplète. L'éditeur nous confia la rédaction de la seconde. Pénétrés des devoirs que cette tâche nous imposait, nous crûmes devoir refondre totalement cet ouvrage, le mettre dans un ordre nouveau, l'enrichir de toutes les découvertes qui ont concouru au perfectionnement de ces trois arts, de manière à le rendre également utile au négociant, au boulanger, au meunier, au constructeur de moulins, à l'agriculteur, aux intendants et sous-intendants militaires, aux fournisseurs, en un mot à toutes les classes de la société.

Le succès a répondu à notre attente ; aussi nous sommes-nous fait un devoir d'enrichir cette nouvelle édition de toutes les découvertes et perfectionnements relatifs à ces branches industrielles.

Nous avons puisé une grande partie de nos matériaux dans le *Nouveau Cours complet d'Agriculture* par la section d'économie rurale de l'Institut, le *Dictionnaire technologique*, la *Chimie* de M. Thénard, celle appliquée aux arts, de M. Dumas, les *Annales de Chimie*, les *Bulletins de la Société d'Encouragement pour l'industrie nationale*, les *Recherches statistiques sur la ville de Paris*, par M. le comte de Chabrol, le *Traité de l'industrie française*, par M. le comte Chaptal, la *Bibliothèque physico-économique*, et une foule d'ouvrages récents qui ont paru, en France, en Angleterre et en Allemagne, sur ces arts.

Pour plus de clarté, nous avons divisé ce nouveau Manuel en cinq parties.

La première comprend les céréales, qui sont le blé, le seigle, l'orge et l'avoine ; nous y avons compris aussi, sous le nom de *succédanées*, le maïs, le sarrasin, le riz, le millet, etc.; et sous celui de *légumineuses*, les fèves, les haricots, les pois, les vesces, la gesse, le lupin, les lentilles, etc. Après avoir décrit les diverses espèces de blé, nous faisons connaître les maladies auxquelles il est sujet, et le moyen d'y remédier ; les altérations qu'il est susceptible d'éprouver, les insectes qui l'attaquent, et les meilleures méthodes pour les reconnaître et pour l'en préserver, telles qu'on les pratique soit en France, soit à l'Etranger. Vient ensuite leur conservation tant en sacs isolés que dans les greniers aérés ou clos de MM. Dejean, Delacroix ; dans les greniers mobiles de M. Vallery, etc.; dans les matamores, silos, et au moyen des appareils aérifères. Enfin, l'analyse des céréales, et des tableaux des récoltes des grains dans toute la France, d'après les archives statistiques du ministère de l'agriculture et du commerce.

La seconde est consacrée aux farines, aux moyens de reconnaître leur bonté et de les conserver, aux caractères qui sont propres à chacune d'elles, à leur blutage, aux substances qu'on introduit dans celles de qualité inférieure pour rendre le pain plus blanc, à leur danger, et aux moyens de les reconnaître, etc.

Dans la troisième partie nous avons placé la description des fours à pain, leur chauffage, les divers combustibles, la théorie de la combustion, et les instruments propres à la boulangerie.

La quatrième partie est consacrée à la panification, aux diverses espèces de levain, à l'emploi de l'eau et du sel marin, à la mise au levain, au pétrissage, et aux perfectionnements qu'il a reçus, à la pesée, à la cuisson du pain et à son défournement, à la description des pétrins mécaniques proposés jusqu'à ce jour, à la quantité de pain qu'on peut retirer d'un sac de blé, aux procédés propres à en augmenter la quantité, et à l'analyse du pain, par Henry ; enfin, nous y traitons en même temps de la fabrication d'un grand nombre de pains, tels que celui de munition, de biscuit de mer, les pains de luxe, le pain sans levain, le pain de seigle, de méteil, de son, d'orge, d'avoine, de maïs, de sarrasin, de riz, de lentilles.

Enfin, la cinquième partie est destinée à l'art du meunier et du constructeur de moulins ; nous y avons exposé successivement les organes des moulins, la force nécessaire pour mettre les organes des moulins à farine en activité, les diverses manières de moudre, la classification des moulins, la détermination de la force des cours d'eau, la construction des moulins à eau en général, des moulins à roues horizontales, à coquilles, à roues verticales pendantes, en-dessous, de côté, en-dessus ; des moulins à vapeur, des moulins à vent, etc. Cette partie a reçu une notable extension, grâce au concours habile de M. Benoist ; nous y avons ajouté la description et les planches de plusieurs moulins à eau, à vapeur, à vent et à bras, du plus haut intérêt.

C'est par de longues et pénibles recherches que nous avons cherché à justifier la bienveillance avec laquelle le public a accueilli jusqu'à présent notre utile publication.

NOUVEAU MANUEL

COMPLET

DU BOULANGER,

DU

NÉGOCIANT EN GRAINS,

DU MEUNIER

ET DU

CONSTRUCTEUR DE MOULINS.

————◆◆◆◆◆◆◆◆◆————

PREMIÈRE PARTIE.
DES CÉRÉALES.

———

On a consacré le nom de *céréales* aux graminées que l'on cultive pour en obtenir les semences qui sont employées à la nutrition de l'homme. Ce nom générique vient de celui de *Cérès*, dont les brillantes fictions de la Mythologie avaient fait la déesse de l'agriculture, et à laquelle nous devrions ces présents si précieux. Les céréales, à proprement parler, se réduisent à quatre :

Le froment,	L'orge,
Le seigle,	L'avoine.

Il est quelques auteurs qui ont considéré aussi comme telles·

Le maïs,	Le sorgho,
Le sarrasin,	Le millet.
Le riz,	

Boulanger, tome 1.   1

Nous ne partageons point cette opinion ; nous ne considérons ici comme véritables céréales que les quatre graminées précitées, ainsi que leurs variétés ; mais, comme ces derniers végétaux ont beaucoup d'analogie avec elles, nous les placerons à la suite, et avant les légumineuses.

Il est une foule d'autres semences qui s'y rattachent aussi ; telles sont : l'*alpiste*, la *fétuque flottante*, la *zizanie*, les *holcus*, etc. Nous les passerons sous silence, attendu qu'elles n'ont point été encore *panifiées*.

Pour plus de clarté, nous allons énumérer les diverses semences précitées, que nous diviserons en céréales, succédanées des céréales, et graines légumineuses.

DU FROMENT OU BLÉ.

Latin, *bladum*, *triticum* ; grec, *pyros* ; arabe, *henta*, *henca* ou *hantha* ; italien, *grano* ; russe, *pchenitsa* ; suédois et danois, *hvete* ; allemand, *weitzen* ; anglais, *corn*, *wheat* ; espagnol, *trigo* ; patois languedocien, *blad*, *touzello* ; limousin, *blad*, etc.

Le blé est cultivé de temps immémorial ; tout porte à croire qu'on doit rapporter les cinq cents variétés environ que nous en connaissons, à une espèce primitive qui s'est perdue par sa naturalisation dans presque toutes les parties du monde. L'Egypte est le pays où l'on remarque les plus anciennes traces de sa culture. Les Latins avaient désigné les céréales sous le nom générique de *bladum* ; ils ajoutaient à cette dénomination celle de l'espèce ; ainsi ils nommaient :

Le froment, *bladum frumentum* ;
L'avoine, *bladum ab equis* ;
Le méteil, *bladum mediatum* ;
Le blé d'hiver, *bladum hiemale*, etc.

Dans tout le midi de la France, les noms de *blé*, et en patois de *blad*, provenant l'un et l'autre du latin *bladum*, sont uniquement consacrés au froment.

Nous avons déjà dit que l'on connaissait un grand nombre de variétés de blé. En 1784, Tessier forma le projet de connaître toutes les plantes économiques que l'on cultive, non-seulement dans chaque contrée de la France, mais dans les divers Etats de l'Europe, de l'Afrique, de l'Asie et de l'Amérique, pour les comparer. Cet illustre agronome reçut des semences de presque tous les points du monde, qu'il sema avec soin, pendant plusieurs années de suite, à Rambouillet et dans un canton de la Beauce qui en est à onze lieues; il en distribua les produits à plusieurs personnes. C'est d'après ces importantes recherches qu'il a publié, dans le nouveau Cours complet d'Agriculture théorique et pratique, publié par MM. les membres de la section d'Agriculture de l'Institut de France, les précieux documents que nous allons transcrire fidèlement.

« Parmi les différentes sortes de froments que j'ai cultivés, dit-il, les uns ont la paille pleine et forte, les autres l'ont creuse et grêle; plusieurs sont sans barbes ou arêtes; la plupart ont des barbes; il y en a dont les épis ont presque la forme cylindrique; d'autres l'ont presque carrée. On en voit d'épais, on en voit d'aplatis et de minces. Les barbes, ainsi que les balles, sont ou noires, ou blanches, ou rouges, ou violettes; ces parties tantôt sont lisses, tantôt velues; les grains n'ont pas non plus la même couleur, puisqu'il y en a de blanchâtres, de transparents, de jaunes, de ternes, de plus ou moins bombés, de plus ou moins gros, de plus ou moins allongés; quelques-uns ont des taches ou sont ridés. » Toutes ces différences peuvent établir une méthode pour distinguer les divers froments; mais, laissant à part toute distinction botanique, Tessier réduit les froments à deux sortes, savoir: aux froments tendres et aux froments durs. Dans les premiers, les grains sont flexibles sous la dent et d'une couleur plus ou moins jaune; leur écorce est fine, et recouvre une farine blanche et abondante; ces grains résistent au froid et sont cultivés, la plupart, dans les provinces septentrionales et dans le nord de l'Europe. Il en a reçu de la Russie, de la Suède, de la Pologne, de la Hollande, de tous les États d'Allemagne, des Pays-Bas, de la Suisse, de Genève, du Cap de Bonne-Espérance même et du Maryland, parce que les Hollandais et les Anglais les ont portés dans leurs colonies.

Les froments, ou blés tendres, sont sans barbes ou avec des barbes. Parmi les blés tendres et sans barbes, celui qui a les épis blancs, presque cylindriques, les grains jaunes et la tige creuse, est préféré dans les meilleures provinces à blé de la France, qui toutes sont au nord, telles que la Flandre, l'Artois, la Picardie, la Brie, la Beauce, le pays fertile de l'Île-de-France, appelé *la France.*

La Flandre, le Calaisis, le Cambraisis, le Boulonnais, et un canton de la Normandie, ont fait passer à Tessier un froment à épis blancs sans barbes, et à grains blancs ar-

rondis, qu'il·a trouvé aussi dans des envois de Pologne, de
Zélande, d'Angleterre, de Limbourg et du Cap de Bonne-
Espérance.

Il a eu du pays d'Auge en Normandie, par les soins de
M. le marquis Turgot, et de Saint-Diez en Lorraine, un froment sans barbes, à épis presque cylindriques et veloutés ; il
lui a aussi été apporté de Hollande, d'Angleterre, de la Su-
dermanie en Suède, du Holstein et du Mecklembourg.

La vraie touzelle, espèce de froment à épis cylindriques,
sans barbes et à grains blancs, allongés, est connue en Sicile,
à Gênes, à Nice, ainsi qu'en France dans la Provence, le
Languedoc et le comtat d'Avignon. Il n'en est pas venu du
Nord.

Le plus cultivé des blés tendres, tant en France que chez
l'Etranger, est le blé à épis blancs et à barbes divergentes,
tige creuse. Il est répandu partout, mais bien plus dans le
Nord où il n'a sans doute passé que par les importations,
comme les blés sans barbes ont passé dans le Midi. Les blés
durs sont les blés dominants dans les pays chauds. S'il s'y
trouve du blé tendre, c'est l'espèce dont on vient de parler.
Parmi nous, elle est plus cultivée en mars qu'en automne,
parce qu'elle est plus sensible au froid que nos blés sans
barbes.

Après ce blé barbu, il y en a un autre aussi plus connu
dans le midi de la France et de l'Europe que dans le nord :
c'est celui qui a la tige pleine, l'épi rouge, et les barbes
rouges convergentes. Ses grains, comme ceux de tous les
blés à paille pleine, sont gros, fermes et ont une peau épaisse
qui, à la mouture, donne beaucoup de son et de mauvaise
farine.

Dans les blés tendres, il y a des variétés qui ne se cultivent
que dans peu de pays, soit parce qu'il y a peu de terrains
propres à les produire, soit parce qu'ils ne sont pas d'un bon
rapport. Le blé de providence, le blé de miracle, le blé de
souris, un petit blé sans barbes, à épis roux et carrés, sont
dans ce dernier cas.

Quelques provinces ne cultivent qu'une sorte de blé, tandis que d'autres en cultivent jusqu'à huit sortes.

Les blés durs diffèrent des blés tendres, parce que leurs
grains sont ternes ou transparents et durs à casser; on en fait
de la belle semoule; ils n'offrent pas un aussi grand nombre
de sous-variétés que les blés tendres. Inconnus dans le nord

de la France et de l'Europe, on les voit naître dans le comtat d'Avignon, la Provence et le Languedoc, où ils ont été introduits par le commerce de ces provinces avec l'Afrique et tout le Levant. Ce sont des blés durs que Tessier a reçus d'Egypte, de Syrie, d'Athènes, de Malte, de la Sardaigne, de la Sicile, de diverses parties de l'Italie, du Piémont, du Portugal, de l'Espagne, etc.

Des blés durs, qu'il a semés pendant tous les mois de l'hiver, ont gelé presque entièrement. Les mêmes, semés en mars, sont bien venus, et ont fructifié. Des blés tendres, envoyés des pays où on cultive les blés durs, c'est-à-dire des pays chauds, n'ont pas souffert des rigueurs de l'hiver. Il semble qu'on peut en donner cette raison : c'est que ceux-ci, originaires des pays froids ou tempérés, en y repassant, ont retrouvé, pour ainsi dire, leur climat natal, tandis que les autres arrivaient dans un climat étranger qui leur était contraire.

Il serait important de savoir si les blés durs, introduits en France depuis un grand nombre d'années, y produisent autant que les blés tendres qui n'ont point sorti du pays ; et si des blés tendres de France, exportés dans des climats chauds après un grand laps de temps, égaleraient en produits les blés durs de ces climats. Ces transports et ces essais, multipliés et suivis, apprendraient peut-être d'où chaque sorte de blé est originaire, parce qu'il y a lieu de croire que c'est du pays où elle produirait le plus.

De ces observations générales, Tessier passe à la description de celles des variétés ou sous-variétés de froments qu'il a le plus étudiées. Il y en a sans doute un plus grand nombre ; mais les unes lui sont inconnues, les autres n'offrent pas des différences assez sensibles pour être bien caractérisées.

Il se borne donc à un petit nombre.

N° 1. Froment sans barbes ; à balles blanches, peu serrées ; grains jaunes, moyens ; tige creuse.

Ce froment est celui qu'on sème dans les parties les mieux cultivées de la France, où la terre n'est pas compacte et où elle a peu de fond.

N° 2. Froment sans barbes ; à balles rousses et peu serrées ; grains jaunes, moyens ; tige creuse.

On croit que ce froment n'est qu'une sous-variété du premier. Les grains en sont plus gros et d'un jaune plus roux. Il se cultive dans les mêmes cantons. On préfère ce blé dans les pays où le temps de la moisson est souvent pluvieux, parce que, germant plus difficilement, il est moins sujet à s'altérer quand les tiges sont en javelles et étendues sur les champs. On connaît encore une sous-variété de ce froment, qui ne diffère que parce que les grains sont blancs.

N° 3. Froment sans barbes; à balles blanches, peu serrées; getits grains blancs, ronds; tige creuse.

Ce froment a beaucoup de rapport avec le N° 1; sa paille et ses balles sont un peu plus blanches, et ses grains blancs. On le cultive dans le nord de la France, et même dans le midi.

· On a cru, en Angleterre, avoir fait une découverte quand, pour la première fois, en l'an VI de la république, ce froment a été trouvé dans une haie, ce qui l'a fait nommer *hedge-wheat*, blé de haie. En ayant fait venir d'Angleterre, Tessier a reconnu que c'était cette variété cultivée dans diverses parties de la France depuis longtemps, et notamment aux environs de Dunkerque, sous le nom de blé de première qualité; près de Lille, sous celui de blanc-zée; près de Calais, sous celui de blé blanc, etc.

N° 4. Froment sans barbes; à épi roux et carré; grains petits; tige creuse.

On le cultive à Phalsbourg en Alsace. Ce n'est qu'au printemps qu'on le sème ordinairement; cependant il a été semé en automne par Tessier pendant plusieurs années. Sa sous-variété a l'épi blanchâtre.

N° 5. Froment sans barbes; à épi roux; grain de grosseur moyenne; tige creuse et grêle.

Ce froment se cultive aussi à Phalsbourg, toujours mêlé avec le précédent. On l'y sème au printemps; mais il a été semé seul et en automne pendant deux ans, par Tessier, avec succès. On soupçonne qu'il pourrait bien être le même que le N° 2. Sa sous-variété a les épis blancs, et ressemble beaucoup au N° 1.

N° 6. Froment sans barbes; à épi blanc; grains blancs, longs et un peu transparents; tige creuse; calices rares et écartés.

Ce froment se cultive dans les provinces du midi de la France sous le nom de *touzelle*; il diffère du N° 3, parce que les grains sont un peu plus longs et presque transparents.

N° 7. Froment sans barbes; à épi velu et grisâtre; grains moyens; tige creuse; sa sous-variété a les épis roux.

Ce froment se cultive en Normandie, dans le pays d'Auge, à Boulogne-sur-Mer. Il vient de la Suède.

N° 8. Froment barbu; à épi blanc, large; à barbes blanches, divergentes; grains moyens; tige creuse; calices peu serrés.

Ce froment se cultive dans presque toutes les parties de la France. Tantôt il est lisse, tantôt il est velu.

N° 9. Froment barbu; à épi roux, large, et à barbes rousses, divergentes; grains moyens; tige creuse, et balles peu serrées.

Ce froment est velu ou lisse.

N° 10. Froment barbu; à balles et barbes violettes, velues et droites; grains gros et longs; tige pleine.

Ce froment se cultive depuis longtemps dans les environs de Nice, d'où il a passé dans le Piémont. Une partie de ses barbes tombent à la maturité. Il a l'avantage d'être hâtif et d'avoir une végétation rapide.

N° 11. Froment barbu; à épi étroit, velu et gris; barbes grises ou noires; grains gros et bombés, tachés de noir sur le germe; tige pleine, et balles serrées.

Ce froment, qu'on pourrait peut-être appeler *blé de souris*, se cultive particulièrement dans la vallée d'Anjou, toujours mêlé avec le suivant. Il ne vient que dans les terres qui ont beaucoup de fonds. Quelquefois ses barbes tombent au moment de la parfaite maturité. Sa sous-variété est blanche, une autre est rouge.

N° 12. Froment barbu; à épi rouge non velu, un peu étroit; barbes rouges; gros grains; tige pleine.

On le cultive dans la vallée d'Anjou, mêlé avec le précédent; on le cultive seul dans beaucoup d'endroits de la France. Quelquefois ses balles sont couvertes d'une espèce de fleur blanchâtre, semblable à celle qu'on trouve sur certains fruits, et surtout sur les prunes. Souvent les barbes de ce froment tombent toutes au moment de la maturité.

Tessier a reçu, de Genève, sa sous-variété blanche, sous le nom de blé *nonette*. Il en est encore une violette, une rousse, une veloutée, et une à barbes noires.

N° 13. Froment barbu; à épi blanc, carré; barbes noires; gros grains blancs, bombés; tige à demi-creuse.

Ce froment se cultive dans le comtat d'Avignon. Les barbes

ne sont pas noires dans toute leur longueur ; quelquefois leur extrémité est blanche ; il perd aussi ses barbes.

Nº 14. Froment barbu ; à épi blanc, étroit ; barbes noires ; grains fermes et longs ; tige grêle et pleine. Je le soupçonne une sous-variété du précédent ; peut-être est-ce le même. On le cultive dans le comtat d'Avignon.

Ce froment a une sous-variété dont les épis sont roux.

Nº 15. Froment barbu ; à épi blanc, long, carré ; barbes blanches ; gros grains ; couleur ordinaire ; tige pleine.

Ce froment se cultive dans différents pays : c'est le *blé de Providence*. Il donne beaucoup de grains. Il convient aux terres qui ont du fonds. Il y est d'un grand produit. Ses barbes tombent au moment de la maturité.

Nº 16. Froment barbu ; à épi rouge, carré, long ; gros grains ; tige pleine. Il est parvenu en France par l'Allemagne.

Ce froment, vers la maturité, perd toutes ses barbes. Il a une variété ou sous-variété couverte d'une espèce d'efflorescence blanchâtre.

Nº 17. Froment barbu ; à épi roux, velu, court, carré ; barbes rousses ; gros grains ternes et bombés ; tige pleine.

Il se cultive à Lavaur, dans la Gascogne, sous le nom de *blé pétaniel*. Au moment de la maturité, il perd ses barbes.

Nº 18. Froment barbu ; à épi blanc, velu, presque carré ; barbes blanches ; grains gros et bombés ; tige pleine.

On le cultive dans le comtat d'Avignon. Il paraît être une sous-variété du précédent ; mais cela n'est pas certain. C'est peut-être celle du Nº 10.

Nº 19. Froment barbu ; à épis groupés sur le même pied ; roux, velu ; barbes rousses ; grains blanchâtres, très-gros ; tige pleine.

Ce froment, qui s'appelle *blé de miracle*, blé de Smyrne, ne se sème que par curiosité dans beaucoup de pays, et par conséquent en petite quantité. On croit qu'il se cultive en grand dans les environs de Grenoble, en Dauphiné. Ce froment paraîtrait devoir être une espèce : il a des variétés et des sous-variétés qui en diffèrent par la couleur plus ou moins rousse et quelquefois blanchâtre des épis. Il y en a une qui n'est pas velue.

Nº 20. Froment barbu ; à épi rouge ; balles et barbes rouges, rapprochées et serrées ; à gros grains tenus.

Ce froment se cultive dans le comtat d'Avignon ; il diffère du Nº 11, parce que ses épis sont moins longs ; ses barbes et ses balles sont aussi couvertes de cette espèce de fleur qu'on voit sur certains fruits et surtout sur les prunes. Il paraît avoir une variété blanche et à barbes noires.

N° 21. Froment barbu; à épi blanc; barbes blanches; balles très-longues; grains longs; tige creuse. On lui a donné le nom de *blé de Pologne*. Tessier croit qu'il forme une espèce.

N° 22. Froment barbu; à barbes droites; à épi aplati et épais; grains longs et durs; tige pleine. Il est originaire d'Afrique d'où il a passé dans le Midi.

N° 23. Froment à épi très-blanc; barbes lisses, étroites; tige pleine; grains gros.

Ce froment de Catalogne et des îles Baléares a passé dans le Roussillon. On l'appelle *blat* ou *blé du Caure*, c'est-à-dire blé de cuisson, parce qu'on le prépare et on le mange comme le riz. Toute sa paille est extrêmement courte.

Ce travail de Tessier, tout intéressant qu'il est, se trouve bien loin de faire connaître les principales variétés des blés cultivés en France et principalement dans le Midi. Nous allons prendre pour exemple les départements des Pyrénées-Orientales, de l'Aude et de la Haute-Garonne, qui forment en partie la lisière de ces montagnes.

On cultive quatre variétés de froment ou blé en Roussillon, qu'ils nomment ainsi :

Le blé fort,   La touzelle rouge,
La touzelle blanche,   Le blé de mars.

Le *blé fort* a l'épi rouge, le grain gros, rouge en dehors et en dedans, et translucide.

La *touzelle blanche*; son épi est blanc; son grain beaucoup plus petit que le précédent; sa farine est blanche, de même que son enveloppe.

La *touzelle rouge*; elle diffère de la précédente variété par sa couleur, qui est rouge jaunâtre. Son grain est petit, un peu renflé, et coloré plus faiblement à sa renflure. Il est considéré dans le Roussillon et les départements voisins comme très-productif: aussi les bons agronomes de ces mêmes départements ne manquent pas de changer leur semence chaque deux ans, et de semer du blé du Roussillon très-pur et exempt de graines étrangères. Ce blé, destiné à la semence, se vend de 20 à 25 pour 100 au-dessus du cours des blés du département de l'Aude, et de 30 pour 100 de ceux de la Haute-Garonne.

Cette fécondité attribuée au blé du Roussillon est-elle bien constatée par des faits? ou bien, doit-on l'attribuer à la plus grande quantité de graines qu'on sème sous un même volume? C'est à l'expérience à le démontrer; ces deux causes pourraient bien contribuer simultanément à cette préférence, de même que le blé beaucoup plus pur que l'on obtient, et que l'on vend de 5 à 7 pour 100 de plus. On évalue le poids de l'hectolitre de ce blé à environ 96 kilogrammes (195 livres petits poids). Ce blé se récolte en pleine maturité; ce qui, joint à la température locale, fait qu'il est bientôt sec, et se conserve facilement. Ce département fournit, avons-nous dit, du blé pour semence aux départements voisins; mais, à son tour, il en reçoit d'eux, ainsi que d'autres grains pour la nourriture de ses habitants. Ces blés et grains sont entreposés, en très-grande partie, dans une halle dite *Paillol*, où ils sont placés dans des compartiments avec une étiquette portant leur prix. Ils sont commis à la garde d'un fermier qu'ils nomment *paillolé*, et qui est chargé de la vente. Le *blé de mars* ou *le trémas* n'est cultivé que sur les montagnes.

Dans le département de l'Aude, on cultive principalement trois qualités principales de blé. La plus générale est à épis barbus, à gros grains d'une couleur jaunâtre, et renflés au milieu, avec une teinte plus claire.

La seconde est la *touzelle rouge*. Ses grains sont un peu plus longs et moins renflés; sa couleur est rougeâtre, et ses épis barbus. Cette qualité est plus pesante que la précédente et de meilleure conservation : elle est destinée à la semence. L'expérience a démontré qu'à la longue elle dégénère et produit la variété précédente.

La troisième est la *touzelle blanche* ou *blé de Pologne*. Celle-ci est moins généralement cultivée que les précédentes, à l'exception de quelques cantons, comme Azille, Tourouzelle, Olonzac, où, depuis très-longtemps, elle est spécialement semée. Cette variété est à gros grains blancs, un peu renflés, un peu luisants et pesants. Ils sont très-recherchés pour la boulangerie.

Parmi ces trois variétés on en distingue trois autres mêlées, qui sont : le *blé rouge et dur* à très-gros grains, le *blé jaunâtre* à épi non barbu, et une autre variété à épi barbu et d'un violet noirâtre.

Dans une autre partie du département de l'Aude, dite le *Razès*, l'on en cultive une autre variété dont la semence est longue, non renflée, et d'un jaune rougeâtre terne. Elle est estimée pour la panification. En général, les blés récoltés dans les plaines sont mieux nourris et à plus gros grains que ceux qui, dans la même contrée, sont cultivés sur les montagnes. Les agronomes sèment très-souvent ces derniers dans les plaines, et *vice versâ*. Ils assurent que les blés des plaines, étant bien nourris et plus robustes, réussissent mieux sur les montagnes où les terres sont moins riches en engrais, tandis que les blés des montagnes, qui sont plus maigres, trouvent dans les plaines plus de sucs végétatifs.

Dans le département de la Haute-Garonne, les variétés cultivées diffèrent totalement des précédentes. Les grains sont très-gros, très-renflés, et d'une couleur jaune blanchâtre; on les nomme (les principales variétés) *mitadens, tremaisons, tremaisons fins*.

La variété la plus ordinaire est à très-gros grains, très-renflés, et d'une couleur très-pâle. Les *mitadens* sont à grains très-gros, quoique moins que les précédents; ils sont un peu moins renflés; leur couleur est à peu près la même. Les tremaisons ont les grains moins gros et moins renflés; sa couleur est jaunâtre, et celle des renflures blanchâtre. Enfin les tremaisons fins sont moins gros, moins renflés, jaunâtres et un peu luisants. Ces diverses espèces sont moins pesantes que celles du département de l'Aude, moins estimées, et se vendent environ de 10 à 12 pour 100 de moins. Il est digne de remarque qu'en suivant la route de Toulouse à Perpignan, l'on voit la qualité du blé s'améliorer : ainsi les blés de Castelnaudary sont plus estimés que ceux de Toulouse; ceux de Carcassonne l'emportent sur ceux de Castelnaudary, et sont bien moins estimés que ceux de Narbonne, lesquels le cèdent à leur tour (en général) à ceux du Roussillon et principalement de la partie qu'on nomme la *Salanque*.

Si nous remontons vers l'autre partie de la France, nous voyons les blés du département de l'Hérault égaler en bonté ceux de Narbonne; les variétés cultivées sont les mêmes, ainsi que celles du département du Gard.

Lors de la troisième édition de cet ouvrage, M. Julia Fontenelle s'est livré à un travail spécial sur l'analyse des blés des principales contrées de la France, ainsi que sur ceux des pays étrangers qui sont importés à Marseille, et qu'il devait en partie aux soins de M. Despine, de Marseille, et à son fils, médecin très-instruit. Parmi ces blés, il cite plus particulièrement les suivants.

DESCRIPTION DE QUELQUES ESPÈCES DE BLÉS.

Siaise ou saissette d'Arles.

Grain très-petit, tendre, d'une couleur rouge terne, forme un peu allongée avec une petite renflure à l'une de ses extrémités; sillon très-profond. Estimée. Il y en a une variété de blanche.

Basse Bretagne.

Elle se compose du mélange de deux espèces. L'une jaunâtre, ovoïde, d'une grosseur moyenne, à sillon moins profond; l'autre plus petite; d'une couleur rougeâtre, de forme allongée; sillon peu profond et évasé. Celle-ci fait le quart du mélange. Estimée.

Normandie blanc.

Grosseur moyenne, forme ovoïde, couleur blanche, sillon profond et évasé, tendre, très-farineux. Cette espèce n'est presque point mêlée à aucune autre. Elle est très-belle.

Blé de Loire.

Couleur fauve rougeâtre, un peu allongée, sillons peu profonds et très-évasés; tendre; elle contient quelques grains de blé dur un peu plus coloré, et un tiers d'une quantité de couleur jaunâtre, ovoïde, à sillons peu profonds et très-évasés. Cette qualité est estimée.

Brissac.

Rouge jaunâtre, grosseur ordinaire; presque ovoïdes, tendres, mêlés à quelques grains plus colorés, un peu allongés et demi-durs. Sillons peu profonds.

Marane rouge.

Rouge fauve terne, grosseur moyenne en général, mais contenant de très-petits grains. Leur forme varie; la majeure partie est ovoïde; l'autre est un peu plus allongée. Sillons peu profonds et évasés. Tendres.

Marane blanc.

Blancs, ovoïdes, et mêmes observations que pour les précédents.

Blé de Bourgogne et de la Pologne.

Nous avons examiné attentivement les blés fins et ordinaires de Bourgogne qui nous ont été adressés de Marseille

par M. Despine; ils nous ont paru peu différer des tremaisons fins Castelnaudary. Il en est de même de ceux de la
Pologne.

BLÉS DURS ÉTRANGERS.

Blé de Tangaroff.

Rouge, ovoïde allongé, sillon profond, grosseur ordinaire,
moins cependant que celui de Salonique; en général, demi-
transparent et dur, uni à des grains demi-durs et à un très-
petit nombre de tendres

Blé de Maroc.

Cette espèce diffère totalement des précédentes; elle a la
longueur, la forme et presque l'aspect du seigle, demi-trans-
parente, dure, couleur de celle de Salonique; sillon peu profond et évasé. Belle qualité.

Blé de Salonique.

Couleur tenant le milieu entre les blés blancs et les rouges;
grains assez gros, allongés, demi-transparents, durs, couleur
de la cassure égale à celle de l'enveloppe; sillon assez profond.
Belle qualité.

Blé de Barcelonne.

Ce blé ne diffère presque en rien du blé dur récolté dans
le Roussillon.

Blé de Sicile.

Il n'existe qu'une très-légère différence entre les blés durs
de Sicile, ceux de Barcelonne et du Roussillon; elle n'existe
que dans la grosseur un peu plus forte des premiers. A cela
près, même forme, même couleur et dureté.

BLÉS TENDRES ÉTRANGERS.

Richelle de Naples.

Mélange d'une variété rouge à grains assez gros, ovoïde, et
de petits grains plus rouges, allongés, à sillons peu profonds.
Tendre.

Courlande.

Grain petit, rouge jaunâtre, ovoïde allongé; sillon d'une
profondeur moyenne; grains mal nourris. Tendres.

Odessa.

Couleur rouge terne; grains allongés et la plupart mal
nourris, tendres; sillons d'une profondeur moyenne.

Boulanger, tome 1.　　　　　　　　　　2

Mecklembourg.

Grains petits, arrondis, rouges jaunâtres, ayant quelque ressemblance avec ceux du Roussillon ; sillon peu profond et très-évasé. Tendres.

Blé tendre de Barcelonne.

Grosseur moyenne, forme ovoïde allongée ; sillons évasés et d'une profondeur ordinaire ; c'est un mélange de blé rouge et de blé jaune, qui se rapproche assez des blés de Narbonne.

Blé tendre de Sicile.

Il en arrive deux qualités, l'une rouge jaunâtre et l'autre jaunâtre. Les grains sont d'une grosseur ordinaire, ovoïdes, un peu renflés à la partie suprême ; sillons évasés, assez bien nourris.

Depuis la publication de la troisième édition de ce Manuel, il s'est introduit, soit dans la culture, soit dans le commerce, soit enfin dans les cultures d'essai, quelques nouvelles variétés de froment dont nous nous bornerons à citer ici les principales : *Blé Fellenberg*, *blé Pictet*, *blé de la Mongolie chinoise*, *blé de Bengale*, *blé rouge du Caucase sans barbes*, *blé de Galatz*, *blé tendre de Marianopoli*, *blé géant de Saint-Hélène*, *blé de Caracas*, *blé du Thibet*, *blé de Crète*, *blé de Tiflis*, *blé de Toscane à chapeaux*, *blé du Caucase à épi blanc barbu*, *blé de Talavera ou de 70 jours*, *blé blanc de Hongrie*, *blé Crépy*, *blé rouge d'Egypte*, *blé blanc du Cap*, *blé de mai ou blé d'Alger*, *blé Saumon*, *blé violet*, *blé Lammas*, etc ; et plusieurs blés anglais, tels que le *Golden drop*, *Early riped*, *froment gigantesque de Richmont*, *froment gigantesque d'Eley*, *froment Hapetoun*, *Talavera New bellevue*, etc.

Classification des Froments.

M. Philippar, professeur de culture à l'Institut agronomique de Grignon, président de la Société d'agriculture de Seine-et-Oise, a présenté dernièrement à l'Académie des sciences, une magnifique collection de céréales avec le tableau et la classification des variétés. Ce tableau fait mention de 483 blés-froment, que le savant professeur a classés de la manière suivante :

BLÉ-FROMENT, *triticum.*

PREMIER GROUPE.

Les épeautres, *triticum spelta, T. arduini, T. zea, T. dicoccum, spelta vulgaris.*

1re série. — Epeautres barbus, *T. spelta aristata*, 8 var.

2e série. — Epeautres imberbes, *T. spelta mutica*, 7 var.

3e série. — Epeautres imberbes compactes, *T. muticum compactum*, 6 var.

DEUXIÈME GROUPE.

Les monocoques, engrain, ingrin, froment locular, petit épeautre, froment uniloculaire niverio ; *T. monococcum, Zea monococca, Zea briza dicta monococca , niviera monococcum.*

Blé monocoque, *T. monococcum*, 12 var.

TROISIÈME GROUPE.

Les amidonniers, blés de Jérusalem, grande épeautre, amidonnelle : *T. amyleum, T. spelta, T. monococcum majus, T. cienfugos, T. dicoccum, T. zea, Spelta amylea, Zea verna, Zea amylea seu olyra , Zea amylea vel zeocrita.*

1re série. — Amidonniers blancs, *T. amyleum album*, 10 var.

2e série. — Amidonniers colorés, *T. amyleum coloratum*, 10 var.

QUATRIÈME GROUPE.

Les comprimés, blés plats, *T. compressum, T. vulgare.*

1re série. — Comprimés pubescents, *T. compressum pubescens*, 14 var.

2e série. — Comprimés glabres, *T. compr. glabrum*, 9 var.

CINQUIÈME GROUPE.

Les aplatis, tozelle, touzelles, blés poulards, pétanielle, gros blés ; *T. complanatum, T. turgidum, T. vulgare.*

Blés aplatis, *T. complanatum*, 23 var.

SIXIÈME GROUPE.

Les renflés, poulards, gros blés, pétanielle ; *T. turgidum.*

1re série. — Renflés glabres, *T. turgidum glabrum*, 7 var.

2e série. — Renflés velus, *T. turgidum villosum*, 28 var.

SEPTIÈME GROUPE.

Les hordéiformes, blés durs, blés cornés, blés de Barbarie, d'Afrique, de Taganrog, Durelle ; *T. hordeiforme, durum, gallicum, tomentosum, barelle, maximum.*

1re série. — Hordéiformes glabres, *T. hordeiforme glabrum*, 25 var.

2e série. — Hordéiformes pubescents, *T. hordeiforme pubescens*, 8 var.

Les communs, *T. sativum.*

Première section.

Communs barbus, *T. sativum aristatum.*

1re série. — Communs barbus compactes, *T. sativum compactum*, 15 var.

2e série. — Communs barbus pubescents, *T. sativum aristatum pubescens*, 16 var.

3e série. — Communs barbus glabres, *T. sativum aristatum.*

§ colorés, 38 var.
§§ blancs ternes, 26 var.
§§§ blancs purs, 20 var.

Deuxième section.

Les communs barbescents, *T. sativum barbescens.*

4e série. — Communs barbescents glabres, *T. sativum pubescens glabrum.*

§ blancs, 36 var.
§§ colorés, 27 var.

Troisième section.

Communs imberbes, *T. sativum imberbe.*

5e série. — Communs imberbes glabres, *T. sativum, imberbe, glabrum.*

§ colorés, 41 var.

6e série. — Communs imberbes semi-compactes glabres, *T. sativum imberbe semi-compactum glabrum.*

§ blancs, 56 var.
§§ colorés, 19 var.

7e série. — Communs imberbes compactes glabres, *T. sativum imberbe compactum glabrum*, 11 var.

8e série. — Communs imberbes semi-compactes pubescents, *T. sativum imberbe semi-compactum pubescens.*

§ blancs, 17 var.
§§ colorés, 14 var.

Les secaliformes, blés polonais, blés de Pologne, seigles de Pologne, Polonielles; *T. secaliforme, T. polonicum, T. secale*; 16 var.

Richesse des froments en gluten.

Il est une remarque assez curieuse, que nous avons eu occasion de vérifier, c'est que les blés d'une contrée transportés dans une autre n'y donnent plus d'aussi beau pain. Nous sommes portés à croire que cela tient à la manière de pétrir, qui éprouve quelques variations; aux quantités d'eau ajoutée à la pâte, et à la nature même de l'eau. Quoi qu'il en soit, le fait est constant. Ainsi, Carcassonne est, sans contredit, une des villes de France où l'on fabrique le plus beau pain avec les blés de son territoire, ou les Narbonne, les Mirepysset, ou ceux de Razès; tandis qu'avec les blés fins de Toulouse ou ceux de Bourgogne, le pain obtenu n'est jamais de première qualité. Ce fait ne reconnaîtrait-il pas aussi pour une des causes le transport de ces grains par eau, pendant lequel le blé absorbe l'humidité, se gonfle et perd une partie de sa force? Notre opinion nous paraît fondée, au moins pour ceux de Bourgogne, qui voyagent sur le Rhône pendant plusieurs jours, exposés aux infiltrations de l'eau, aux eaux pluviales, de manière que, lorsqu'ils sont parvenus dans les départements des Bouches-du-Rhône, du Gard, de l'Hérault et de l'Aude, ils sont très-humides et gonflés. Ces blés ont alors augmenté de volume, et par conséquent diminué de poids; ils ont beaucoup moins de force. Un grand nombre d'expériences ont démontré que la farine provenant de ces blés est moins riche en gluten. Les blés de Bourgogne, qui ont éprouvé ce transport, sont, dans le midi de la France, les moins estimés de tous les blés; aussi, en général, les négociants des départements de l'Aude et des Pyrénées-Orientales n'en font-ils venir que dans les temps de disette; encore même ces blés valent-ils jusqu'à 25 pour 100 de moins que ceux de ces localités. Nous ajoutons à ces faits, que les blés transportés par eau, tels que ceux de Toulouse et de la Bourgogne, ne se conservent pas longtemps sans s'échauffer et être attaqués par le charançon. Nous avons vu chez l'un des plus habiles négociants de Narbonne, environ deux mille sacs de blé venus de Toulouse sur la rivière d'Aude, sur laquelle ils avaient séjourné environ douze jours, être dans un tel état d'humidité, que, malgré qu'il fût placé, à son arrivée, en couches de 33 centim. (1 pied) dans des greniers très-aérés, et remué souvent, il ne tarda pas à s'échauffer beaucoup. Bientôt, et malgré tous les soins usités en pareil cas, le charançon l'attaqua, et ses ravages furent tels, qu'environ la moitié du

blé fut perdue, et que l'autre, portant également ce germe de
destruction, fut vendue à très-vil prix, et donna une farine
de si mauvaise qualité qu'elle ne put être employée seule. Il
est un fait bien reconnu, c'est que plus les blés sont pesants,
plus ils sont estimés, et plus ils donnent de bon pain. L'expérience m'a démontré qu'ils étaient beaucoup plus riches en
gluten que les blés légers. Cette différence dans la qualité de
gluten n'est pas à dédaigner. Les négociants s'attachent à la reconnaître d'une manière qu'il est bon de signaler. Ils triturent
entre les dents molaires quelques grains de blé, en forment
une pâte avec de la salive, au moyen de la langue ; ils la pro-
mènent ensuite pendant quelque temps dans la bouche, la
retirent, la pétrissent entre les doigts ; et, la prenant ensuite
entre le pouce et l'index, et les écartant, ils jugent par la longueur et la résistance des filets, produits par l'adhérence du
gluten à ces deux doigts, de sa qualité, et, par suite, de ce
qu'ils appellent la *force du blé*.

Nous ajouterons à ces faits que plusieurs analyses nous ont
démontré :

1° Que les blés durs sont les plus riches en gluten ;

2° Viennent ensuite les blés rouges ;

3° A la suite se trouvent les blés blancs ;

4° Enfin les blés jaunâtres.

Il est bon de faire observer que nous admettons tous ces
blés dans un même état de siccité et de conservation. Nous
devons dire pourtant que les blés récoltés dans un bon sol,
et qui sont par conséquent bien nourris, sont aussi plus riches
en gluten que ceux récoltés dans des terrains maigres, et qui
sont mal nourris et pour ainsi dire desséchés. Ceux-ci offrent
presque autant de son que de farine ; aussi le pain en est-il de
mauvaise qualité.

Doit-on récolter les blés avant ou en pleine maturité ?

Cette question a été élevée depuis quelques années par
certains agronomes, qui ont soutenu qu'il était plus avantageux de récolter les blés avant qu'ils fussent en pleine maturité. Nous allons présenter successivement les avantages que
ces deux méthodes peuvent offrir.

Il est bien reconnu que les blés parvenus à leur entière
maturité donnent une moindre quantité de produits, parce
qu'avant et pendant qu'on les coupe, il se détache des grains
des épis, ce qui n'arrive pas lorsque les blés sont un peu verts.

Ajoutez à cela que ces derniers blés sont plus gros, à cause de la plus grande quantité d'eau de végétation qu'ils contiennent ; de sorte que, sous le rapport du volume du produit, c'est un avantage. Et voici les désavantages que nous avons été dans le cas de constater par vingt ans d'expérience chez plusieurs négociants, livrés exclusivement au commerce des blés.

Lorsque le blé a été coupé vert, il se sépare plus difficilement de l'épi ; il est même beaucoup de grains qui ne sortent pas de la balle. Ce blé est plus gonflé, à cause de l'eau qu'il contient, et qui va jusqu'à 10 pour 100, tandis que le blé mûr ne contient guère au-delà de 5 à 6 pour 100.

Ce blé a besoin de rester exposé longtemps à la chaleur solaire pour être bien séché ; malgré cela, il s'échauffe plus facilement que l'autre, et est bien plus exposé à être attaqué par le charançon. Ce blé, comme on dit vulgairement, *n'est pas de garde*. Sa couleur est moins luisante que l'autre ; et, lorsqu'il est bien sec et moulu, sa farine contient plus de son et moins de gluten que le blé mûr ; aussi a-t-on reconnu qu'il avait *moins de force*, et donnait moins de pain, parce qu'il absorbait moins d'eau. Les agronomes et les boulangers se gardent bien de réduire en farine les blés peu de temps après la récolte ; ils trouvent bien plus d'avantage à mouturer des blés d'une année, et bien sains, tant sous le rapport du *rendement* que sous celui de la beauté et de la bonté du pain.

Le blé récolté vert doit être aussi rejeté pour les semailles, attendu qu'outre qu'il a moins de force végétative que le blé bien nourri et parvenu à son entière maturité, il est aussi beaucoup plus disposé à la maladie qu'on nomme le *charbon*.

Au reste, l'analyse comparative que nous avons faite du même blé, coupé avant et pendant sa maturité, contribuera beaucoup à en faire connaître les causes. Depuis notre travail, M. le professeur Lavini s'est livré à de semblables recherches, qui tendent évidemment à confirmer les résultats des nôtres, ainsi que nous le verrons plus loin.

MALADIES DES BLÉS.

Les maladies des blés, vrais fléaux de l'agriculture, sont : la *carie* et le *charbon* ou *nielle*. Nous allons les décrire successivement.

*De la carie, broudure, broussure, butz, bosse, bouté, charbon-
nette, carboucle, charbouille, chambucle, cloque, cloche,
gras, foudre, faux blé, moucheture, moucheron, moucheté
(blé), machuré, molage, niellé, noir, nubli, pourriture,
ruble, etc.*

Cette maladie ne doit point être confondue avec le charbon ; nous en donnerons les caractères distinctifs. Tillet
est le premier qui se soit livré à des recherches à ce sujet,
qui ont été étendues par Parmentier et complétées par
Tessier. Nous croyons devoir donner ici un extrait de l'excellent article sur la carie, publié dans l'*Encyclopédie méthodique* par le dernier, avec les considérations nouvelles qui y
ont été ajoutées par Bosc, dans son article *Carie* du *Cours
complet d'Agriculture* publié par la section d'agriculture de
l'Institut. Voici la description du blé carié :

« Les grains de froment cariés diffèrent peu, en apparence,
des grains sains ; l'on voit cependant, à l'une des extrémités,
les restes des stigmates ; leur enveloppe est finement ridée,
très-mince et d'un gris obscur. Le grain, au lieu de friser,
offre une poudre d'un brun noirâtre, insipide, d'une odeur
fétide, grasse au toucher, et offrant, au microscope, des globules semi-transparents, et ayant environ un centième de
millimètre (un deux-centième de ligne) Le blé carié est plus
léger que l'eau. Voici les signes auxquels on reconnaît les
pieds de blé qui doivent être cariés : les feuilles sont d'abord
d'un vert plus foncé que celui des autres pieds ; les tiges sont
ternes, les étamines sont flasques, les stigmates sans barbes,
et l'embryon a l'odeur de la carie. Les épis bien développés
sont bleuâtres, leurs balles sont plus serrées, et les anthères,
collées contre le germe, sont flasques et sans pollen. Si l'on
suit ces épis dans les progrès de leur végétation, on remarque
qu'ils deviennent plus larges, s'ébouriffent, le grain grossit,
et la matière pulpeuse du gris cendré passe au brun, en répandant l'odeur qui caractérise cette dégénérescence. Il est
bon de faire observer que les épis sains sont moins chargés de
grains que les cariés. » On trouve fréquemment, ajoute Tessier, des épis sains sur des pieds qui en offrent de viciés ;
des grains sains mêlés avec des cariés dans le même épi ;
enfin, quelquefois, des grains à moitié sains et à moitié cariés. Ces derniers, lorsque le germe est resté intact, lèvent
comme les sains et ne donnent point de reproductions cariées,
d'après les observations de B. Prévost.

On a longtemps regardé la carie comme étant due aux brouillards, à la nature du sol, ou à la qualité des grains (1). Tillet et Tessier ont constaté cette erreur, et B. Prévost a démontré qu'elle reconnaissait pour cause des plantes que de Candolle a nommées *vraies parasites* et *parasites intestines*, parce qu'elles vivent dans l'intérieur des plantes et à leurs dépens. Les globules qui composent la poussière noirâtre qui, dans la carie, remplace la farine, sont, d'après les travaux de ces habiles botanistes, des champignons parvenus à moitié de leur croissance, et qui ont besoin de se trouver dans d'autres circonstances pour prendre leur entier développement et pouvoir se propager. Ces champignons doivent appartenir au genre *uredo*. B. Prévost et de Candolle ont donné chacun une théorie du développement de la carie. Nous nous contenterons d'exposer celle de de Candolle, qui nous a paru la plus probable.

« Les grains de blé livrés à la terre sont empreints de globules de carie. Ces grains se gonflent d'autant plus vite que la température est plus élevée, la terre plus humide, et qu'ils sont moins enfoncés dans la terre. La carie se gonfle en même temps, pousse son tubercule, ses rameaux, achève enfin son évolution en peu de jours (2), c'est-à-dire avant que le grain ait été complètement privé par la radicule des sucs nutritifs qu'il est destiné à leur fournir. Alors, les bourgeons séminiformes, qui ont enfilé les canaux des rameaux ou des branches, et dont la petitesse est extrême, s'élèvent dans la pantule avec la lenteur convenable au but de la nature, et se développent chacun séparément lorsqu'ils sont arrivés au germe, seul endroit où la nature a réuni les circonstances nécessaires à leur multiplication. La nourriture destinée à la formation de la substance du grain est absorbée par eux, ainsi qu'une partie de celle qui doit faire croître les étamines et le pistil qui, en conséquence, ne se développent qu'imparfaitement ; mais, chose singulière, celle qui sert à l'accroissement de l'écorce du grain et des balles qui l'entourent n'est point diminuée; au contraire, elle est augmentée. Tous les germes des épis cariés grossissent donc par l'effet même de la carie, tandis qu'il en est toujours plusieurs, dans les épis sains, qui

---

(1) Ce qui a donné lieu à cette erreur, c'est que la carie et le charbon se développent plus souvent et exercent le plus leurs ravages dans les sols humides et dans les années pluvieuses.

(2) Ces faits ont été évidemment constatés par B. Prévost,

avortent. De là vient que les grains des premiers sont généralement plus nombreux que ceux des seconds. Dans tout le cours de la vie d'un pied de blé, attaqué de carie, cette carie agit sur toutes ses parties d'une manière sensible à l'œil ; elle en abrège l'évolution ; de plus, elle cause un retard dans la germination des grains, et accélère la dessiccation de la tige. »

D'après les recherches précitées, presque tous les agronomes instruits, ainsi que les physiciens qui se livrent à des études sur la végétation, s'accordent à dire que la carie ne peut se reproduire que par elle-même. Il en est cependant d'autres qui, d'après des expériences bien constatées, persistent à soutenir qu'elle peut naître spontanément, et ensuite se propager. Il n'est pas difficile, dit Tessier, d'expliquer la cause de leur erreur. Suivant lui, les bourgeons séminiformes de la carie peuvent, d'une part, être emportés par le vent à des distances inconnues, à raison de leur légèreté ; et, de l'autre, se conserver intacts dans la terre pendant un temps indéterminé. De là vient qu'on en voit paraître dans des contrées où elle ne s'était pas montrée, ou dans des champs où l'on avait semé du blé bien chaulé. Nous ne poursuivrons point la série des travaux entrepris sur la carie par Tillet, Parmentier, Tessier, B. Prévost, de Candolle, Bosc, etc.; nous nous bornerons à dire que la carie est une maladie contagieuse, qui exerce d'autant plus ses ravages, que ses germes sont plus multipliés ; que la température de l'air est élevée, la terre plus humide, et l'année beaucoup plus pluvieuse. Tillet a constaté que la perte que devaient éprouver les agriculteurs par ce fléau, pouvait s'élever jusqu'aux trois quarts de leur récolte ; il est cependant rare qu'elle s'élève au tiers, et même au quart. Tessier s'est convaincu qu'il suffit de 62 grammes (2 onces) de globules de carie pour infecter de 15 à 20 kilogrammes (30 à 40 livres) de blé nouveau. Bosc ajoute : 1° que plus la carie est vieille, et moins elle a d'action sur le blé, soit vieux, soit nouveau ; 2° que plus le blé est vieux, et moins la carie, nouvelle ou vieille, l'infecte facilement ou abondamment.

A ces faits, nous devons en joindre deux autres très-curieux : le premier, c'est que si l'on saupoudre, à différentes époques, avec de la carie, des épis de blé formés, il ne se produit pas de carie dans les grains ; le second, c'est que si l'on met en contact du blé sain avec l'huile épaisse que l'on obtient par la distillation de la carie, ce blé semé produit plus d'un tiers d'épis cariés. Ce fait est bien difficile à expliquer, à moins que d'admettre qu'il passe à la distillation de la carie non altérée, qui est entraînée par l'huile.

Suivant les remarques des plus habiles agronomes, et particulièrement celles de Bosc, il résulte :

1° Que les blés du Nord sont beaucoup plus facilement atteints de cette maladie que ceux du Midi.

2° Que les blés durs, ou blés d'Afrique, n'en sont point naturellement atteints, et qu'ils n'y sont exposés que par une sorte d'inoculation.

3° Qu'il en est de même des blés barbus, qu'ils soient durs ou tendres, excepté le barbu à épis blancs ou roux et à barbes divergentes, qui y est très-sujet.

4° Les épeautres en sont quelquefois perdus.

5° Lorsque le printemps et l'automne ont été peu pluvieux, les blés en sont moins infectés.

6° Les terrains secs et aérés en offrent bien moins.

7° Dans certains cantons, elle est inconnue (1).

8° Le seigle, l'orge et l'avoine ne sont pas atteints de carie ; Tillet n'a pu même parvenir à la leur inoculer.

9° L'ivraie peut en être atteinte.

Moyens propres à combattre la carie des blés.

Nous avons déjà dit qu'il était aisé de reconnaître les pieds de blé carié, et nous en avons indiqué les signes ; les agriculteurs pourront donc se délivrer d'une très-grande partie de ce blé carié en faisant arracher ces plantes peu de temps avant la coupe du blé, et en les brûlant. Il est aussi un moyen secondaire, c'est de cribler, fortement et longtemps, ce blé dans de grands cribles de fil de fer.

Le lavage est encore un excellent moyen ; on sait que le blé carié surnage l'eau ; on doit donc mettre ce blé dans de grandes cuves munies d'une chantepleure ou d'un robinet, et verser sur ce blé de l'eau à 30 degrés centigrades, de manière à ce que le blé en soit recouvert d'environ 22 centim. (8 pouces); l'on remue le blé, on le laisse reposer, et l'on décante l'eau, dans laquelle surnagent les grains de carie. L'on renouvelle cette opération deux ou trois fois jusqu'à ce qu'on s'aperçoive que l'eau n'offre plus de grains de carie; alors on jette sur le blé de l'eau froide, on le remue, et on fait écouler l'eau en ou-

(1) Dans le midi de la France, on éprouve peu les ravages de la carie, surtout dans le département de l'Aude, de l'Hérault et des Pyrénées-Orientales. Dans le canton de Narbonne, dont le terrain est très-sec, elle est presque inconnue.

vrant le robinet ou la chantepleure; l'on renouvelle ces ablu-
tions jusqu'à ce que l'eau passe claire. Ces eaux de lavage sont
plus énergiques, si elles sont acidulées par le vinaigre ou
l'acide sulfurique, ou bien si elles contiennent en solution un
peu d'alcali ou bien du chlorure de sodium (sel marin). Quelques agronomes ont recours à l'eau de fumier; l'expérience
nous a démontré que ce moyen facilitait le développement des
grains de carie.

D'autres agronomes ont retiré de bons effets de l'emploi des
corps gras, tels que les huiles animales et végétales, qui, en
enveloppant de toutes parts les globules de la carie, et les mettant à l'abri du contact de l'air et de l'humidité, empêchent
que l'acte de la germination ait lieu. Les alcalis, les acides,
les oxides, et quelques sels métalliques, agissent sur la carie en
désorganisant ces plantules. Le sous-acétate de cuivre, à très-
petite dose, agit efficacement. Mais presque tous ces divers
moyens sont trop coûteux pour être mis en usage dans toutes
les localités. Il n'en est pas de même de la suie, dont les bons
effets sont bien reconnus, lorsqu'elle n'est pas recuite.

D'après tout ce que nous avons exposé, il est aisé de voir
combien il importe à l'agriculteur de semer des blés exempts
de carie, et même d'employer des moyens propres à détruire
la petite quantité qui peut se trouver dans les blés. C'est pour
cela que les moyens précités ont été mis en usage ou proposés.
Mais il en est un autre très-avantageux, que son bas prix met
à la portée de tout le monde : c'est l'*oxide de calcium* ou
chaux; c'est de l'emploi de cet oxide que cette préparation du
blé a pris le nom de chaulage. C'est à Tessier qu'on doit les
expériences les plus concluantes qui ont été tentées à cet effet.
D'après cet habile professeur, la chaux agit sur la carie en
désorganisant ses globules; on pratique cette opération de
quatre manières : *par aspersion, par immersion, par précipitation*, ou *par la chaux sèche.*

Le *chaulage par aspersion* consiste à verser sur le blé en tas,
de la crème de chaux ou de la chaux délayée dans l'eau; à
bien remuer le blé avec la pelle, et à le laisser ainsi jusqu'à
ce qu'il s'échauffe, c'est-à-dire depuis deux jusqu'à huit jours.
Quelques agriculteurs le font sécher avant de le semer. Nous
trouvons cette méthode vicieuse. 1° attendu que la chaux qui
se dégage, lorsqu'on le projette pour le semer, incommode
beaucoup l'ouvrier; 2° c'est que le blé humide lève bien plus
vite. Cette manière, qui est la plus usitée, n'est pas la meil-

leure, attendu qu'un grand nombre de grains échappent au chaulage.

Le *chaulage par immersion.* Cette manière s'opère en plongeant plusieurs fois dans des cuves pleines de lait de chaux, des corbeilles à moitié pleines de blé, et en remuant le blé, afin qu'il en soit bien pénétré. Ce moyen est préférable au premier; il offre de plus l'avantage de séparer une partie du blé carié, qui vient surnager la liqueur.

Le *chaulage par précipitation.* Cette pratique diffère de la précédente en ce que l'on verse le blé, par petites parties, dans le lait de chaux, où il séjourne au moins vingt-quatre heures. Cette méthode est moins suivie, quoique Bosc et Tessier la regardent comme préférable. Je ne partage point leur opinion : j'ai reconnu que du blé en immersion dans du lait de chaux pendant vingt-quatre heures, perdait beaucoup de sa force, et qu'une partie ne levait pas. D'ailleurs, comme l'on fait sécher ce blé, la chaux incommode beaucoup celui qui le sème.

Chaulage par la chaux sèche. Ce moyen est très-simple, il consiste à mêler exactement avec le blé plus ou moins de chaux, ou pulvérisée ou délitée, c'est-à-dire réduite en poudre par son exposition à l'air. Mais la chaux, ainsi mélangée, a le grave inconvénient d'incommoder encore plus le laboureur. Pour obvier à cet inconvénient, il est des agriculteurs qui lavent ensuite les blés chaulés par les diverses méthodes. Cette pratique est vicieuse ; Bénédict Prévost s'est convaincu qu'il paraissait alors beaucoup plus de carie : elle doit donc être rejetée.

Dans quelques localités, l'on a chaulé avec le sulfate de fer (couperose) et le sulfate de cuivre (vitriol de Chypre), et même le sublimé corrosif. Nous allons faire connaître une méthode que nous avons contribué à propager pendant plus de vingt ans : elle consiste à chauler par l'arsenic. Voici la manière d'opérer : on prend 30 grammes (1 once) d'arsenic en poudre très-fine par hectolitre de blé; on le fait bouillir dans cinq litres d'eau de rivière; lorsque cette liqueur est tiède, on étend le blé par terre, et on l'asperge soigneusement avec cette liqueur, en le remuant constamment. Le lendemain, on sème ce blé, qui, se trouvant un peu gonflé, germe beaucoup plus vite. Cette pratique est généralement suivie maintenant dans tout le département de l'Aude, et surtout dans l'arrondissement de Narbonne, où tous les pharmaciens vendent le deutoxide d'ar-

Boulanger, tome 1. 3

senic sous le nom de *poudre contre le charboné*. Nous en avons
débité nous-même annuellement jusqu'à quatre mille paquets,
sans qu'il en soit jamais arrivé aucun accident fâcheux. Cette
méthode très-simple est d'une efficacité constatée par une
longue expérience; le prix en est d'ailleurs très-modique,
puisqu'il ne revient pas à cinq centimes par hectolitre. Les
pharmaciens vendent ces paquets 10 centimes chacun, et
malgré ce gain de plus de cent pour cent, il en est que la cupidité porte à y ajouter jusqu'à 40 centièmes d'alun. Cette
fraude est facile à reconnaître : il suffit de verser un peu de
cette poudre dans de l'eau froide, de remuer, et de décanter
cette eau au bout de quelques minutes. En versant dans une
partie de cette liqueur quelques gouttes de nitrate de barite,
elle doit devenir laiteuse, ce qui annonce l'acide sulfurique,
l'un des constituants de l'alun, tandis que quelques gouttes de
solution de potasse ou de soude versées dans l'autre, y forment
un précipité blanc, qui est l'alumine, autre constituant de
l'alun, que les chimistes, pour désigner la combinaison de ces
deux principes, nomment *sulfate d'alumine*. Ces effets n'ont
pas lieu si le deutoxide d'arsenic est pur.

Nous ne saurions trop recommander de bien nettoyer les
vases dans lesquels on aura fait bouillir l'arsenic, afin d'éviter
les dangers qu'une coupable négligence pourrait entraîner.

Nous ajouterons toutefois que d'après un travail très-étendu
présenté récemment à l'Académie des sciences par M. Ad. Cha-
tin, il semblerait résulter que l'arseniage des céréales, dans le
but de détruire la carie ou le charbon, est inutile, attendu que
l'acide arsenieux, même employé en grande proportion, est sans
influence sur les cryptogames en général et sur les *uredos* en
particulier ; et, qu'indiquer l'inutilité de l'arseniage, c'est
démontrer l'urgente nécessité de prohiber la vente de l'acide
arsenieux dans les opérations agricoles.

Nous avons déjà dit que la carie avait une odeur très-désa-
gréable ; nous ajoutons ici que les globules qui s'envolent lorsqu'on dépique le blé qui en est infecté, non-seulement font
tousser les batteurs, mais qu'elles diminuent l'appétit des ouvriers et les font tousser ; ces accidents n'ont aucune suite fâcheuse ; ils disparaissent avec la cause qui les produit, c'est-
à-dire en cessant ce travail. Plusieurs médecins ont regardé la
carie des blés comme cause productrice de plusieurs maladies
endémiques; les expériences de Tillet et Tessier ont démontré cette erreur. Il est en effet constaté que le pain pro-

venant d'un blé carié, fait éprouver du dégoût sans autre
inconvénient, sans doute à cause des effets produits par le
calorique sur la carie pendant la cuite du pain. A l'appui de
cette assertion, nous citerons les habitants de plusieurs contrées qui se nourrissent constamment d'un pain provenant de
blé carié, et souvent très-fortement, et qui, cependant, n'en
éprouvent aucun fâcheux effet. Il en est de même des animaux qui en mangent la paille, sans en être affectés. Malgré
cela, nous conseillons de laver bien soigneusement les blés
affectés de carie, et destinés à être réduits en farine, afin
de rendre le pain de meilleure qualité et plus agréable au
goût.

Du charbon, improprement nommé nielle.

Les agronomes ont longtemps confondu la carie avec le
charbon; c'est à Tillet et Tessier que nous devons la connaissance de la différence de ces deux fléaux des céréales. Nous
avons dit, à l'article précédent, que la carie n'attaquait que
le blé; le charbon, au contraire, infecte, attaque presque
toutes les graminées, mais surtout l'orge, l'avoine et le maïs.
Quant aux blés, ils en éprouvent moins de ravages que de la
carie. C'est à Bulliard que nous devons la connaissance de la
nature du charbon ; c'est cet habile botaniste qui a reconnu
que cette décomposition du grain était due à un véritable
champignon du genre *uredo*, qu'il a rangé parmi les *réticulaires*, parce qu'il a vu dans l'intérieur du grain la poussière
verdâtre placée sur un réseau, que l'on a reconnu depuis
n'être que les débris de la substance même du grain qui a
servi à la nutrition de ces champignons. Cette poussière ou ces
rudiments des *uredo* circulent dans le végétal, et arrivent au
grain comme ceux qui produisent la carie. (*Voyez* l'article
précédent.) Voici maintenant leurs signes caractéristiques.

La poudre de charbon ou nielle surnage l'eau, jusqu'à ce
qu'elle n'en soit pas complètement saturée; elle est noirâtre;
vue au microscope, elle présente un amas de globules agglo-
mérés et un peu gluants, qui ne sont autre chose que les bourgeons séminiformes ; elle est inodore, tandis que la carie a une
odeur fétide; elle contracte cependant avec beaucoup de facilité celle de moisi; elle brûle très-vite, et son charbon est
difficile à incinérer ; elle s'attache aisément aux grains de blé
sains, ainsi qu'aux jambes des animaux ou des hommes qui
traversent les champs qui en sont atteints; enfin, l'on n'en
retire, par l'analyse chimique, que les mêmes produits des

grains sains ; mais , dit Bosc, dans des proportions différentes. Nous ne partageons point l'opinion de cet habile agronome, tant à cause de la différence qui existe entre ces globules et la farine, que parce qu'il n'a point encore été tenté des analyses rationnelles, et au niveau des découvertes chimiques, de ces *uredo*.

Bosc assure que cette poussière de charbon n'acquiert une couleur noire que lorsqu'elle est parvenue à son point de maturité. « Alors, dit-il, l'écorce sous laquelle elle était cachée, se fend ; elle s'applique sur les grains sains, et, l'année suivante, chaque globule peut occasioner la perte d'un grain en donnant naissance à un nouveau champignon, qui s'accroîtra également à ses dépens. » Nous avons déjà dit que Tessier est un des agronomes qui ont le plus étudié le charbon et ses effets. Il résulte de ses recherches cette connaissance :

1° Que tous les épis d'un même pied sont charbonnés, à plus forte raison tous les grains d'un même épi, quoique l'on trouve aussi des grains sains sur des épis en grande partie charbonnés ; dans ce cas, les grains sains sont petits et ridés, tandis que dans la carie, les grains qui en sont atteints sont rarement les plus nombreux sur un même épi.

2° Que les pieds atteints de charbon ne poussent que fort peu de tiges, encore même la plupart ne prennent pas leur entier développement, et l'épi reste dans son enveloppe, mais à l'état charbonné. Nous ajouterons que ce sont principalement ces épis, dont l'enveloppe des grains est déchirée par le battage, qui propagent principalement cette maladie.

3° Que les épis du blé charbonné sont noirâtres en sortant de leur enveloppe, et que plus tard, dit Bosc, elles n'offrent plus qu'un squelette noirci par la destruction des grains.

4° Que le moyen indiqué par Tessier pour reconnaître les épis charbonnés, avant la sortie de leur enveloppe, c'est la feuille supérieure qui est tachée de jaune et sèche à son extrémité.

5° Que le charbon n'étend pas autant ses ravages sur le blé que la carie, attendu qu'avant la moisson, ses globules sont dispersés en grande partie par les vents.

6° Que par cette même raison, il reste peu de charbon dans le pain, surtout quand le blé a été lavé avant sa réduction en farine, et que le pain qui en contient n'est pas nuisible, comme des expériences tentées par Tessier le lui ont démontré.

Aux articles orge, avoine et maïs, nous aurons occasion de revenir sur le charbon des céréales.

Battage des blés charbonnés.

Pour dépouiller les blés d'une partie de charbon, on emploie avec succès, dans la Brie, un instrument nommé *âne*, qui consiste en un bloc de bois en dos d'âne, ou en un tonneau supporté par quatre pieds. Le batteur prend une forte poignée de blé, maintenue par une corde et deux bâtonnets qui servent à la serrer, il en frappe l'âne ou les tonneaux à plusieurs reprises. Le courant d'air qu'il produit ainsi enlève la poussière du charbon, tandis que le bon grain tombe au pied de l'âne. Ce battage est des plus aisés ; il ne coûte pas plus de deux centimes par demi-litre.

Altérations qu'éprouvent les blés.

Nous ne regarderons point comme altérations, les dommages occasionés par les rats, les chats, les oiseaux, etc., parce qu'il est extrêmement facile de s'en garantir ; nous allons nous borner à examiner celles qui sont produites par l'humidité, ou lorsque le blé est coupé vert.

Il est une règle générale, c'est que tous les végétaux entassés dans un état humide, ne tardent pas à s'échauffer beaucoup, et par suite se moisissent, et finissent par éprouver la fermentation putride. Il arrive aussi quelquefois qu'ils s'enflamment spontanément. C'est ainsi que l'on a vu des gerbiers de blé, des meules et des greniers à foin, des balles de toile, des tas de grains, prendre feu, pour avoir été entassés humides, ou coupés avant leur maturité, et non bien séchés. Tous les négociants en grains, ainsi que les boulangers, savent, par leur expérience et par une expérience de tradition, que les blés coupés verts, ainsi que ceux qui sont enfermés sans être bien secs, s'échauffent vite, et que le charançon ne tarde pas à s'y développer. On ne saurait donc prendre trop de précaution pour s'assurer de la siccité des blés ; car il arrive très-souvent, surtout dans le midi de la France, que les rouliers déchargent leur blé et l'étendent dans une salle basse, où ils l'arrosent avec plus ou moins d'eau ; ils le remuent et le laissent en cet état pendant quelques jours ; ils le remettent ensuite dans les sacs pour le porter à sa destination. Ce blé, ainsi gonflé, augmente en volume, de cinq à six pour cent.

Quelques-uns même y ajoutent de la terre. Ces deux altérations sont faciles à reconnaître : la dernière à la simple inspection, et la première, au volume du grain, à sa couleur plus pâle, à sa dureté moindre sous la dent, et à ce qu'il glisse moins dans la main (1). Il est des négociants en grains qui, sans regarder ces blés, les distinguent au tact, et qui, en plongeant la main dans un grand nombre de sacs pleins de blé, reconnaissent, sans les regarder, ceux qui ne sont pas de la même qualité.

On doit donc rejeter les blés qui ont été mouillés, parce qu'ils donnent une perte de 5 à 6 pour 100, et qu'ils ont moins de force végétative et panifiante ; ajoutons à cela qu'ils sont bientôt attaqués par le charançon. Ces observations s'appliquent également aux blés coupés verts. Nous allons maintenant parler du charançon et des moyens de s'en délivrer.

Du charançon, curculio, *calandre, chatte peleuse, cosson, cossan, gond.*

Ces insectes font partie de l'ordre des coléoptères. Ce genre, qui contient plus de six cents espèces, a été divisé en quinze autres par Fabricius, Clairville et le savant Latreille ; de sorte que le charançon du blé se trouve compris dans le genre nommé *calandre*, nom que l'on donne, dans quelques départements, à la larve de cet insecte. Nous allons emprunter à M. Boitard la description des insectes de ce genre. Cette connaissance ne peut qu'être utile aux agriculteurs, aux négociants en grains et aux boulangers.

Les *calandres* (*calandras*). Pénultième article des tarses bilobé ; antennes brisées, insérées à la base de la trompe, de huit articles, dont le dernier forme une massue presque globuleuse ou triangulaire. Leur trompe est longue et arquée. Ces insectes rongent les grains des plantes céréales, et en font un grand dégât ; ceux occasionés par la larve de la calandre du blé ne sont malheureusement que trop communs (2).

(1) En terme de commerce, on dit alors que ces blés sont doux.

(2) Ce n'est pas seulement de cette espèce dont on n à se plaindre ; il en est encore d'autres qui leur nuisent également, quoique d'une manière moins dangereuse, et dont il est bon par conséquent qu'ils étudient les mœurs ; toutes vivent aux dépens des fruits ou des autres parties des plantes. Bosc, *Nouveau Cours complet d'Agriculture* du XIXe siècle, contenant la théorie et la pratique de la grande et la petite culture, l'économie rurale et domestique, la médecine vétérinaire, etc. Ouvrage rédigé sur le plan de celui de Rozier, duquel on a conservé les articles dont la bonté a été prouvée par l'expérience, par les membres de la Section d'agriculture de l'Institut royal de France, etc., MM. Thouin, Tessier, Huzard, Sylvestre, Bosc, Yvart, Parmentier, Chassiron, Chaptal, Lacroix, de Perthuis, de Candolle, Dutour, Duchesne, Féburier, Brébisson, etc., la plu-

Calandre du blé, calandra granaria de Latreille. Cette espèce a 3 millimètres (ı ligne et demie) de longueur ; elle est d'un brun marron obscur ; le corselet est fortement ponctué ; elle a des lignes nombreuses, profondes et ponctuées sur les élytres. C'est celle qui, en France, produit les plus grands ravages sur les blés.

Calandre raccourcie, calandra abbreviata de Latreille. Elle a 9 à ı4 millimètres (4 à 6 lignes) de longueur ; elle est d'un noir mal ponctué ; elle a une ligne lisse au milieu du corselet, dans toute sa longueur, neuf lignes enfoncées sur chaque élytre, ayant leurs intervalles ponctués. (Paris).

Calandre du riz, calandra oriza de Fabricius. Cette espèce est semblable à celle du blé, avec cette différence qu'elle a deux taches ferrugineuses sur chaque élytre. (Italie).

A ces notions de Boitard, nous allons ajouter les données de Bosc. Les élytres de ces insectes sont ordinairement très-durs ; le plus souvent ils ne recouvrent point d'ailes, et sont même soudés. La forme de leur corps varie considérablement. Il en est de très-longs et d'autres complètement globuleux ; quelques-uns sont pourvus de cuisses postérieures très-grosses, au moyen des muscles qui leur servent à exécuter des sauts très-étendus. Cependant, ce sont en général des insectes fort lents dans leurs mouvements, et dont l'unique défense est de rapprocher leur corps de leurs pattes, leurs antennes et même leur tête, et de se laisser tomber en contrefaisant les morts, jusqu'à ce que le danger leur semble ne plus exister. C'est dans l'état de larve, ajoute Bosc, que les charançons sont réellement nuisibles aux plantes et à leurs graines. Ces larves sont des vers sans pattes, ayant neuf anneaux et une tête écailleuse pourvue de mâchoires ; elles sont ordinairement blanches et globuleuses, cependant leur couleur et leur forme varient quelquefois.

Nous ne croyons pouvoir mieux faire que d'exposer ici la description du mode de propagation du charançon ou calandre, qu'en a tracée Bosc dans l'ouvrage précité ; la voici :

Dès que les premières chaleurs du printemps commencent à se faire sentir, c'est-à-dire vers le mois d'avril, les charan-

part membres de l'Institut, du conseil d'Agriculture établi près le Ministre de l'intérieur, de la société d'Agriculture de Paris, et propriétaires-cultivateurs. 16 gros v. in-8° (ensemble de plus de 8,800 pages), ornés d'un grand nombre de planches, Prix : 56 fr. au lieu de 120 fr. — Cet ouvrage, le meilleur en ce genre, édité par M. Déterville, ne doit pas être confondu avec des publications mercantiles où quelques bons articles sont confondus avec des vieilleries décousues qui pourraient induire le cultivateur en erreur.

çons du blé, qui s'étaient réfugiés dans les trous des murs, sous les planchers des greniers, etc., sortent de leur retraite, et viennent sur les tas de blé où ils s'accouplent, et où les femelles déposent leurs œufs. Ces œufs sont placés à 54 ou 81 millimètres (2 ou 3 pouces) de profondeur dans ces tas; jamais plus d'un sur chaque grain, et toujours dans la rainure, dessus ou très-près du germe. Ils y sont attachés par le moyen d'une gomme qui les recouvre. C'est par erreur qu'on a dit que la femelle faisait un trou dans le grain pour y introduire l'œuf. La larve sort de cet œuf au bout de deux, trois ou huit jours, suivant la chaleur de la saison, et s'introduit de suite dans le grain. La peau du lieu où est placé l'œuf, étant extrêmement fine et recouvrant la partie la plus tendre et la plus sucrée, cette larve n'a pas à vaincre un obstacle au-dessus de ses forces, et trouve d'abord une nourriture analogue à sa faiblesse : aussi croît-elle rapidement, et au bout d'une vingtaine de jours, elle a dévoré la totalité de la farine que contenait le grain. Alors elle se transforme en nymphe, et après dix ou quinze jours, toujours suivant la chaleur de la saison, elle sort du grain par une ouverture non apparente, que la larve avait réservée (sans la percer) vers un des bouts. Comme les grains de blé ne sont pas égaux, il y en a dont la farine ne suffit pas à la nourriture d'une larve; mais elle ne va pas chercher un autre grain, comme quelques agronomes l'ont cru ; elle se contente de celui qu'elle a, seulement l'insecte parfait qu'elle produit est plus petit que ceux qui proviennent de larves qui ont eu toute la subsistance qui leur était nécessaire.

Ces femelles, deux ou trois jours après être sorties de leur enveloppe, au plus tard, si la saison est chaude, pondent une nouvelle génération qui en pond au moins une autre avant les froids ; de sorte que, dans le climat de Paris, les cultivateurs. doivent craindre que chacune de celles qui ont d'abord pondu leur occasionne, dans le courant de l'été, une perte de 6,045 grains de blé, d'après les recherches de Joyeuse, couronnées en 1768 par la Société d'agriculture de Limoges.

Dans le midi de la France, et notamment dans les départements de l'Aude, de l'Hérault et des Pyrénées-Orientales, la larve qui vient de naître parvient à l'état d'insecte dans environ vingt-cinq jours : aussi les charançons produisent-ils, si rien ne s'oppose à leur développement, six ou sept géné-

rations, et les ravages qu'ils exercent sur les blés sont tels que
si l'on ne prenait pas de prompts moyens pour l'arrêter, tout
le blé serait bientôt perdu. Nous avons cité un exemple, dont
nous avons été témoin, d'une partie de blé de deux mille
sacs, qui, malgré les soins qu'on en prit, fut à moitié perdue,
et l'autre fut vendue à vil prix.

Ceux qui n'ont aucune connaissance des mœurs de la calandre ou charançon lui attribuent les ravages que leurs larves
seules exercent sur les blés; en admettant même que le charançon se nourrit d'un peu de farine, ses effets sont un peu
dangereux:

1° Parce que cet insecte ne vit, tout au plus, que huit ou
dix jours;

2° Attendu que les mâles meurent, au plus tard, un jour
après avoir fécondé les femelles;

3° Les femelles périssent le lendemain du jour qu'elles ont
fini de pondre leurs œufs;

4° Enfin la durée de la vie des charançons de la dernière
génération est bien plus longue; mais ils passent l'hiver sans
manger.

Il est bien reconnu que le charançon attaque le blé tant
dans les greniers que dans les granges; dans ce dernier cas,
suivant les observations de Tessier, il s'y multiplie plus
abondamment, et devient beaucoup plus difficile à détruire.
Cet habile agronome en donne les raisons suivantes:

1° Parce qu'il est rare que les gerbes soient rentrées parfaitement sèches, et que la chaleur qui se développe favorise
singulièrement la multiplication du charançon;

2° Parce que le froid, qui est nuisible à cet insecte, ne
pénètre pas aussi facilement à travers un grand amas de gerbes qu'à travers une couche de blé;

3° Parce que le blé se sèche moins vite dans l'épi que dans
un grenier;

4° Attendu que les insectes parfaits se cachent plus facilement dans les murs et dans les pailles, lorsque les froids viennent interrompre leur ponte.

L'agronome précité s'est convaincu, par de nombreuses observations, que le blé conservé en meule est toujours exempt
de charançon. Suivant lui, cela vient de ce que ces insectes
ne vivent jamais aux dépens du blé sur pied, et que les meules
sont toujours assez éloignées des fermes pour que les femelles, qui ont été fécondées après l'hiver, ne puissent point y

allér déposer leurs œufs. Sous ce rapport la conservation du
blé en meule est avantageuse. ,

Moyens propres à reconnaître que le blé est attaqué du
charançon.

Cette connaissance est très-aisée à acquérir; les négocians
en grains, les boulangers et les meuniers intelligens ne s'y
trompent jamais.

Il est d'abord une règle générale à établir, c'est que les
blés renfermés sans être bien secs, ainsi que ceux qui ont été
coupés avant leur maturité, y sont très-sujets, ou, pour mieux
dire, en sont presque toujours attaqués. Or, toutes les fois
que le blé commence à s'échauffer, l'on peut en conclure
qu'il est attaqué ou près d'être attaqué du charançon. Bosc
semble attribuer ce développement de chaleur à la présence
de ces larves dans le blé. Nous ne partageons point cette opinion; d'après les découvertes de la chimie moderne, il est bien
démontré que les végétaux entassés humides s'échauffent au
point de s'enflammer quelquefois spontanément. Ce dégagement de calorique nous paraît dû à la décomposition de l'eau,
et nullement à la *présence des larves dans le blé*; il ne fait que
favoriser le développement et la multiplication de ces mêmes
larves.

La présence du charançon est donc précédée de l'échauffement du grain, qui est très-sensible quand on plonge la main
dans le tas. Bientôt le blé, atteint de cet insecte, contracte
une odeur et une saveur particulières; son poids diminue graduellement, et il s'en exhale une poussière brunâtre due à la
farine et à des débris du grain. Les grains de blé contenant
encore la larve sont plus pesants que l'eau; mais ceux d'où
elle est sortie n'offrent, en général, que l'enveloppe, qui est
très-légère et surnage l'eau. En criblant ce blé, on en retire
une grande quantité de ces enveloppes. Nous devons faire
observer que les parties du blé qui sont adossées contre une
muraille, et surtout contre le tuyau d'une cheminée où l'on
fait du feu, sont celles où se développent une plus grande
quantité de charançons. Il en est de même des parties situées
au midi; le contraire a lieu pour celles qui sont exposées au
nord; enfin, comme cet insecte craint et la lumière et le
froid, il se porte toujours de préférence vers les parties ob-
scures ou peu éclairées et plus chaudes. Bosc assure que le
charançon et sa larve peuvent supporter un degré de tempé-

rature égal au 70ᵉ degré de Réaumur, et que ce n'est presque
qu'en desséchant la larve qu'on la fait périr.

*Moyens propres à arrêter les ravages produits par le charançon
sur le blé.*

Ces moyens doivent être divisés en *généraux* et *partiels*.
Nous allons les étudier successivement.

Moyens généraux.

D'après ce que nous avons dit, que l'humidité du blé et sa
récolte avant parfaite maturité étaient deux causes qui le
disposaient à être attaqué par le charançon, il est bien évident que, pour prévenir les ravages de cet insecte, il faut
auparavant bien faire sécher ces blés à la chaleur solaire avant
de les enfermer dans des greniers. On doit aussi les conserver en couches de 32 à 65 centimètres (1 à 2 pieds) dans de
vastes greniers bien éclairés et bien aérés, et non dans des
salles basses qui sont toujours humides, et faire en sorte qu'il
n'y ait pas dans la même salle ou grenier des blés viciés;
car il est démontré que, dans ce cas, les charançons femelles déposent toujours de préférence leurs œufs sur les blés
nouveaux.

Malgré ces précautions, lorsqu'on s'aperçoit que le blé
commence à s'échauffer, il faut bien se garder de le mêler
avec d'autre blé bien sec et bien frais; cette pratique est
d'autant plus vicieuse que le blé ajouté se trouve dès-lors également exposé aux ravages du charançon. L'on doit, au contraire, étendre ce blé en couches très-minces, le remuer très-
souvent avec la pelle, bien aérer et bien ajourer le grenier;
et, si les localités le permettent, on doit le faire passer dans
un autre grenier. Afin de détruire le charançon ou ses larves
qui se trouvent logées contre le mur, l'on a proposé la chaleur d'une étuve; mais nous avons déjà dit que la température de 70 degrés Réaumur n'était pas suffisante pour faire
périr les larves de cet insecte. Voici un moyen qui nous a
très-bien réussi, et que nous regardons comme infaillible. Il
consiste à prendre un réchaud des plombiers, à le remplir
de charbons ardents, à l'appliquer contre la muraille jusqu'à
ce qu'elle ait acquis une haute température, et à promener
ainsi sur toutes les parties un ou plusieurs de ces réchauds,
comme on le pratique lorsqu'on applique sur les murs l'enduit hydrofuge de MM. Darcet et Thénard. Cette pratique
fait périr toutes les larves qui se trouvent logées dans les

pores de la muraille. On peut également tirer un très-bon parti de l'application de l'enduit hydrofuge des deux chimistes précités.

Il est encore un excellent moyen pour rétablir le blé qui commence à être atteint du charançon : c'est de l'exposer sur des toiles, en couches très-minces, à l'ardeur du soleil et à travers un courant d'air ; et, quand il est bien sec et bien frais, on doit le conserver dans des sacs bien ficelés. Dans ce cas, en admettant qu'il y ait des charançons dans le grenier, ils ne peuvent atteindre ce blé, attendu qu'ils ne sauraient traverser la toile. Parmentier a proposé un moyen à peu près semblable : il veut seulement qu'on place les sacs sur des châssis en bois, et qu'on place des perches entre les rangs. Lorsqu'on aperçoit que le blé est en proie au charançon, on doit recourir non-seulement aux moyens précités, mais on doit encore le vanner, le cribler souvent, et rejeter avec soin les grains légers, établir des courants d'air, dans le grenier, et remuer très-souvent ce blé avec la pelle. Enfin, il est des personnes qui recourent au lavage du blé ; par ce moyen, elles séparent tous les grains que la larve a dévorés, mais sans pouvoir en tirer ceux où elle vit, lesquels vont au fond de l'eau. Le lavage, il est vrai, détruit un grand nombre de charançons, mais non les larves. On doit avoir grand soin de bien faire sécher ce blé lavé. Nous ajoutons à ces données que, quel que soit le moyen que l'on ait pris pour arrêter les progrès du charançon, il convient de réduire de suite en farine le blé qui en est atteint ou menacé, et de panifier le plus tôt possible cette farine ; toujours en ayant soin de laver auparavant ce blé. Le pain obtenu de cette farine n'est nullement malfaisant; il a seulement un léger goût caractéristique.

Moyens partiels.

L'on a proposé une foule de moyens pour détruire non les larves, mais les charançons ; il faudrait un gros volume pour les recueillir tous. Nous allons nous contenter d'en présenter quelques-uns, en engageant cependant les négociants en grains, et les boulangers et meuniers à ne pas trop compter sur leur efficacité. Ainsi, les uns ont indiqué les substances répandant une très-forte odeur ; mais le moyen peut les éloigner momentanément sans les détruire. La *Bibliothèque physico-économique* (1) attribue de très-bons effets au chan-

(1) Année 1785.

vre récemment arraché. En 1782, un agronome de Rouillac plaça, sur un tas de blé atteint du charançon, des poignées de chanvre; le lendemain elles furent couvertes de charançons. On battit les poignées dehors du grenier; on les remit sur le blé, et le succès fut tel qu'au bout de cinq jours les charançons furent détruits complètement. Le chanvre roui réussit aussi, mais moins promptement. Le charançon reparut au mois de mai (1); le chanvre en étoupes opéra, dans huit jours, la destruction de ces insectes. L'auteur conseille de faire une décoction de chanvre, d'y tremper des toiles, et de les placer sur le blé pour le délivrer du charançon. L'expérience ne nous a rien appris sur ce point. Nous devons faire observer que, chaque jour, l'on doit battre le chanvre hors du grenier, pour le dépouiller des charançons, et que l'on doit remuer le blé afin de mettre tous les grains en contact avec le chanvre.

Le même journal conseille de frotter la pelle destinée à remuer le blé avec de l'ail, et à l'asperger avec la liqueur qui reste au fond du charnier où l'on a salé le lard, et que l'on nomme *saumure*. L'odeur, jointe à l'agitation du blé, chasse, dit l'auteur, le charançon, que l'on voit courir de toutes parts sur les murs; on les rassemble avec un balai, et on les brûle.

M. Payrandaux a communiqué à la Société philomatique le procédé suivant, qui a été découvert par son père. Il consiste à couvrir de toisons de laine en suint les tas de blé attaqués de charançons. Après quatre ou cinq jours de séjour, ces toisons sont couvertes de ces insectes. On les enlève, on les secoue loin du grenier, on les replace sur le blé, et l'on continue cette opération cinq à six fois; il ne reste plus alors de charançons, même après plusieurs mois.

M. Van-den-Driesche a communiqué à la Société d'Encouragement les heureux effets qu'il a obtenus de la fleur de sureau pour détruire les charançons, et chasser les fourmis et les teignes.

Le docteur Darrieux a conseillé d'agiter le blé avec des pelles, d'arranger le tas en dos d'âne, et d'y enfoncer des planches dont un bout s'élève au-dessus du tas et doit être garni de chiffons ou autres matières semblables où le charançon puisse se loger. Ces insectes s'y rendent, et on les retire

_____

(1) Ce fait prouve que les larves n'avaient point été détruites.

Boulanger, tome 1.   4

quelques heures après. On continue jusqu'à ce qu'il n'en
reste plus.

M. Cassan, pharmacien, mettant à profit les données de
l'agronome de Rouillac précité, a obtenu de très-bons effets
des draps de chanvre mouillés, tordus, et placés sur les grains.
Deux heures après, tous les charançons s'y trouvent attachés;
on tire les draps, on les plonge dans l'eau pour y noyer les
insectes, et on les replace, après les avoir tordus, sur le blé.

Il paraît que les feuilles de sureau jouissent des mêmes
propriétés que les fleurs; la *Bibliothèque physico-économique* (1)
rapporte qu'un fermier du département du Gard, dont les
greniers fourmillaient de charançons, les fit disparaître complètement en plaçant sur les tas des branches de sureau.

M. Dispan recommande d'enfermer le grain le plus froid
et le plus tard possible, de ne vanner que par les vents du
nord, de ne verser les sacs dans le grenier que vingt-quatre
heures après, de remuer le blé deux ou trois fois le mois, le
matin, jusqu'aux premiers froids.

M. Chevalier assure que, ayant un tas de blé infecté de
charançons, il frotta la pelle, pour le remuer, et un grand
nombre de douves de tonneau, avec de l'ail; il les distribua
ensuite dans le blé. Il ne fut pas longtemps à s'apercevoir
des bons effets de ce procédé; les charançons quittèrent le
tas, s'attachèrent à la muraille, comme immobiles, et, sans
retourner au blé, y périrent et s'y desséchèrent.

*Moyens usités dans quelques parties de l'Allemagne, en
Prusse et en Silésie.*

En Allemagne, on se délivre du charançon en faisant
bouillir de l'absinthe et de l'yèble (*sambucus ebulus*) dans
l'eau, et éteignant de la chaux vive dans cette décoction.
Avec ce lait de chaux, on blanchit les murs et le sol des greniers à blé.

D'autres font ramasser des sacs de fourmis de la grosse
espèce, qu'ils répandent dans les greniers infectés de charançons. Les fourmis se jettent avec avidité sur ces insectes, les
dévorent, et disparaissent ensuite.

On recourt aussi à un autre moyen, c'est de les asphyxier
par la vapeur du charbon allumé, qu'on place dans les greniers en bouchant soigneusement toutes les issues.

A Berlin, l'on enduit, vers le mois de septembre, à 33

_____
(1) Année 1818.

centimètres (1 pied) au-dessus du plancher, les pièces de bois et le pourtour des murs des greniers ou des magasins avec le vieux oing, dont on se sert pour graisser les roues des voitures, ou avec de la térébenthine.

A Potsdam, l'on place horizontalement, dans les tas de blé, des tuyaux en fer-blanc, fermés aux deux bouts et ouverts dans leur longueur, à peu près au tiers de leur circonférence; on les remplit d'eau : l'insecte, en marchant sur le blé, rencontre ces ouvertures, y tombe et s'y noie. Ce moyen nous paraît très-peu efficace, et doit être rejeté à cause de l'eau qui peut tomber sur le blé.

En Silésie, enfin, on prend des tiges de haricots ramés, garnies de cinq à six feuilles; quand elles viennent d'être cueillies, on les place sur les tas de blé, l'envers des feuilles en contact avec le grain. Le lendemain, ces feuilles sont couvertes d'insectes. On répète cette opération jusqu'à ce qu'on n'aperçoive plus de charançons.

Examen chimique du Charançon.

M. Penaut, pharmacien à Bourges, s'est livré à des expériences chimiques sur le charançon, dont voici le résumé :

1° Ces animaux peuvent former à peu près, dans ce pays, un vingtième du blé employé à faire le pain;

2° Le charançon frais, pilé avec un peu d'huile d'amande douce, et appliqué sur la peau, a donné naissance, en cinq heures, à une vésication suivie d'ampoule ;

3° Ce principe vésicant pourrait bien être la cause des coliques nombreuses qui règnent dans le pays.

Ce pharmacien a reconnu dans le charançon :

    Un extrait gélatineux,
    Un principe colorant rougeâtre,
    Une huile jaunâtre,
    Des traces d'acide gallique.

MM. Bonastre et Henry en ont donné une analyse plus complète, de laquelle il résulte que ces animaux contiennent :

    Un acide analogue à l'acide gallique,
    Une substance analogue au tannin,
    Des matières grasses fixes,
    Une matière résineuse,
    Un principe amer,
    Une matière animale particulière,
    De la chytine,

Des phosphates de chaux et de magnésie,
Des sulfates,
De la silice, et un principe odorant particulier.

Ces deux habiles pharmaciens assurent que le chlore, la vapeur d'éther et le gaz ammoniac, peuvent être employés pour détruire ces animaux, lesquels ne contiennent point de principe vésicant, malgré l'assertion de M. Penaut. Nous ignorons quel est l'effet de la vapeur d'éther et du gaz ammoniac sur le charançon; mais, ce que nous pouvons attester, c'est qu'un grand nombre de fumigations avec le chlore, que nous avons pratiquées, il y a plus de dix ans, dans des greniers contenant du blé attaqué par le charançon, n'en ont nullement arrêté les ravages, ni influé sur la multiplication de ces insectes, et que nous nous sommes convaincus que ces fumigations chloreuses ne produisaient aucun bon effet.

De l'Alucite ou Chenille, et Papillon des grains, Pou volant.

Nous ne croyons pouvoir mieux faire connaître cet insecte, et les moyens d'en garantir les blés, qu'en publiant ici le rapport qu'a fait, à ce sujet, M. Pineau, au nom d'une commission, à la Société d'agriculture du département du Cher.

« L'insecte si redouté, et qui fait tant de ravages dans nos granges et nos greniers, est le même qui causa des inquiétudes si vives dans l'Angoumois, et fut observé par Tillet et Duhamel : c'est le papillon des blés, alucite d'Olivier, ocophore de Latreille, de l'ordre des lépidoptères, famille des nocturnes, tribu des tinéites. Ce papillon a des antennes à filets grainés; il porte ses ailes inclinées en forme de toit, de couleur de café au lait, brillantes au soleil, bordées d'une frange de poils, surtout au côté intérieur; il a deux barbes qui, partant de dessus la tête, passent entre deux antennes, se prolongent jusqu'au-dessus des yeux, où elles rencontrent une toupe de poils relevés en arrière. Il a une trompe, ou langue filiforme.

» Ce papillon peut vivre de vingt à trente jours.

» La femelle dépose ses œufs, qui sont si petits qu'ils peuvent passer par le trou de l'aiguille la plus fine, sur les grains, et surtout dans la rainure qui sépare les deux lobes du froment. De chaque œuf il naît une chenille, qui pénètre de suite, par cette rainure, dans l'intérieur du grain, prend la place de la substance qu'elle dévore, et, après avoir passé à l'état de chrysalide, elle se transforme en papillon, environ trois se-

maines après son introduction ; de sorte que l'on peut porter
à un mois l'accomplissement de la génération de cet insecte
avant sa transformation en chrysalide ; la chenille coupe,
sous l'écorce du blé, une petite pièce qui, faiblement retenue,
cède au mouvement que fait le papillon pour sortir.

» La multiplication de cet insecte dépend de circonstances
atmosphériques toutes particulières ; il lui faut un temps
chaud : la première volée se montre ordinairement au mois
de mai, et de mois en mois jusqu'en octobre, et même en
novembre, si ce mois est encore chaud. Enfin, cette année,
nous avons vu une nouvelle apparition de ces insectes le 23
décembre. Pendant le cours des trois premières semaines de
ce mois, le thermomètre de Réaumur n'a jamais été au-dessous de 6, et s'est même élevé jusqu'à 12 (medium, 9 et
demi de température). Nous sommes persuadé, ainsi que le
fait observer l'auteur de l'article *Alucite*, du *Cours d'agriculture*
de chez *Roret*, que les pays plus froids que le nôtre ont peu
à craindre la multiplication de ces insectes, qui ne pourraient y faire qu'une ponte ou deux, et que dans le Nord ils
doivent y être inconnus.

» Les ravages de l'alucite sont très-considérables dans nos
pays ; chaque teigne n'attaque qu'un seul grain, et si deux se
trouvent sur le même, l'une détruit l'autre ; lorsque le temps
favorable permet que le papillon sorte promptement, nous
pensons que la moitié d'un grain peut suffire à la nourriture
de sa teigne ; mais sa multiplication progressive peut réduire
à rien les plus belles richesses agricoles.

» Nous croyons que cet insecte se reproduit dans les champs,
sur les blés en épis, aussi bien que dans les greniers. Des faits
nombreux, et l'expérience journalière des habitants de la
campagne, prouvent cette assertion. Cette année, des blés
mis dehors en meule, à certaine distance des habitations, ont
été attaqués comme ceux mis dans les granges : d'où seraient
venus les papillons, dont le vol est si borné ? Tout cela nous
paraît réfuter l'opinion de Bosc, émise en note dans le *Mémoire de la Société centrale d'agriculture*, et qui professe des
doutes sur la reproduction dans les champs.

» Les moyens à employer contre cet insecte consistent d'abord
à le prévenir. L'isolement absolu du blé sain de tout autre blé
froment est le plus convenable ; pour cela on indique de renfermer le grain dans des sacs de toile serrée, dans des tonneaux parfaitement fermés ; enfin, de recouvrir le tas de

blé avec 27 ou 54 millimètres (1 ou 2 pouces) de chaux
ou de plâtre en poudre, ayant soin d'arroser cette surface
poudreuse. Au bout de quelques jours, les grains supérieurs
poussent des jets qui forment, avec la chaux ou le plâtre, un
chapeau compacte : ce dernier procédé ne peut être employé
qu'en grand ; sur de petites portions, il occasionerait trop
de perte. Ces moyens préservateurs offrent encore l'avantage
d'agir sur les insectes. L'isolement n'empêchera pas, il est
vrai, le développement du papillon, mais il s'oppose à sa reproduction. Nous renvoyons, à cet égard, au *Mémoire de la
Société centrale d'agriculture*, qui présente les opinions moti-
vées de M. Bonneau de l'Indre.

» Le grand moyen de l'étuve ou du four, indiqué par tous
les auteurs, offre cet avantage que, par une chaleur (montée
à un certain degré, 60 du thermomètre de Réaumur, pour les
blés de semence, et plus haut même pour ceux destinés au
commerce) prolongée pendant douze heures, on parvient à
détruire les papillons, teignes, larves, œufs, qui se trouvent
dans les blés ; mais, après avoir employé ce procédé, il faudra encore avoir recours à celui indiqué précédemment ; car,
si le blé sorti du four ou étuve reste à l'air, il reprend une
partie de l'humidité ; son écorce se ramollit un peu, et laisse
pénétrer la chenille, quand les papillons des tas voisins auront
pu déposer les œufs. Nous pensons cependant que l'écorce,
plus dense qu'avant la dessiccation, offrira plus de résistance
à ces animaux encore faibles, et qu'il en périra une grande
partie avant d'avoir pu pénétrer dans l'intérieur du grain.

» D'un autre côté, il paraît que, pour la vente, ce moyen
nuit au poli, au coulant du blé. Du reste, il n'est pas aussi
facile à employer qu'il le paraît d'abord : il faut une main
exercée ; car si le four offre les soixante degrés de chaleur de-
mandée, il est très-probable que, dans une masse un peu
considérable, cette chaleur ne sera pas la même partout ; que
celle des parties supérieures pourra bien s'élever à soixante
degrés, tandis que le noyau ne sera qu'à quarante, trente et
même vingt-cinq. Nous pensons donc que cette pratique, utile
pour la consommation intérieure d'une famille, est d'un
avantage douteux pour les grains destinés au commerce ; car
il faut bien faire entrer en ligne de compte la perte occasio-
née par le retrait.

» L'œuf fécondé et imperceptible à l'œil, reste attaché au
grain, dont il suit tous les mouvements ; lorsque la chenille

paraît, elle se cramponne sur le blé qui lui a servi de berceau,
se hâte de s'y former une demeure, dont elle ne doit sortir
qu'après la métamorphose la plus extraordinaire. Pendant
son séjour dans le grain, elle se nourrit de la substance dont
elle prend la place, et tient ainsi à couvert son corps faible;
l'instant où elle doit se former en chrysalide est prévu; elle a
soin de se faire une coque, qui la maintient mollement dans
sa demeure; dans cet état inerte, espèce de première mort,
elle résiste parfaitement aux chocs qui pourraient la détruire.
Enfin, devenu animal parfait, le papillon se dégage de toutes
ses enveloppes, voltige autour des blés, se pose sur leurs
tas, et paraît n'avoir d'autre instinct que celui de la reproduction.

» C'est dans ce moment que viennent se précipiter sur lui
des ennemis dont son obscurité l'avait préservé jusqu'alors.
Si le blé en gerbe reste dehors, ou si les greniers sont ouverts, tous les oiseaux insectivores s'y précipitent, et, sans attaquer les grains, ils se nourrissent de tous ces insectes qui
paraissent.

» C'est ainsi, dit-on, qu'en certains lieux, on met dans les
greniers, dont les fenêtres sont fermées avec des treillis, des
bergeronnettes, oiseaux qui vivent d'insectes; les bergeronnettes mangent les alucites et autres insectes, à mesure qu'ils
paraissent, et leurs larves, toutes les fois qu'elles peuvent les
voir. Le seul soin à avoir est de tenir dans le grenier un ou
plusieurs baquets remplis d'eau. Quinze à vingt de ces petits
oiseaux suffisent pour les plus vastes greniers.

» Le crible, le van, le fléau, en détruisent une grande partie. L'on ne saurait battre trop promptement les grains infectés
par ces insectes. Lorsque vos blés sont conduits dans vos greniers, remuez-les souvent à la pelle, passez au crible au
moins tous les quinze jours; un des meilleurs instruments, et
dont l'usage nous a montré tout l'avantage, c'est le ventilateur décrit dans le *Cours d'agriculture* sous le nom de bluteau-crible. Les papillons qui ne sont pas tués de suite par le
fait de cette machine, rejetés au loin, froissés, mutilés, ne
peuvent plus se réunir pour la reproduction. Un propriétaire
ne peut trop surveiller ses greniers, et s'il sent dans ses blés
une augmentation de chaleur, il peut être assuré d'en voir
paraître une volée. Lorsque le papillon s'est montré, hâtez-
vous de mettre en usage tout ce qui peut troubler sa tranquil-
lité; plus vous agirez promptement, plus vous serez assuré

du succès, puisque vous éviterez plus certainement l'émission des œufs.

» Les courants d'air, dans les greniers, nuisent infiniment à ces insectes, qui aiment un certain degré de chaleur. Il ne serait pas même très-difficile d'établir un courant d'air dans l'intérieur des tas de blé, au moyen de cylindres creux, du diamètre de 81 millimètres (3 pouces), faits soit en osier, soit en fer-blanc criblé de petits trous; plusieurs de ces tubes, convenablement disposés, et ayant au dehors une embouchure en forme d'entonnoir, et se réunissant au milieu des tas de blé, feraient de très-bons ventilateurs.

» Les *Mémoires de la Société royale et centrale* indiquent un procédé employé par M. Lacroix, qui enferme ses blés dans des foudres placés sous terre au milieu d'un courant d'air qui abaisse la température à 10 degrés. M. Blondeau pense que ce procédé, qui paraît remplir toutes les conditions, n'est pas toujours pratiquable dans certains cantons un peu bas; il croit qu'il pourrait être remplacé par des greniers couverts en paille, et à double couverture. Tout le monde sait que la paille est un très-mauvais conducteur de la chaleur; et si l'on a soin d'établir des ouvertures opposées et un courant d'air dans la masse même du blé, ainsi que nous l'avons dit plus haut, nous croyons que l'on obtiendra un résultat avantageux.

» Un autre procédé, dont l'idée a été fournie également à M. Blondeau par la connaissance du genre de ces insectes, c'est l'emploi du feu, ou plutôt de la lumière. Comme tous les nocturnes, le papillon des blés s'en approche et s'y brûle; des flambeaux, convenablement distribués, pourront en faire périr une grande quantité. »

M. Léon Dufour, de Saint-Sever (Landes), un des entomologistes les plus distingués de notre époque, s'est occupé, il y a peu de temps, de la conservation des blés, et a adressé, à ce sujet, à l'Académie des sciences et à la Société royale et centrale d'agriculture, une note que nous allons en partie reproduire :

« Un fait d'économie domestique, dit ce savant, qui, en apparence, avait peu de portée, m'avait dès longtemps frappé. tandis que nous déplorions fréquemment les ravages du charançon et de l'alucite ou teigne des blés dans nos greniers vastes et bien aérés, nos laboureurs, qui avaient la même espèce de grain, provenue de la même récolte, se mettaient à l'abri de ce fléau en enfermant leur froment, non encore attaqué par les insectes, dans des tonneaux ou de grands bahuts relégués dans le réduit le plus obscur du rez-de-chaussée de leur habitation rurale.

» Du rapprochement comparatif de ces deux résultats, et de plusieurs recherches entomologiques poursuivies avec quelque persévérance, je fus mené à cette induction, qu'il existait, dans nos greniers, des conditions favorables à la naissance, au développement des insectes destructeurs des graines céréales, tandis que ces conditions manquaient dans la manière dont le laboureur avait serré son grain. Or, ces conditions, dans nos greniers, étaient évidemment l'air, la lumière et les variations de température, agents d'autant plus puissants qu'ils s'exerçaient sur une grande surface du tas de grain, que l'on étalait dans le but, prétendait-on, d'éviter qu'il chauffât. Pour obvier à cet état de choses, il eût fallu mettre le grenier à la cave; mais, en même temps, il était indispensable que celle-ci fût dépourvue d'humidité, élément très-contraire à la bonne conservation des grains.

» Ces idées me rappelaient aussitôt les silos, qui réunissaient précisément l'absence de la lumière et de l'humidité à une température basse et invariable. Je n'étais pas en mesure d'improviser un silo, je me bornai à imiter nos laboureurs : je plaçai mes récoltes dans des tonneaux, des colis, que j'achetai à bon marché à l'épicier ou à l'entreposeur de tabac. Ces colis, qui contenaient, les uns dans les autres, 3 hectolitres de grain, étaient défoncés par un bout, et celui-ci se fermait par un couvercle amovible, maintenu en place par une grosse pierre, et que l'on pourrait aussi établir à coulisse ou à tiroir. On les disposa debout, en séries d'une seule rangée, le long du mur, dans le lieu le plus sombre du grenier, et on avait soin de tenir habituellement fermés les volets des croisées, pour éviter l'accès de la lumière, de la chaleur et de l'humidité.

» Il y a cinq ans que je mets en pratique ce procédé ; quelques propriétaires des environs de Saint-Sever l'avaient essayé avant moi, et plusieurs l'ont adopté depuis. Non-seulement le grain n'a jamais été attaqué par les larves des insectes, mais, ce qui est encore un avantage bien appréciable, on le défend ainsi contre les rats et la poussière, et il ne contracte aucune mauvaise odeur, aucune espèce d'altération qui nuise à la panification, à la germination ou à la vente.

» Ce procédé, ainsi que je l'ai annoncé, est simple, peu

coûteux ; car, la dépense du colis une fois faite, c'est pour une éternité, et il est d'une application facile dans toutes les circonstances. Il me semble laisser bien loin derrière lui les appareils plus ou moins dispendieux, compliqués ou embarrassants d'Inthierri, de Duhamel, de Cailleau, de Cadet de Vaux, ainsi que l'étuve de M. Robin de Châteauroux, et le moulin insecticide de M. Terrasse des Billons. Ces fours, ces étuves, ces brûloirs, tuent sans doute les insectes granivores, mais produisent-ils cet effet sans altérer la couleur, le poids, la farine du grain, et sans enlever à celui-ci sa faculté germinative? Je ne le pense pas.

» L'observation qui fait le sujet de ma notice peut devenir féconde dans ses applications ; je me bornerai à signaler une ou deux de celles-ci. Les fourrures, les tissus de laine, les cachemires que l'on renferme, en été, dans des armoires placées dans des appartements plus ou moins éclairés, chauds et ventilés, sont précisément, malgré le camphre et les diverses essences, dans des conditions les plus propres au développement des teignes, des dermestes, des anthrènes, des anobiums, etc. Il faut, pour les mieux conserver, leur appliquer le principe que je viens d'émettre pour les céréales. Enfin, les entomologistes, dans leur sollicitude pour la conservation des insectes, auraient à déplorer bien moins de dégâts, moins de pertes, s'ils plaçaient leurs boîtes insectifères dans des appartements obscurs, peu aérés, mais secs.

» J'ajouterai une réflexion : dans les grands dépôts de grains, dans les greniers d'abondance, des foudres en *tôle*, de la capacité de 15 à 20 hectolitres, placés dans les conditions signalées plus haut, offriraient encore plus de garanties de conservation et seraient supérieurs aux silos des Maures et des Arabes. »

Procédé pour corriger la mauvaise qualité des blés avariés.

La mauvaise qualité que les années pluvieuses et les longs transports donnent aux blés, surtout à ceux qui ne sont pas soignés, peut être corrigée et détruite par différents procédés ; celui de M. Peschier, pharmacien à Genève, nous paraît mériter une mention particulière. Il lave le grain avarié dans une eau alcaline bouillante (1), où, après l'avoir laissé en repos pendant une demi-heure, il l'agite fortement. L'eau prend

(1) Elle se prépare dans la proportion de 1,469 kilogrammes (2,938 livres) d'eau, et 1,958 kilogrammes (3,916 livres) de potasse du commerce, sur 1 quintal (100 livres) du blé.

alors une couleur brune très-foncée, produite par l'abondante
dissolution et suspension des parties détruites dans la fermentation. Ce lavage écoulé, le grain se lave avec de l'eau froide,
jusqu'à ce qu'elle soit incolore, l'agitant fortement chaque
fois, afin d'en détacher d'avantage, par.le frottement, ce qui
serait resté attaché à l'écorce. Le grain est ensuite égoutté
pendant vingt-quatre heures, et séché rapidement, soit à l'air,
soit dans une étuve, ou, mieux encore, dans des fours dont
on a retiré le pain. Par ce travail, il perd non-seulement toute
sa mauvaise odeur, mais aussi son goût et l'âcreté qui se faisait
sentir à la gorge, et il acquiert un goût agréable de gruau
d'avoine, provenant vraisemblablement de l'effet de la chaleur à laquelle il est exposé pendant la fermentation. Le grain
fournit dans cet état une farine d'un blanc roux, à peu près
sans odeur, qui donne un pain brun nourrissant, n'ayant
aucune odeur étrangère à celle du pain ordinaire. On a cependant remarqué parfois qu'il laisse apercevoir une faible
amertume. Le déchet éprouvé par les lavages est d'un cinquième environ.

REPRODUCTION DU BLÉ.

Le blé est une des céréales qui donnent le plus de semences, suivant la nature du sol, la température du climat et la
régularité des saisons.

Les sols argileux, ou quartzeux, ou trop calcaires, sont
impropres à sa reproduction. Ceux qui lui conviennent le
mieux sont ceux qui sont formés par un mélange de ces trois
terres dans des proportions convenables, et qui sont riches
en engrais. Ainsi, les plaines conviennent bien mieux à la culture du blé, soit parce que la température y est plus douce
que sur les montagnes, soit parce que les engrais que l'on
répand sur celles-ci sont charriés par les averses dans les plaines. Enfin, les montagnes un peu élevées, où règnent très-
souvent des brouillards, sont totalement impropres à la
culture du blé. On en trouve des exemples dans les départements du Midi. Nous allons prendre pour exemple ceux de
l'Aude, de l'Hérault et des Pyrénées-Orientales, dont les
plaines donnent des récoltes très-abondantes en blé, tandis
qu'à une ou deux lieues plus loin les terres ne peuvent produire que du seigle. Un sol sec n'est propre à la culture du
blé que lorsque le printemps et une partie de l'été sont pluvieux; hors de ce cas, il ne donne que de très-modiques récoltes, qui sont même presque entièrement perdues, si l'on a

fumé ces terres, et que le printemps et l'été aient été secs. Les blés récoltés dans les terres sèches se conservent cependant plus longtemps sans éprouver d'altération. Par une raison contraire, les récoltes en blé sont très-abondantes dans les terrains des plaines humides, si le printemps et l'été sont très-peu pluvieux ; dans le cas contraire, ces blés jaunissent, produisent beaucoup de paille et peu de grain, encore même ce dernier n'est-il pas de bonne conservation.

Les terrains salés sont impropres à la culture du blé, si la quantité est trop forte ; tandis qu'à petite dose, le chlorure de sodium (sel marin) le favorise. Nous prendrons pour exemple la vaste plaine de Narbonne, dite l'Étang salin, et du temps des Romains le lac Rouge (*lacus Rubrensis*), la plaine de Coursan, celle de Salles, Fleury, etc., qui jadis ont été recouvertes par les eaux de la Méditerranée. Ces vastes plaines offrent trois qualités de terre : l'une propre à la culture du blé, l'autre qui y est impropre, mais propre à celle du salicor ou soude, et une troisième qui est impropre à toute culture. Souvent, dans 12 ares (un quart d'arpent), on trouve ces trois qualités de terre.

Dans son Mémoire sur les défrichements, M. Julia Fontenelle a publié l'analyse suivante de ces terres :

1° Les terres les plus salées et impropres à toute culture donnent du chlorure de sodium (sel marin) jusqu'à 0,14 ;

2° Celles qui sont propres à la culture du salicor, 0,10 ;

3° Celles où le blé croît, de 0,03 à 0,05.

Cette dernière terre donne des récoltes très-abondantes en blé, et même sans aucun engrais. Le blé qu'on y récolte donne un pain qui a une légère saveur salée.

Il faudrait très-peu de blé pour sa reproduction, si tous les grains semés levaient. Malheureusement un très-grand nombre sont perdus ; car, pour que la germination ait lieu, il faut :

1° Que la semence ait été cueillie dans un état de maturité parfaite, et il s'en faut de beaucoup que tous les épis y soient parvenus ;

2° La présence de l'eau est indispensable, mais non en excès ;

3° Il en est de même de celle de l'air ; ainsi les grains semés trop profondément pour que l'air ne puisse y pénétrer, ne lèvent point ;

4° Une douce chaleur est indispensable ; à 0 le blé ne

germe pas ; il en est de même d'une température élevée; la
plus favorable est de 10 à 30 degrés centigrades.

L'on peut calculer que, dans les montagnes, la récolte est à
la semence comme un est à trois, quatre, cinq, six, et sept.
On peut compter, terme moyen, cinq pour un.

Dans les plaines, le produit est de huit à douze et jusqu'à
quinze pour un ; on peut cependant porter le terme moyen de
neuf à dix.

Il est démontré que si tous les grains de blé germaient, il
en faudrait très-peu pour ensemencer. Plusieurs agronomes
ont fait des essais pour reconnaître le nombre de semences
qu'un seul grain de blé peut produire ; nous allons nous borner à présenter le fait suivant, pris dans le tome LVIII des
Transactions philosophiques de Londres.

L'auteur de cette expérience, Miller, sema, le 2 juin,
quelques grains de blé dans un terrain qui n'était pas même
très-favorable à la végétation de cette plante. Le 8 août suivant, c'est-à-dire aussitôt que la végétation du blé fut assez
avancée pour permettre la division des touffes, il sépara en
huit parties l'une de celles-ci, et il transplanta chacune d'elles
séparément. Ces plantes ayant poussé un certain nombre de
nouveaux drageons, il en fit une nouvelle division à trois époques différentes. Une partie fut ainsi traitée vers la mi-sep-
tembre, et une autre du 15 septembre au 14 octobre. Le
nombre de ces divisions donna ainsi soixante-sept nouvelles
plantes, qui, après être restées en terre pendant tout l'hiver,
furent divisées de nouveau à dater du 15 mars au 12 avril ; et
l'on obtint ainsi cinq cents plantes qui furent confiées à la
terre sans être soumises à de nouvelles divisions.

On remarqua que ces plantes végétaient plus vigoureuse-
ment que celles des champs voisins. Quelques-unes produi-
sirent plus de cent épis, et plusieurs de ces épis avaient 20
centimètres (7 pouces) de long, et contenaient de soixante à
soixante-dix grains. Le nombre total des épis ainsi produits
par un seul grain, montait à 21,109, et le grain que ceux-ci
donnèrent pesait 23 kilogrammes 22 décagrammes (47 li-
res 7 onces). En faisant le calul du nombre de grains qui
entraient dans 30 grammes (1 once), on trouva qu'un seul
grain avait produit 576,820 grains.

L'auteur de cette expérience fait observer que si l'on eût
fait au printemps deux divisions au lieu d'une seule, on eût
pu porter ce nombre des plantes à deux mille au lieu de cinq

cents, d'autant qu'il s'était assuré par d'autres expériences que cette division pouvait avoir lieu deux fois au printemps.

On conçoit qu'il serait difficile d'établir la culture du blé en grand par la méthode que l'on vient d'exposer. Le temps et la main-d'œuvre qu'il faudrait employer à une semblable opération, rendraient cette culture très-dispendieuse. Il est cependant des circonstances, telles qu'une destruction presque totale des champs de blé, où l'on pourrait réparer en partie les pertes qu'on aurait éprouvées. Alors la division des pieds qui n'auraient pas été détruits, fournirait, surtout dans les petites cultures, un moyen de subsistance qu'on ne saurait se procurer d'une autre manière.

Choix du blé de semence.

Depuis longtemps on recommande aux agriculteurs de n'employer pour les semailles que des blés de première qualité, et ceux dont le grain est pesant, bien nourri et d'un aspect brillant. Cette recommandation n'est pas fondée sur un préjugé ; et, en effet, quelques expériences directes, communiquées à l'Académie des sciences, dans la séance du 19 septembre 1831, prouvent qu'il y a beaucoup d'avantage à n'employer à l'ensemencement des champs que les grains de bonne qualité, et que l'économie qu'on veut trouver à faire usage des grains de rebut est loin d'équivaloir à la perte qu'on éprouve au moment de la récolte. Ces expériences démontrent encore que les préparations employées pour préserver le blé de la carie ou de la rouille ne peuvent être efficaces qu'autant que les semences employées ne proviennent pas elles-mêmes d'épis infectés de carie ou de rouille, quelque soin qu'on ait pris d'ailleurs à n'employer que des grains sains en apparence. Les cultivateurs Belges prennent un soin tout particulier pour récolter le blé qui doit servir à la semence. Ils font, au moment de la moisson, démêler quelques épis très-beaux ; ce travail, n'exigeant aucune force, est exécuté par de vieilles femmes. Le grain provenant de ces épis de choix est semé dans un terrain susceptible, par sa nature et sa culture, de donner des produits remarquables, surtout par la qualité, sans beaucoup s'inquiéter de la quantité. La récolte de ce champ est spécialement destinée à fournir du blé de semence. Ce serait un travail trop long et trop dispendieux pour qu'il n'y ait pas perte ; mais ici ce n'est que la semence de la semence que l'on se procure ainsi.

BLUTAGE DES GRAINS.

Lorsque le blé a été battu, on le crible soigneusement avant de l'enfermer; mais, pour le dépouiller de la plus grande partie de terre qu'il contient, il faut recourir au blutage, que l'on opère au moyen d'un blutoir ou sorte de crible dit *blu-teau composé* ou *crible à vent*. Le blutage contribue également beaucoup à leur conservation. M. Duhamel, dans son important ouvrage sur la *Conservation des grains*, a décrit le meilleur bluteau à vent que nous possédions; nous allons lui en emprunter la description.

On met, comme aux autres, le grain dans une trémie A (*fig.* 1); il en sort par une ouverture B, qu'on rend plus ou moins grande en ouvrant plus ou moins une porte à coulisse C (*fig.* 3), ce qui s'exécute aisément en tournant un petit cylindre D (même figure) placé au-dessus, autour duquel est une ouverture qui répond à la petite porte.

Au sortir de la trémie, le froment se répand sur le crible E (*fig.* 4), qui est fait par des mailles de fil de laiton, assez larges pour que le bon froment y puisse passer; les grains avortés, et la plupart des charbonnés passent avec le bon froment, et sont chassés vers F (*fig.* 1 et 2) par le courant d'air dont on parlera par la suite.

Ce crible est reçu dans un châssis léger de menuiserie G (*fig.* 4), et bordé, des deux côtés et au fond, par les planches minces H H.

On fait en sorte que le crible E penche un peu par le devant, et cette circonstance fait que le froment coule plus ou moins vite; on est maître de régler convenablement la pente du crible, en tournant une traverse cylindrique I (*fig.* 2), qui porte à un de ses bouts une petite roue dentée L (*fig.* 1), qui est retenue par un cliquet. En tournant cette traverse, on accourcit ou on allonge une ficelle qui élève ou abaisse le bout antérieur du crible.

Malgré cette pente du crible, le froment ne coulerait pas, si l'on négligeait d'imprimer au crible un mouvement de trémoussement. Voici par quelle mécanique on produit cet effet.

Sur le bout de l'arbre (*fig.* 5) opposé à celui où est la manivelle P (*fig.* 1), il y a une roue Q (*fig.* 6 et 7), qui a des encoches sur la face verticale tournée du côté de la caisse. Un morceau de bois, ou un long levier un peu coudé en R, répond à ces encoches par un bout S. Ce levier touche et est attaché à la caisse par le sommet R de l'angle fort obtus que forment ces deux branches ; à l'extrémité T du levier, opposée à la roue cochée, est attachée une ficelle qui, traversant la caisse, va répondre au crible. De l'autre côté de la caisse est un morceau de bois V (*fig.* 1) qui fait ressort, et répond, comme le levier dont on vient de parler, au crible par une ficelle qui traverse la caisse. Il est clair que, si l'on fait tourner l'essieu, les coches de la petite roue Q donnent un mouvement d'oscillation au bout du levier R qui lui répond ; ce mouvement se communique à son tour au bout T, et de là au crible, au moyen de la ficelle T, ce qui lui donne le trémoussement qu'on désire.

Ce mouvement détermine le grain à couler peu à peu sur le crible qui est un peu incliné, et ce qui n'a pu passer au travers des mailles tombe, par l'extrémité en forme de nappe, sur un plan incliné X (*fig.* 2) qui le jette dehors, et vis-à-vis la partie antérieure du crible. Ce qui a passé par le crible supérieur tombe, en forme de pluie, sur un plan incliné d'environ 45 degrés, où le froment, en roulant, trouve une grille ou treillis de fil d'archal M (*fig.* 2 et 8) semblable au premier E (*fig.* 4), mais dont les mailles sont un peu plus étroites, pour que le petit grain tombe sur la caisse en N (*fig.* 5), pendant que le gros se répand derrière le crible, en T.

On aperçoit, sur un des côtés de la caisse, une manivelle P (*fig.* 1) qui fait tourner une roue dentée F, laquelle engrène dans une lanterne G, fixée sur l'arbre qui fait tourner la petite roue cochée Q (*fig.* 5) dont on a parlé.

Ce grand arbre qui, au moyen de la lanterne, tourne fort vite, porte huit ailes (*fig.* 1, 2 et 5) H H H, formées de planches minces qui, imprimant à l'air qu'elles frappent une force centrifuge, produisent un vent considérable qui chasse bien loin vers F toute la poussière, la paille et les corps légers qui se trouvent dans le grain ; soit que ces corps étrangers aient passé par le crible, ou qu'ils se trouvent dans les mottes et les immondices qui tombent en nappe devant le crible.

Pour se former une idée juste de cet instrument, il faut se représenter un homme appliqué à la manivelle P (*fig.* 1) ; elle fait tourner une roue dentée ou hérisson N. Cette roue engrenant dans la lanterne G, qui est placée au-dessus, imprime un mouvement de rotation assez vif au grand essieu qui fait tourner les ailes H H H (*fig.* 1, 2 et 5) renfermées dans la caisse K, et à la petite roue cochée Q, qui est de l'autre côté de cette même caisse. Cette petite roue Q imprime un mouvement de trémoussement au levier T R S (*fig.* 5), qui fait mouvoir le crible supérieur L (*fig.* 2) tant qu'on tourne la manivelle.

Un homme verse du froment dans la trémie A. Ce froment coule peu à peu sur le crible supérieur L (*fig.* 2), qui, ayant un peu de pente vers l'avant, et étant dans un trémoussement continuel, tamise le froment, et le passe peu à peu en forme de pluie. Dans cette chute, il traverse un tourbillon de vent occasioné par les ailes H H H (*fig.* 1, 2 et 5) attachées au grand essieu, et il tombe sur un plan incliné où il y a un second crible B (*fig.* 5), et M (*fig.* 2), nommé *crible inférieur*, qui sépare le gros grain du petit.

Comme les pièces qui composent ce crible n'exigent pas une exacte proportion, l'échelle (*fig.* 9) suffira pour indiquer à peu près quelle doit être leur grandeur; enfin, il est bon d'être prévenu que le grand arbre doit être de fer, et les fuseaux de la lanterne G de cuivre; sans quoi, ces deux pièces ne dureraient pas longtemps. Il serait encore avantageux d'augmenter la grandeur du crible inférieur, et l'on pourrait avoir des cribles dont les mailles seraient différemment rangées pour séparer les différents grains et les différentes graines.

Ce crible est admirable pour séparer du bon grain la poussière, la paille, les graines fines, les graines charbonnées, en un mot, tout ce qui est plus léger et plus gros que le bon froment. Il sépare encore exactement toutes les mottes formées par les teignes, les crottes de chat, de souris, etc.

Pour que ce bluteau-crible produise le meilleur effet possible, il faut que le grenier soit percé de fenêtres ou de lucarnes des deux côtés opposés; car, en plaçant le bout F du crible (*fig.* 2) vis-à-vis la croisée qui est exposée au vent, le vent qui traverse le grenier, se joignant à celui du crible, chasse bien loin les immondices. Ainsi, c'est un bon instrument dont on doit se pourvoir lorsqu'on se propose de faire des magasins considérables de blé.

Ce n'est pas à ce seul point que se borne son utilité; on lui en reconnaît une au moins aussi précieuse, qui est celle de séparer le bon grain de toutes les immondices à mesure qu'il vient d'être battu, et par conséquent de ne pas le porter et le reporter de l'aire au magasin, et du magasin, qu'on nomme dans quelques endroits la Saint-Martin, à l'aire. Pour venter ou vanner le blé, on est forcé d'attendre un beau jour, et un jour pendant lequel la force du vent ait quelque activité, ce qui est assez rare pendant les grandes chaleurs de l'été. Si le grain reste longtemps amoncelé sans être battu, il court de grands risques de s'échauffer, pour peu que la moisson ait été levée par un temps humide. Ce bluteau-crible prévient tous ces inconvénients. Pour vanner, on est obligé de jeter en l'air, et au loin, le grain chargé d'ordures. Le grain, par sa pesanteur spécifique, tombe le premier et le plus près, mais mêlé avec les petites mottes de terre égales à son poids; la poussière et les pailles, plus légères, sont entraînées plus loin par le vent. La ligne de démarcation entre le bon grain, le mauvais et les ordures, n'est pas exacte; de manière qu'on est obligé de revenir plusieurs fois à la même opération. Voici comme je m'y prends pour nettoyer mon grain avec le bluteau-crible.

Tout le grain que l'on a à nettoyer est rangé sur une ligne de 1 mètre à 1 mètre 30 centimètres (3 à 4 pieds) de largeur, 65 centimètres (2 pieds) environ de hauteur, et la longueur de ce parallélogramme est indéterminée si c'est en plein air, ou proportionnée à la grandeur du local du bâtiment, si le grain y est renfermé; le premier est convenable à tous égards. A 1 mètre 62 centim. (5 pieds) d'un des bouts du parallélogramme, je place une grille de fer de 1 mètre 30 centim. (4 pieds) de largeur, sur 1 mètre 62 cent. (5 pieds) de hauteur; elle est soutenue de chaque côté, dans la partie supérieure, avec un piquet en bois, terminé dans le bas par une pointe de fer qui entre dans la terre à la profondeur de 27 millimètres (1 pouce); par ce moyen, les deux piquets une fois assujettis, la grille est solide, parce que, également à sa base, elle est garnie de deux pointes de fer de 27 millimètres (1 pouce), qu'on enfonce de manière que sa traverse inférieure touche la terre par tous les points. L'inclinaison de 30 degrés est celle qu'on doit donner à la grille, et ses mailles n'ont que 14 à 18 millimètres (6 à 8 lignes) de diamètre.

Deux hommes armés de pelles sont placés à la tête du monceau de blé, et en jettent alternativement une pellée contre la grille. Lorsque le monceau de blé est passé, lorsque celui des débris de la paille et que la grille sont trop éloignés des travailleurs, alors les deux hommes enlèvent avec leur pelle le monceau de paille, et rapprochent la grille à une distance convenable du blé pour continuer leur opération ; le blé passé est, en cet état, porté au bluteau.

Si on demande pourquoi ce premier travail ? je répondrai que, lorsqu'on jette dans le bluteau les débris de la paille et les épis pêle-mêle avec le grain, il faut répéter à plusieurs fois le blutage, au lieu qu'une fois suffit lorsqu'on a pris la première précaution. Si on repasse une seconde fois son grain au bluteau, il en sortira de la plus grande netteté. Cette opération occupe deux hommes, et les deux mêmes suffisent pour le blutage ; un seul, cependant, suffit pour cette dernière, si, au-dessus de la trémie, on a ménagé une espèce de magasin ou réservoir à blé ; une fois plein, l'ouvrier pourrait travailler toute la journée et d'un seul trait, s'il n'avait besoin de repos de temps à autre. Pour qu'il prenne ce repos, il tire une petite corde qui tient à une tirette ou coulisse, et la coulisse, en s'abaissant, ferme l'ouverture de ce réservoir. J'ai fait vanner du blé de toutes les manières, et je n'en ai point trouvé de plus économique et plus expéditive que celle dont je viens de parler. Qu'on ne perde jamais de vue qu'il n'y a point de petite économie à la campagne.

On doit à M. Fichet un nouveau Tarare pour nettoyer les grains, au moyen de deux cribles concentriques de plusieurs formes, tournant en sens contraire, et dont voici la description :

Le bâtis de cette machine est une caisse en bois ayant la forme d'un parallélipipède rectangle de 1 mètre 14 centimètres (3 pieds 6 pouces) de haut, sur 1 mètre 46 centimètres (4 pieds 6 pouces) de longueur et 65 centimètres (2 pieds) de large. Cette caisse est sans fond ; ses deux bouts sont à jour et garnis seulement de traverses d'assemblage, qui servent à supporter les différentes parties de cette machine. Le dessus est recouvert par une planche à feuillures, que l'on enlève à volonté pour voir l'intérieur du mécanisme. Les côtés latéraux sont fermés par des panneaux assemblés aux quatre pieds de la caisse et sur les traverses longitudinales.

Au bord de l'une des faces latérales de cette caisse, et sur le devant de la machine, est un engrenage qui donne le mouvement à toutes les parties mobiles. Cet engrenage est composé, extérieurement, de trois roues dentées engrenant ensemble, et placées l'une au-dessus de l'autre dans la hauteur de la caisse, parallèlement aux faces latérales.

Celle des trois roues qui occupe la position inférieure porte vingt dents; son axe, qui est un prisme pentagonal, est armé de cinq ailes formant un ventilateur. La largeur de ces ailes est un peu moindre que celle de la caisse intérieurement, et leur rayon est d'envion 30 centimètres (11 pouces).

Ce ventilateur, qui avance en avant de la machine, est enveloppé, extérieurement, par un tambour en planches formant un peu plus d'un demi-cylindre, qui vient s'accrocher contre les pieds ou montants du bâtis, et dont chaque bout est percé, au centre, d'un grand trou, pour donner passage à l'air extérieur, que le ventilateur doit chasser dans la caisse.

La seconde roue dentée est placée immédiatement au-dessus de la première, et son axe, qui est engagé en dedans de la caisse, porte une manivelle à l'aide de laquelle un homme fait mouvoir la machine. Les dents de cette roue sont au nombre de trente-trois.

La troisième roue a aussi trente-trois dents, elle reçoit son mouvement de la roue précédente, et son axe porte, dans l'intérieur de la caisse, une roue d'angle de dix-huit dents, dont les axes sont enfilés l'un dans l'autre, de manière à pouvoir tourner en sens contraire. L'axe intérieur est un arbre en fer, placé au milieu et dans toute la longueur de la caisse; il est reçu dans des collets disposés, à cet effet, sur les traverses supérieures des bouts du bâtis. En avant de la machine, cet axe est à la hauteur du centre de la troisième roue de l'engrenage extérieur; il est d'environ 54 millimètres (deux pouces) plus bas à son autre extrémité. Cet arbre, sur lequel est montée une des deux roues d'angle de vingt-huit dents, dont on vient de parler, sert d'axe à un premier crible cylindrique en tôle, bouché des deux bouts et enveloppé par un second crible cylindrique et concentrique, également en tôle: c'est sur le bout de ce dernier crible, qui est un peu plus long que le premier, qu'est fixée la deuxième roue d'angle de vingt-huit dents, qui lui imprime, au moyen de la roue de dix-huit dents, un mouvement inverse à celui du crible intérieur.

Le crible extérieur, ou enveloppant, est monté sur des roues à jour, auxquelles l'axe en fer du crible intérieur ou enveloppé sert d'essieu.

Le grain arrive entre les deux cribles cylindriques par deux trémies placées l'une au-dessus de l'autre, au-dessus de la tête des cribles. Entre ces deux trémies est placé un petit grillage horizontal, que l'on incline à volonté au moyen d'un petit treuil avec encliquetage et roue à rochets placée au-dessus.

Ce grillage reçoit d'abord le grain de la trémie supérieure, pour le rendre, après l'avoir agité par un mouvement horizontal de va-et-vient, à la trémie inférieure qui le conduit entre les deux cribles.

Les cribles sont percés de trous ronds, pratiqués de manière que leurs bavures se trouvent dans l'espace cylindrique ménagé entre les deux cribles.

Le crible intérieur est divisé, dans sa longueur, en trois portions égales : celle du haut est cylindrique, celle du milieu présente quatre angles rentrants, dans lesquels s'amasse le grain qui, dans le mouvement de rotation, se trouve, par ce moyen, lancé plus fortement contre la paroi intérieure du crible enveloppant ; ce qui aide beaucoup à dégager l'enveloppe du grain de toute matière étrangère. La portion inférieure de ce crible porte des petites brosses placées longitudinalement sur sa surface, et l'extrémité inférieure du crible enveloppant est formée d'un grillage fait de fils de fer disposés les uns à côté des autres, et maintenus dans leur écartement par plusieurs ligatures. Les soies des brosses du crible intérieur entrent dans les espaces réservés entre ces fils de fer, et en chassent les grains qui pourraient s'y arrêter. Ce crible est percé de trous dans toute sa longueur et même dans ses angles rentrants.

Le grain, entraîné et agité entre les deux cribles, se dépouille des parties hétérogènes qui couvrent son enveloppe, par le frottement qu'il éprouve sur les bavures des trous de chaque crible ; le mouvement de rotation en deux sens qu'il éprouve, est très-favorable à ce dépouillement, et oblige en même temps le grain à descendre lentement, par l'effet de la pente, dans le bas des cribles, où il est reçu dans une trémie qui le conduit sur une planche en bois fixe, inclinée de l'arrière à l'avant de la machine sur laquelle il subit l'action du ventilateur, avant de se rendre dans une caisse disposée à terre en avant du tarare et sous les ailes du ventilateur.

Les déchets, composés de pierrettes, de pailles et autres matières étrangères, et même de quelques grains de blé qui sont passés à travers les trous du crible extérieur, tombent sur une planche inclinée de l'avant à l'arrière, placée immédiatement sous les cribles, et vont se rendre dans une caisse placée derrière le tarare. L'expulsion de ces déchets est facilitée par un

mouvement continuel de va-et-vient imprimé longitudinalement à la planche inclinée qui les reçoit.

Une claie inclinée de l'arrière à l'avant, placée tout-à-fait
au bas de la machine et ayant, comme la planche précédente,
un mouvement de va-et-vient, reçoit les derniers déchets qui
ne sont pas sortis par les trous du crible extérieur, et qui
sont passés avec le blé par la trémie placée comme nous venons de le dire, au bas des cribles ; au sortir de cette dernière
trémie, le grain et les déchets qui l'accompagnent tombent sur
une plaque de tôle percée de trous ; ajustée horizontalement à
charnière et faisant l'effet d'une petite porte qui s'entr'ouvre et
se referme alternativement. Le mouvement de cette porte
oblige les matières dernières qui passent avec le grain par la
trémie, à se rendre sur la claie, aussi bien que celles qui
sont renvoyées en cet endroit par l'action du ventilateur. La
petite porte dont on vient de parler est placée en tête du plan
incliné qui reçoit le grain nettoyé ; c'est l'action même de
cette plaque de tôle qui, en se refermant brusquement, fait
sauter le blé sur ce plan incliné, où il subit définitivement
l'action du ventilateur qui achève de le nettoyer.

Les derniers déchets dont on vient de parler se rendent,
en passant à travers la claie, dans une caisse placée pour les
recevoir sous la machine ; et, comme ils sont bien supérieurs à
ceux qui proviennent des cribles, puisqu'ils contiennent tout
le bon grain qui s'est échappé par la plaque de tôle en forme
de porte, en les soumettant une seconde fois à l'action de la
machine, on en obtient du grain parfaitement nettoyé.

Les mouvements de va-et-vient imprimés aux plans inclinés
et au grillage placé entre les deux trémies destinées à l'introduction du grain entre les cribles cylindriques, sont produits par des excentriques placés extérieurement sur l'axe du
ventilateur, du côté de la machine opposé à l'engrenage, et
par les tringles ou bielles attachées à ces différentes pièces
mobiles.

On peut, avec cette machine, nettoyer toute espèce de
grains ; il faut seulement avoir des cribles de rechange appro-
priés à la nature de la graine à nettoyer.

Récolte du blé en France.

Il est une vérité maintenant bien reconnue, c'est que la
prospérité des empires est en raison directe des progrès de la
civilisation et de l'industrie. La France nous en fournit un

exemple remarquable. Il y a environ quarante ans que sa population n'était que de vingt-cinq millions d'habitants ; depuis
lors elle a été presque toujours en guerre avec ses voisins, elle
a vu non-seulement l'Europe coalisée contre elle, mais encore
ses cruels proconsuls décimer ses sujets, et la guerre civile et
étrangère désoler une partie de son territoire ; malgré ces ter-
ribles fléaux, sa population s'est accrue depuis de quinze millions. Tels sont les bienfaits de l'industrie. Ce surcroît de population doit nécessairement consommer trois cinquièmes de
plus de substances alimentaires. La production du blé est-elle
donc, de nos jours, en raison directe de cet accroissement. Ces
intéressantes recherches ont fait le sujet d'un travail qui a été
présenté à l'Académie royale des Sciences, dans lequel l'auteur
démontre :

Que la France produisait il y a quarante ans, et ayant vingt-
cinq millions d'habitants, 7 milliards de kilogrammes (14 milliards de livres) de grains, ce qui portait la consommation (la
semence prélevée) à 291 kilogrammes (583 livres) de blé par
tête, ou bien 800 grammes (1 livre 10 onces) de pain par
jour.

Depuis cette époque, la population s'étant augmentée,
comme nous l'avons déjà dit, d'environ quinze millions, il est
naturel de penser :

1° Que les subsistances ont dû suivre cet accroissement ;
elles s'élèvent, en effet, au niveau des besoins, mais sans les
dépasser, puisque les états des douanes prouvent que, depuis
longtemps, les exportations comme les importations de grains
sont peu considérables en France ;

2° Que dès-lors la totalité des récoltes premières se trouvant en rapport avec la population, évaluée aujourd'hui à environ quarante millions d'individus, devrait rapporter par an
onze milliards de blé, semence non comprise ;

3° Que, bien loin de là, la récolte générale paraît être,
d'après les tableaux officiels de l'administration, à peu près
la même aujourd'hui qu'autrefois.

Du reste, nous nous proposons, à cet égard, de donner plus
loin, sous le titre de *Statistique agricole,* des documents précis
sur la production céréale en France, empruntés aux états officiels, publiés par l'administration elle-même.

CONSERVATION DU BLÉ.

Cette branche importante de l'économie publique intéresse

infiniment le sort des peuples, et mérite par conséquent de
fixer l'attention des gouvernements.

Nous avons déjà dit qu'un des points essentiels pour la conservation du blé et des céréales, nous ajouterons même des
légumineuses, consiste à les récolter dans leur état de maturité, à les bien cribler, et à les dessécher complètement avant
de les enfermer. Les blés qui réunissent ces conditions sont
susceptibles d'une longue conservation, surtout ceux que l'on
récolte dans le midi de la France, en Espagne, dans la Sicile;
et nous avons eu occasion de voir des échantillons de grains
qui, après trente-deux ans, étaient encore très-bien conservés, sans autre préparation que d'être serrés dans du papier.
Dans le midi de la France, dès que le blé a été coupé, on le
met en gerbes, et quelques jours après, on le *dépique* ou on le
bat au moyen des haras; s'il fait du vent, on le vanne, on le
crible de suite, et on l'enferme sans autre préparation. Cependant ce blé, s'il n'est pas coupé vert, se conserve très-bien
plusieurs années. S'il était exposé aux rayons solaires pendant
deux ou trois jours, serré ensuite dans des sacs de toile, et
gardé dans un lieu sec, nous ne craignons pas d'avancer qu'il
se conserverait plus de cinquante ans sans altération. MM. les
propriétaires et les négociants prennent si peu de précautions
pour leur conservation, qu'ils enferment ces blés dans des
magasins humides, au rez-de-chaussée, et en forment des tas
de 50, 75, 100 et jusqu'à 125 litres, qui ont plus de trois
mètres (9 pieds) de hauteur. Ils en agissent ainsi, parce que
le blé exposé dans des greniers secs diminue de volume; et,
comme ces blés ne sont pas pour garder longtemps, ils évi-
tent ainsi un déchet qui leur serait très-préjudiciable (1).
Ils ne conservent donc, en général, dans les greniers, que le
seigle, l'orge, l'avoine et les légumineuses.

Il est des années qui produisent d'abondantes récoltes, et
d'autres peu productives; il serait alors fort important d'a-
cheter les blés du Roussillon et du département de l'Aude,
de les laisser exposés quelques jours au soleil, et de les transporter dans les greniers dits d'abondance. Le bénéfice serait
très-grand, si l'on considère que, dans l'espace de trois ans,
nous avons vu le blé se porter de 18 francs l'hectolitre à 55
francs, et ce prix aurait encore été plus élevé sans l'impor-

(1) Lorsque ces négociants achètent des blés très-secs, ils s'aperçoivent qu'en les
déposant dans les magasins, ces blés gagnent en volume, dans un ou deux mois, de 2
à 3 pour 100.

tation des blés d'Odessa, de Tangaroff, dits de la mer Noire, auxquels le gouvernement français accordait une prime d'encouragement.

Les blés de l'extrême midi de la France n'ont nullement besoin du secours de l'étuve ni des fours pour leur conservation; il suffit, comme nous l'avons déjà répété, qu'ils soient de bonne qualité, coupés par un temps sec, et en pleine maturité, et qu'ils soient dépiqués et enfermés par un beau temps. Dans les contrées précitées, l'on n'enferme point le blé en gerbes, on le bat peu de jours après qu'il est moissonné. Il n'en est pas de même dans le nord de la France. Dès que le blé est coupé et mis en gerbes, on les dispose dans la grange et sous les hangars, ou bien l'on en forme des meules à demeure, pour y acquérir, dit-on, le dernier degré de maturité; on le bat ensuite à la fin de l'automne, etc. Cette pratique nous paraît très-vicieuse; il vaudrait mieux ne couper ces blés que lors de leur parfaite maturité et les battre de suite, parce qu'il est plus aisé de le bien sécher sans balle et à la fin du mois d'août ou au commencement de septembre, qu'à la fin de l'automne ou pendant la saison pluvieuse de l'hiver.

Il est des agriculteurs qui, après avoir battu et vanné le blé, le mêlent avec la petite paille, et le conservent ainsi dans leurs greniers. Par ce moyen, il est beaucoup plus exposé au contact de l'air.

Parmentier a conseillé de passer les blés au four pour les bien dessécher et les conserver; mais outre que cette méthode est longue et coûteuse, et qu'il est impossible d'avoir constamment une température égale, nous pouvons affirmer qu'un blé ainsi préparé est impropre à la semence, et que le pain qu'il donne a une saveur particulière.

Duhamel a beaucoup préconisé l'emploi de l'étuve pour dessécher le blé; Parmentier n'a pas craint de faire, du vivant de l'auteur, des objections contre cette méthode. Il est impossible, dit-il, de fixer le temps que le grain doit séjourner dans l'étuve, ni de déterminer au juste le degré de chaleur convenable pour sa parfaite dessiccation. Elle préjudicie toujours au commerce par le déchet sensible qu'elle occasionne au poids et à la mesure, par les frais de construction, de chauffage et de main-d'œuvre que l'étuve occasionne; elle enlève en outre au blé cet état lisse et coulant qu'on nomme la *main;* elle le ronge, et efface les traits et les signes qui

font connaître le terroir qui l'a produit, ainsi que les défauts que la saison et les négligences lui ont acquis ; enfin, la
farine qui résulte d'un grain étuvé est toujours terne, et
le pain manque de ce goût de fruit qui caractérise les bons
blés non étuvés.

Nous partageons l'opinion de Parmentier, et nous ne croyons
point qu'on puisse appliquer à la dessiccation en grand des
blés ni le four, ni l'étuve. Nous croyons préférable de la borner à une bonne construction de greniers, comme nous le dirons bientôt.

Le blé bien préparé est susceptible d'une très-longue conservation, si on le tient à l'abri de l'air et de l'humidité ;
ainsi l'on en a trouvé à Sedan un tas qui avait cent dix ans.
En 1817, on découvrit dans la citadelle de Metz un magasin
de blé qui y avait été enfermé en 1523, et malgré que ce
grain eût deux cent quatre-vingt-quatorze ans, le pain en fut
assez bon; enfin des villages entièrement détruits par les
Turcs, en 1526, offrirent, dans ces derniers temps, des blés
encore bons.

M. Julia de Fontenelle a examiné des blés trouvés dans les
ruines de Thèbes, et faisant partie de la collection des anti-
quités vendues au roi de Prusse par M. Passalaqua ; ce blé
contenait encore son amidon, quoiqu'il eût plus de trois mille
ans.

Il n'en est pas de même des blés qu'on trouve enfouis dans
la terre : l'humidité tend à leur décomposition; ils prennent
alors une couleur noire; ils sont très-friables, un peu acides,
et sont, pour ainsi dire, carbonifiés. On en a trouvé naguère
en cet état dans une démolition du quai de la Grève ; et, le 31
janvier 1835, à l'ouverture d'un fossé, à un mètre (3 pieds) de
profondeur, près de Sarreguemines, etc.

Nous allons maintenant parler de la conservation des blés
soit en plein air, soit à l'abri du contact de l'air.

Conservation du blé avec le contact de l'air.

On peut conserver les blés avec ou sans le contact de l'air ;
par cette dernière méthode, leur conservation est bien plus
certaine et de bien plus longue durée. Les premiers sont déposés dans des réservoirs ou greniers situés au-dessus du sol,
et les autres dans des réservoirs souterrains nommés *silos* ou
matamores. Nous allons examiner successivement les uns et
les autres.

Des greniers à blé en France.

La construction des greniers à blé n'est pas une chose indifférente, puisque c'est d'elle que dépend en partie la conservation de cette précieuse céréale.

Malgré l'usage adopté par les négociants en blé du midi de la France, on ne doit jamais les placer dans des magasins au rez-de-chaussée, mais bien dans de vastes salles bien aérées, et au second ou troisième étage. Les murs de ces greniers doivent être très-épais, et, autant que possible, construits en pierres de taille. On doit faire attention surtout de ne pas les revêtir avec des qualités de plâtre qui attirent l'humidité de l'air, s'exfolient et se détachent bientôt en laissant à leur place une mousse blanche très-abondante, que j'ai reconnue être du nitrate de chaux. Ces murs, pour être à l'abri de l'humidité, doivent être revêtus intérieurement avec un ciment fait avec deux parties de bon mortier, deux de briques bien cuites en poudre, et une de marbre blanc pulvérisé. Si la qualité du plâtre est bonne, une fois que la couche qu'on y a passée est sèche, on pourra y appliquer l'enduit hydrofuge de MM. Darcet et Thénard, dont les propriétés sont telles, que les plâtres qui en sont enduits résistent à l'action réunie de la pluie et de l'intempérie de la saison hivernale.

Les greniers à blé doivent être très-vastes et soigneusement carrelés avec des briques vernissées, s'il est possible, sinon avec de bonnes briques bien cuites et épaisses. Dans les pays où le bois n'est pas cher, on fera bien de les parqueter. On ménagera à chaque plancher deux ou trois ouvertures, d'environ 16 centim. (6 pouces) de circonférence, pour faire passer le blé d'un étage à l'autre, soit pour le ventiler, soit pour le sortir du grenier. M. de Pertuis dit que le meilleur plancher est celui qui porte le nom de *parquet à la capucine*, et sans entrevous, parce qu'il ne permet pas aux souris de se nicher dessous. Ces greniers doivent avoir plusieurs grandes fenêtres carrées, principalement à l'exposition du nord, afin d'y faire circuler un air froid et sec; mais, afin que cette circulation puisse bien s'établir, il faut qu'il y en ait quelques-unes à l'exposition du midi, mais en bien plus petit nombre que celles du nord. Toutes ces fenêtres doivent être fermées par un fil d'archal, et celles qui sont situées au midi doivent avoir, à l'intérieur, des volets pour les fermer, quand ce vent souffle. Nous ajouterons à cela qu'il est très-avantageux de ne pas placer ces greniers dans des rues étroites, où l'air ne circule que difficilement, et qu'il est bien plus avantageux de les mettre dans un sol découvert et sec, et loin de toute rivière ou marais.

La ville de Paris, dit M. Delacroix (1), si riche en tous genres d'établissements, n'a aucun grenier de conservation : car l'on ne peut appeler de ce nom les greniers dits d'abondance, situés à l'Arsenal, conçus par Napoléon, à l'instar de ceux de Lyon. « Il semble qu'en créant ces greniers, ajoute-t-il, l'on ait eu plus pour objet de faire une démonstration pour tranquilliser et satisfaire l'imagination inquiète du peuple, que de créer un établissement d'une utilité réelle; car c'est une belle conception d'architecte que ces greniers, et ce n'en est pas une d'économie. » N'en déplaise à M. Delacroix, il nous permettra de n'être pas, sur ce point, de son avis. Cette conception de Napoléon n'a jamais eu pour but de tranquilliser l'imagination inquiète du peuple, mais bien d'assurer la subsistance de la ville de Paris ; et si ces greniers qui, malgré plus de sept millions qu'ils ont coûté, laissent encore quelque chose à désirer, il n'en est pas moins vrai que les économistes les regardent comme un beau monument d'utilité publique.

M. Delacroix dit, plus bas, que ces greniers ne peuvent servir qu'à loger les grains et les farines destinés au courant de la consommation, comme le cautionnement en nature des boulangers de Paris, qui est une bien modique réserve. Suivant lui, si l'on y formait un approvisionnement de cent mille hectolitres de blé, qu'ils pourraient contenir, en étendant le blé à 1 mètre (trois pieds) d'épaisseur sur le plancher ; il est probable qu'avant la troisième année le blé serait couvert de vers, de charançons et autres insectes.

Personne n'est plus que moi porté à applaudir aux découvertes et aux innovations utiles, mais je crois que c'est un très-mauvais moyen, pour les faire réussir, que de chercher à jeter de la défaveur sur les autres méthodes suivies, surtout quand elles ont reçu la sanction de l'expérience et du temps. M. Delacroix propose des greniers clos, qui diffèrent très-peu des silos, comme nous le démontrerons; et, comme la plupart des inventeurs, il caresse son travail comme une mère son dernier enfant. C'est ce qui a fait dire au célèbre Lavoisier : « On se passionne aisément pour le sujet dont on s'oc-

(1) *Nouveau Mode de conservation des grains.*

cupe ; et le dernier travail auquel on se livre est communément l'objet chéri : c'est un faible dont il est difficile, et dont
il serait peut-être dangereux de se défendre (1). » En effet,
quoi qu'en dise M. Delacroix, ces greniers, tels qu'ils sont
construits, sont susceptibles de conserver longtemps le blé
qu'on y aura déposé dans un état de siccité et de maturité parfaite, et dont on prendra les soins nécessaires, beaucoup plus
longtemps que dans les greniers ordinaires. Mais comme l'autorité veille constamment à l'approvisionnement de Paris,
ces greniers, qui pourraient servir à la conservation des grains
et des farines, ne sont, à proprement parler, qu'un entrepôt
annuel.

Outre cela, Paris a à ses portes d'autres greniers de conservation et de réserve, tels que ceux de Corbeil, Coulom-
miers, Saint-Denis, Pontoise, Chartres, l'entrepôt du canal, etc.

Conservation des blés dans les greniers.

Lorsque la situation des chambres à blé, dit M. de Pertuis (2), permet d'établir des ventilateurs dans leurs planchers, et qu'elles ont plusieurs étages, il faut avoir l'attention
d'y alterner la position des trappes, afin d'en aérer complètement toutes les parties. Ces conseils sont très-salutaires, et
méritent d'être suivis. Supposons maintenant que le blé qu'on
veut conserver soit bien sec, sa conservation sera plus certaine en l'enfermant dans des sacs en toile ficelés. Ce blé
sera ainsi à l'abri du charançon, de l'alucite, des rats, et de
tout ce qui peut contribuer à l'altérer. Quand les planchers
ne sont pas parquetés, ces sacs doivent être placés sur des
planches, et leurs rangées doivent, autant que possible, être
isolées. Ce moyen de conservation est très-bon; mais il a
l'inconvénient d'occuper beaucoup d'espace, et d'être plus
coûteux que celui par couches, à cause de l'achat des toiles.
Si le blé n'est pas bien sec, ce moyen est très-défectueux, en
ce que, n'ayant pas le contact de l'air, il s'échauffe plus vite
dans les sacs.

Presque tous les agronomes, et généralement tous les négociants en blé, mettent les grains en tas dans leurs magasins.
M. de Pertuis conseille de ne les entasser que sur un tiers de
mètre (1 pied) d'épaisseur pendant les six mois qui suivent leur

(1) Lavoisier, *Opuscules physiques et chimiques.*
(2) *Nouveau Cours complet d'Agriculture théorique et pratique.* 16 vol. in-8. Prix :
56 fr., chez Roret, rue Hautefeuille, 10 bis.

battage, et de les porter ensuite à deux tiers de mètre (2 pieds)
si le plancher est assez fort pour en supporter le poids. Cette
méthode est excellente pour les blés du nord de la France ; mais
elle est inutile pour ceux du midi, où on les entasse de suite
après la récolte, jusqu'à deux ou trois mètres (6 à 9 pieds) d'é-
paisseur, dans des magasins au rez-de-chaussée, sans pour cela
qu'ils s'altèrent plus vite que ceux du nord. Cependant, pour
plus de sûreté, nous conseillerons de les mettre, pendant les
deux ou trois premiers mois, dans des greniers bien secs, et
en couches d'un mètre (3 pieds) d'épaisseur. Cette méthode
ne sera probablement pas adoptée par MM. les négociants, à
cause de la perte que cette dessiccation du blé pourrait leur
causer. Dans l'intérêt de la science, nous n'avons cependant
pu nous dispenser de la conseiller.

Dès que les blés ont été récoltés, et bien criblés et vannés,
on doit les placer dans les greniers, et les étendre par couches
d'environ un demi-mètre (1 pied et demi), en ayant soin de
tenir ouvertes les fenêtres exposées au nord, tant que le temps
est sec, et de les fermer par les temps humides ou pluvieux.
Ces blés doivent être fréquemment remués avec la pelle, et
changés même de place, afin de les mettre beaucoup plus en
contact avec l'air sec, et d'en opérer une plus prompte dessiccation. Si l'on s'aperçoit que, malgré ces soins, le blé commence à s'échauffer, il faut le faire couler, par les trappes,
dans l'étage au-dessous, s'il y en a entre le grenier où il est
déposé et le rez-de-chaussée, et l'y tenir en couches d'un
quart de mètre (9 pouces), si l'on a assez d'espace ; on doit
alors le remuer souvent, le ventiler et même le cribler. Pour
terminer cet article par de nouveaux documents, nous allons
y ajouter la description des greniers de Londres, que M. le
docteur Merret a donnée dans les *Transactions philosophiques.*

Greniers de Londres.

Les douze corporations de Londres, quelques autres compa-
gnies, et divers particuliers, ont leurs greniers dans le local
nommé Bridge-House, à Southwark, où se trouvent un juge-
de-paix, un économe et deux maîtres. Ces greniers sont
bâtis sur deux côtés d'une place oblongue. L'un des deux est
situé nord et sud, et a près de 100 mètres (300 pieds) de longueur. Ses fenêtres, qui sont garnies de treillis, regardent le
nord-est. L'autre côté peut avoir environ 50 mètres (150 pieds)
de long. Les fenêtres de celui-ci font face au nord, et les

côtés opposés n'ont point d'ouverture. Toutes les fenêtres ont environ 1 mètre (3 pieds) de haut ; elles sont sans volets, et toutes sur la même ligne, à très-peu de distance l'une de l'autre ; il n'y a que l'espace nécessaire pour clouer les treillis.

Chaque grenier a trois ou quatre étages. Le rez-de-chaussée, ou étage inférieur, qui est à 4 mètres (12 pieds) de terre, ne sert que de magasin, etc. Si ce premier étage était porté sur de forts piliers, armés de piquants de fer, pour empêcher les animaux voraces d'y monter, il serait plus propre au desséchement du blé, comme plus exposé à l'action du vent.

Dans quelques endroits, on met dans tout l'intérieur des greniers, jusqu'à 65 centimètres ou 1 mètre (2 ou 3 pieds) de hauteur, des réseaux de fil d'archal à mailles si étroites, que ni les rats ni les souris ne peuvent passer à travers. D'autres mettent de tous les côtés des planches debout, sur lesquelles on en fixe d'autres, soit parallèles à l'horizon, soit formant un angle aigu avec les premières, dans le même objet d'écarter ces animaux ; car, indépendamment du grain qu'ils dévorent, leurs excréments et leur urine, en humectant le froment ou le seigle, les disposent à se corrompre et à donner naissance aux charançons.

Les principales circonstances qu'on observe en bâtissant ces greniers, sont de leur donner une grande solidité, et de les exposer aux vents qui dessèchent le plus.

La manière de gouverner les blés dans le Kent, consiste d'abord à en séparer la poussière et les autres saletés. A cet effet, lorsqu'il est battu, on le jette avec la pelle, d'un côté à l'autre, et le plus longtemps que dure cette opération est le meilleur. Par ce moyen, toutes les saletés restent entre les deux tas de blé, et l'on crible ce qui tombe au milieu pour en séparer le bon grain qui peut s'y trouver mêlé.

On porte ensuite le blé dans les greniers, où on l'étend sur environ 16 centimètres (un demi-pied) d'épaisseur; on le retourne deux fois par semaine et on le crible une fois dans le même espace de temps. Au bout de deux mois, on l'étend de l'épaisseur de 32 centimètres (un pied), on le tourne une ou deux fois par semaine, et on le crible à proportion plus ou moins souvent, suivant l'humidité ou la sécheresse de la saison. Au bout de cinq ou six mois, on le met en couches de 65 centimètres (2 pieds); on le tourne une fois tous les quinze jours, et on le crible une fois dans le mois, suivant la nécessité. Après une année révolue, on donne à la couche de blé 80 centimètres ou 1 mètre (2 pieds et demi ou 3 pieds) d'épaisseur; on le tourne une fois en trois semaines ou un mois, et on le crible dans des espaces de temps proportionnés.

Lorsqu'il est resté deux ans au plus, on le tourne une fois en deux mois, et on le crible une fois en trois ou quatre mois, et ainsi de suite, suivant le brillant, la dureté et la sécheresse du grain. Plus on raccourcit les intervalles entre ces opérations, mieux le grain s'en trouve. On laisse un espace vide d'environ un mètre (3 pieds) de tous les côtés de la chambre, et un autre de 2 mètres (6 pieds) dans le milieu sur toute sa longueur, afin d'avoir de la place pour retourner le blé aussi souvent qu'il est besoin.

Dans le Kent, on fait deux trous carrés aux deux extrémités du plancher, et un trou rond dans le milieu. On jette le blé, par ces ouvertures, des pièces supérieures dans celles de dessous, afin de le mieux aérer et sécher.

Les cribles ont deux cloisons, pour séparer la poussière du blé. Elle tombe dans un sac : lorsqu'il est suffisamment rempli, on la rejette, et le bon blé reste derrière.

On a gardé du blé dans les greniers de Londres pendant trente-deux ans. Plus il est vieux, plus il donne de farine, à proportion de sa quantité, et plus le pain qu'on en fait est blanc et délicat. Le grain n'a perdu en effet que son humidité superflue.

Le docteur Peel a assuré, dans une assemblée de la Société royale, qu'on garde le blé à Zurich pendant quatre-vingts ans.

Les voyageurs et les commerçants observateurs rapportent que les greniers, à Dantzick, ont communément sept, et quelques-uns neuf étages d'élévation. A chaque étage est adapté un entonnoir, par lequel on fait couler le blé de l'un à l'autre, ce qui épargne la peine de le descendre. Ces greniers sont entièrement entourés d'eau, de manière que les vaisseaux ont la commodité de s'en approcher, au point d'en recevoir immédiatement leurs chargements de blé. On ne laisse point bâtir de maisons à côté, afin de prévenir tout danger d'incendie.

Des matamores ou silos (1).

Sur les côtes méridionales de l'Afrique, en Espagne, en

(1) Ce mot de *matamore* vient de l'espagnol *matamoros* et *mazmoras*, qui étaient des souterrains où les Espagnols enfermaient les esclaves africains ou les Maures. Ces sou-

Italie, en Sicile, l'on s'est attaché à construire des greniers souterrains, pour y déposer les blés surabondants, tant pour les soustraire aux irruptions des ennemis que pour les entretenir dans un état de conservation pendant plusieurs siècles. De nombreuses expériences et plusieurs découvertes de magasins de blé, dont l'existence avait plus d'un siècle, attestent la supériorité des matamores ou silos sur les greniers avec le contact de l'air. Cette supériorité, et les avantages qui en sont la suite, sont dus, 1° à la privation d'air; 2° à une température constante d'environ 10 degrés; 3° à l'impossibilité qu'il y a que les insectes puissent y pénétrer; 4° enfin à ce qu'ils sont à l'abri de l'humidité.

. D'après tout ce que nous avons dit, il est évident qu'une des conditions essentielles pour établir avantageusement un silo, c'est le choix d'un terrain sec, et peu propre à livrer passage aux eaux souterraines ou pluviales. Les sols argileux méritent donc la préférence; ceux qui sont éminemment formés par des pierres calcaires ou quartzeuses doivent être rejetés, parce qu'ils livrent trop facilement passage aux eaux. Ces silos doivent, autant que possible, être situés sur des sols élevés, où les pluies ne font que passer sans y stagner ou y être absorbées comme dans les plaines. Une supériorité bien réelle à leur donner, c'est lorsqu'il est possible de les creuser dans le rocher même. Le blé qu'on y dépose n'a alors aucun risque à courir. Nous en avons vu de semblables en Espagne; et tout près de Narbonne, à l'île de Sainte-Lucie, appartenant à M. Delmas, l'on en trouve dans lesquels le propriétaire fait cuver le vin.

La forme et la grandeur des matamores varient; leur capacité doit être en raison directe des quantités de blé qu'on veut y renfermer; quant à la forme, elle doit être telle que l'ouverture doit présenter le moins possible d'accès à l'air. C'est sur ce principe qu'on leur donne la forme d'une poire ou d'une bouteille.

On fait des silos en se bornant à creuser des fosses souterraines, sans les revêtir en pierres, ou bien en les en revêtant. Cette dernière manière l'emporte de beaucoup sur la première, tant à cause de la solidité et de la durée de ses réservoirs, que parce que, donnant bien moins de passage à l'hu-

terrains ont également servi, chez les Espagnols, à cacher les productions de la terre, lorsque, chassés de la Castille et des royaumes de Cordoue, Grenade, Valence, etc., ils se réfugièrent dans les Asturies.

midité, la conservation du blé en est bien plus assurée : nous ne craignons pas de dire que ce dernier moyen doit donner constamment des résultats heureux, à moins que le sol et le climat pluvieux ne soient pas propices à ces constructions.

En Russie, ces matamores sont des espèces de puits profonds, larges dans leur fond, en forme de pain de sucre. On enduit les parois avec du plâtre, et l'on en bouche très-exactement l'ouverture avec des pierres de taille. Si le grain n'est pas bien sec, ils le chauffent dans les granges au moyen de grands fourneaux.

Dans la Hongrie, on pratique aussi des silos dans un sol formé par une couche d'argile très-dure et d'une profondeur inconnue. Voici le mode de construction indiqué par Bosc.

Hors des villages, dit-il, communément à une portée de fusil et dans un endroit élevé, chaque laboureur creuse un trou de 5 à 6 mètres 1/2 (15 à 20 pieds) de profondeur, sur 1 mètre (3 pieds) d'ouverture et 2 mètres 60 cent. à 3 mètres 25 cent. (3 à 10 pieds) de largeur à son fond. Au moment d'y entrer le grain, on jette dans ce trou de la paille à laquelle on met le feu. Cette opération, répétée pendant trois jours, sèche et durcit les parois. Lorsque ces parois sont refroidies, on étend au fond du trou une épaisse couche de paille, et, à mesure qu'on le remplit de blé, on place également de la paille sur son pourtour. Ce blé est bien nettoyé et bien sec. L'ouverture est comblée par 65 centimètres (2 pieds) d'épaisseur de paille, et recouverte : 1° d'une vieille roue de charrue; 2° d'une claie; 3° de 65 centimètres à 1 mètre (2 à 3 pieds) de terre argileuse.

Cette méthode me paraît excellente à suivre. Nous ajouterons qu'il serait encore mieux de faire une espèce de mortier avec du sable, un peu de chaux et l'argile grasse, d'en bien revêtir les parois de ces souterrains, et d'y brûler ensuite, non de la paille, mais les élagures des bois, des joncs et autres végétaux impropres au chauffage domestique ou à l'agriculture; par ce moyen les parois auraient acquis une dureté qui les rendrait imperméables à l'humidité.

Nous avons dit que les blés destinés à être renfermés dans ces greniers souterrains devaient être cueillis en parfaite maturité et très-secs; nous devons ajouter maintenant qu'on doit les boucher soigneusement pour éviter le contact de l'air et l'infiltration des pluies. On a proposé plusieurs moyens pour cela. Les uns se contentent de mouiller la surface du grain avec l'eau ; ce grain germe, les racines se feutrent pour ainsi dire, et le tout forme, en se desséchant, une croûte protectrice. Nous sommes loin d'adopter une pareille méthode, attendu que l'introduction de l'humidité ne peut qu'être très-préjudiciable au grain. D'autres couvrent l'ouverture du silo d'une couche de 54 millimètres (2 pouces) d'épaisseur de chaux en poudre fine, ou de plâtre, qu'ils mouillent à la surface, afin de former une croûte solide. Cette méthode nous paraît préférable ; nous croyons cependant bien plus avantageux de placer 33 centimètres (1 pied) de paille dans l'ouverture du silo, de la recouvrir d'une bonne maçonnerie, et de placer au-dessus une couche de 33 à 65 centimètres (1 à 2 pieds) d'épaisseur de bonne argile bien compacte, qui dépasse de quelques décimètres la circonférence du silo, et de le recouvrir ensuite de terre. Pour le mettre encore mieux à l'abri des eaux pluviales, il serait mieux de le couvrir d'une bonne toiture.

Les blés qui ont resté longtemps conservés dans ces souterrains ont acquis une odeur particulière qu'on nomme de *renfermé*, et qu'ils perdent en grande partie par leur exposition à l'air, et surtout en les lavant avant de les convertir en farine.

Le midi de la France nous paraît bien plus propre à l'établissement des matamores ou silos que le nord. Il est des contrées, telles que le Roussillon et l'arrondissement de Narbonne, où quelquefois il ne tombe pas une goutte d'eau pendant six mois, un an, et même davantage ; ajoutez à cela que la température du climat sèche très-vite, et si complètement les blés, que, lorsqu'ils sont parvenus à leur point de maturité, un retard d'un à deux jours fait tomber le grain hors de l'épi. Ces contrées seraient donc d'autant plus propres à y établir des magasins souterrains d'abondance, qu'elles produisent beaucoup de blé et en belle qualité, et qu'elles réunissent tous les avantages désirés pour l'établissement des silos. On ne doit pas craindre d'échouer dans de telles entreprises, quand on a vu celle de Ternaux réussir dans le nord de la France, et dans une contrée humide et pluvieuse, à Saint-Ouen, près de Paris. Ces silos sont revêtus à l'intérieur de beaucoup de paille ; les expériences qu'il soumettait annuellement à l'examen des savants démontrent sa persévérance dans tout ce qui peut être utile à son pays, et son goût éclairé pour la propagation et les progrès de l'industrie française dont il était un des plus dignes soutiens.

M. Le comte Chabrol de Volvic, alors préfet de la Seine, plein de sollicitude pour tout ce qui se rattache au bonheur et à la conservation de ses administrés, a cherché à assurer la subsistance de la capitale. En conséquence, il a fait construire, sous la direction de M. le comte de Lasteyrie, plusieurs silos aux abattoirs du Roule, à l'Arsenal et à l'hôpital Saint-Louis. Les uns ont été revêtus de pierres de taille, couvertes d'un enduit résineux et bitumineux; les autres en planches ou en paille. Suivant M. Delacroix, on n'aurait obtenu par ces expériences aucune conservation assez satisfaisante pour que ce mode soit adopté en France. Nous ferons connaître notre opinion à ce sujet.

M. Delacroix a fait construire aussi des silos qu'il a fait creuser dans ses souterrains d'Ivry. Ils sont d'une rare perfection, puisqu'ils sont creusés dans le roc, et revêtus, dans l'intérieur, d'une couche de ciment siliceux imperméable à l'humidité. Je puis dire, ajoute-t-il, que j'ai obtenu, par le moyen de ces silos, des conservations supérieures à toutes celles qu'on a obtenues par ce genre de greniers ; et cependant, continue-t-il, elles m'ont convaincu que jamais, dans nos climats, on ne pourra faire usage des silos avec pleine sécurité pour la conservation. Les raisons qu'il donne à l'appui de son opinion ne nous paraissent nullement convaincantes, et nous ne craignons point d'avancer que ses silos d'Ivry sont susceptibles de conserver le blé, à l'abri de toute altération, des siècles entiers, si ce blé y a été renfermé dans un état de maturité et de siccité convenables. M. Delacroix regarde comme causes d'insuccès, l'eau contenue dans le blé, qui s'élève de 7 à 10 pour 100, et l'humidité du climat. Ainsi, dit-il, les silos dont on peut faire usage avec sécurité pour la bonne conservation en Italie, en Espagne, en Sicile (il eût pu ajouter l'extrême midi de la France), où les grains ne contiennent que 5 pour 100 d'eau, où le sol est beaucoup moins humide qu'en France, ne peuvent être admis dans nos climats. Nous ne partageons point cette opinion dans tous les points; nous pensons, au contraire, que des silos à revêtement en pierre, ou, si l'on veut, les blés déposés dans des citernes souterraines bien solidement construites et à l'abri de l'humidité, doivent se conserver très-bien, tant en France que dans tout autre climat. Dans le sein de la terre, la température est constante dans tous les climats; les expériences qui naguère ont été tentées en divers lieux, et notamment

dans les puits artésiens, démontrent cette vérité , et , de plus ,
que cette température augmente d'environ 1 degré par chaque
23 mètres (70 pieds) de profondeur.

Silos Demarçay.

C'est ici l'occasion de parler d'une espèce nouvelle de silos,
dont le général Demarçay a proposé l'adoption, et dont nous
allons présenter la description dans les termes mêmes qui ont
servi à l'inventeur à les faire connaître.

« Je savais, dit le général Demarçay, que les deux plus
grands inconvénients qui s'opposent à la conservation des
grains sont la *chaleur* et l'*humidité ;* je savais, en outre, que
ces deux mêmes inconvénients, la chaleur et l'humidité, sont
également ceux qui s'opposent le plus puissamment à la conservation de la glace: une bonne glacière me parut donc devoir remplir les conditions que je cherchais.

» Or, j'avais une glacière dont il convient que je fasse préalablement connaître la disposition, ainsi que les changements
que j'y fis pour l'employer à la conservation des blés, au lieu
de l'employer, suivant sa destination première, à conserver
de la glace.

» Quand je vins m'établir dans la maison où j'ai fait mon
expérience, j'y trouvai une ancienne glacière; le toit en était
pourri et tombé dans la glacière, qui se trouvait en partie
remplie de décombres; je la fis rétablir. En la toisant, je vis
qu'il me faudrait une assez grande quantité de glace pour la
remplir. Par suite des transports et des précautions à prendre
pour la conservation de la glace, cette dépense me parut d'autant plus inutile, que deux ou trois tombereaux de glace conservée pouvaient amplement suffire à la consommation de ma
maison. Je savais que, dans les pays humides, où les eaux
sont presque au niveau du sol, au lieu de les enfoncer dans
la terre, on élève les glacières; qu'on y construit intérieurement une cage destinée à contenir la glace; que cette cage est
isolée des parois de la glacière, laquelle est couverte en
paille, et dont la toiture est exposée à l'action du soleil et aux
courants d'air. Sans avoir autant à craindre l'humidité, je
pratiquai une cage dans ma glacière pour en diminuer la capacité, et telle que je pusse la remplir avec vingt tombereaux
de glace. Mon terrain est favorable; cependant, quoiqu'il s'en
fondît beaucoup, vu la petite quantité de glace enfouie, attendu qu'à circonstances égales les plus grandes glacières sont

les meilleures, j'en avais encore suffisamment pour la saison chaude.

» Ce fut dans cet état de choses que ma glacière me parut réunir les conditions les plus favorables pour la conservation des grains; et cette idée me frappa tellement, que ce fut par ce moyen que je commençai mes expériences en juillet 1822, même avant celles qui eurent lieu par l'emploi des silos. Mais le blé que j'y mis était déjà attaqué par les charançons, qui, favorisés par la chaleur tout-à-fait prodigieuse de 1823, s'y multiplièrent assez pour m'engager à le retirer six semaines après l'y avoir placé. L'emploi des silos était alors à la mode; c'était de ce moyen, déjà connu et pratiqué, que j'attendais le plus de succès, et je quittai la meilleure voie, mais toute nouvelle, pour prendre celle qui, je le crois, ne pourra réussir qu'en employant des moyens et des précautions différents de ceux suivis jusqu'à ce jour.

» Chacun sait que, par suite de la chaleur, le blé peut être dévoré par les charançons; que, par suite de l'humidité, il peut éprouver des altérations telles qu'il ne soit plus propre à la consommation; mais il est d'autres altérations qu'il peut éprouver dans des greniers ordinaires, qui ne sont pas également connues. Il y a encore une qualité que le blé doit avoir pour conserver le prix qu'il valait en sortant de l'aire; c'est, entre autres, cette écorce lisse et unie et cette couleur vive que l'on voit dans le blé nouveau; il faut qu'il soit bien sec et coulant à la main, pour se bien tasser dans la mesure, et avoir le plus grand poids à mesure et à qualité égales.

» Un œil tant soit peu exercé distingue aisément le blé dès années précédentes du blé nouveau. Le premier n'a plus cette enveloppe unie et brillante qui distingue le deuxième. Le blé de douze à quinze mois commence déjà à prendre une couleur d'un gris un peu terne; après deux ans, cette couleur augmente d'intensité; le grain paraît plus rétréci et commence déjà à se rider; à la troisième année, tous ces défauts sont fort accrus; il paraît, en outre, couvert d'une poussière grise qui commence dès la deuxième année, qui ne fait que s'accroître, et dont ne le délivrent pas, au contraire, les nombreux mouvements et pelletages qu'il faut lui faire éprouver pour l'empêcher d'être mangé par les charançons. Ces inconvénients ont surtout lieu dans les greniers placés au-dessus du rez-de-chaussée, et dont le plancher est en bois. Ces défauts, pour la couleur et l'aspect, viennent du mouvement intérieur

et à peu près continuel qu'éprouve le blé par les variations
du froid et du chaud, comme par celles de la sécheresse et de
l'humidité de l'atmosphère. Je reviendrai sur ces circonstances quand j'aurai fait connaître le grenier dont je me suis
servi, et qu'on sera à même d'en apprécier les qualités.

» La glacière dont je me suis servi pour mes expériences a
la forme d'un cône tronqué. Elle est placée dans un terrain
légèrement en pente, sur un sol consistant, dans lequel les
eaux pluviales pénètrent difficilement; les parois intérieures
en sont revêtues d'un mur en pierres calcaires, bâti avec du
mortier de terre, montant jusqu'à la naissance du sol; elle
est couverte en paille. La charpente qui supporte cette couverture est assemblée sur une enrayure en charpente qui repose sur les murs.

» La profondeur verticale de la glacière, prise en-dessous
de l'enrayure jusqu'à la naissance du petit puits perdu qui se
trouve au fond et au milieu, est de 4 mètres 46 centimètres
(13 pieds 9 pouces).

» Le diamètre intérieur de la glacière, pris à la hauteur du
seuil de la porte d'entrée, est de 3 mètres 27 centimètres
(10 pieds 1 pouce). Le diamètre, au fond, est de 2 mètres
43 centimètres (7 pieds 6 pouces).

» Le seuil de la porte est de 16 centimètres (6 pouces) en
contre-bas du dessous de l'enrayure.

» On a pratiqué une charpente dont le dessus est de 32
centimètres (1 pied).

» On a placé des poutrelles de 108 millimètres (4 pouces) d'é-
quarrissage appuyées sur les murs, et qui sont supportées par
la charpente ci-dessus; ces poutrelles sont à 78 centimètres
(2 pieds 5 pouces) de distance dans le haut, de milieu en milieu, et à 56 centimètres (1 pied 9 pouces) dans le bas. On a
cloué sur la charpente du bas, ainsi que sur les poutrelles latérales, un parquet en bois blanc. Ce parquet monte jusqu'au-
dessous de l'enrayure qui supporte le toit, de manière que,
comme on le voit, on a pratiqué une caisse dont le fond est
fermé par le parquet du bas, et les parois latérales par les
planches ou douves clouées sur les poutrelles. Ces douves
ont 27 millimètres (1 pouce) d'épaisseur, de telle sorte, et
c'est ce qu'il faut bien remarquer, que l'air peut très-libre-
ment circuler au-dessous de la caisse que nous venons de décrire, et entre les parois extérieures et les murs de la glacière,
qui en sont séparés par une distance égale à l'épaisseur des

poutrelles; de manière que les vapeurs humides qui peuvent
s'élever du fond et des murs de la glacière montent avec la
plus grande facilité jusqu'à la couverture en paille, dans laquelle elles pénètrent d'autant plus aisément que cette couverture est exposée aux courants d'air et à l'action du soleil. La
caisse monte jusqu'au-dessous de l'enrayure qu'elle touche, et
dans laquelle est assemblé le toit; cette enrayure est elle-
même couverte par des planches simplement placées les unes
à côté des autres.

» Le nouveau grenier connu, voyons en quelle position
nous nous trouvons en présence de nos deux grands ennemis,
la chaleur et l'humidité. Commençant par la chaleur, je ne
pense pas que le thermomètre s'abaisse jamais au-delà de 7 à
8° Réaumur au-dessus de zéro; les observations que j'ai faites
en été m'ont prouvé qu'il ne s'y élève pas au-dessus de 13 à
14°. Voilà donc mon grain renfermé dans les limites de 7 °
environ. Or, si on se rappelle que, dans un grenier ordinaire,
la chaleur se meut communément de 8 à 10° au-dessous de
zéro jusqu'à 26 et 28° au-dessus, en supposant la chaleur à l'air
libre de 24° seulement, on verra que le grain s'y trouve exposé à des variations de 34° au moins, car la chaleur sera de
plusieurs degrés plus grande dans un grenier couvert en
tuiles, qu'elle ne le sera à l'air libre; et, si le grenier se trouvait sous une couverture en ardoises, les limites de variation
de la température seraient encore bien plus éloignées.

» S'il y a une certaine quantité de charançons dans le blé
quand on l'a enfoui, je reconnais et j'ai éprouvé qu'ils peuvent s'y multiplier; mais, s'il n'y en a pas, ou du moins qu'on
n'en aperçoive pas, je crois et je dis, comme l'ayant encore
éprouvé pendant plus de onze ans, pendant lesquels il s'est
écoulé deux périodes de trois ans, où le même blé est resté
abandonné à lui-même et sans qu'on y touchât, je dis qu'ils
n'y multiplieront pas, que les œufs de ces insectes n'y éclô-
ront même pas; car il faut une température bien plus élevée
pour que cette circonstance ait lieu, que pour donner le
mouvement et l'activité à des charançons qui s'y trouveraient
déjà en quantité notable. On a remarqué que, lorsque les
charançons sont établis dans un tas de blé, ils se réunissent
à peu près au centre, ou, plus exactement, à une certaine
profondeur au-dessous de la surface supérieure du tas, et
peuvent y élever la chaleur d'une manière très-considérable
au-dessus de ce qu'elle est à l'air libre; ce qui fait que les

accouplements, les pontes et les incubations y ont lieu avec
une grande activité, quand elles n'auraient pas lieu à la
température extérieure, cet accroissement de chaleur n'étant
que le produit de la réunion des charançons ; aussi le travail
de ces insectes commence-t-il plusieurs mois plus tôt dans les
blés qui en sont déjà infestés que dans les blés où ils s'introduisent pour la première fois, et où leur présence ne s'annonce que dans les grandes chaleurs, communément à la fin
de juin ou de juillet, suivant que l'année est plus ou moins
chaude.

« Je passe maintenant au mouvement intérieur du blé,
aux gonflements et rétrécissements qu'il doit éprouver par
suite des variations de la température. Je laisse à juger quelle
peut être cette différence quand les grains sont exposés à une
température dont les limites sont de 7° au plus, ou dans
celle où ils sont exposés à des variations de 34° et plus, et par
suite à ces gonflements et rétrécissements successifs et à peu
près continuels.

« Sous le rapport de l'humidité, il n'y a aucune raison,
quand l'atmosphère sera chargée d'humidité, pour que l'air
extérieur plus léger entre dans le grenier pour en déplacer
l'air sec et plus lourd ; et, au contraire, quand l'extérieur
sera sec et pesant, il pourra facilement pénétrer dans le grenier pour en déplacer l'air plus léger ou moins sec qui pourrait s'y trouver, ce qui doit arriver bien rarement, car il ne
peut guère y avoir de circonstances où l'air extérieur soit
plus sec que l'air intérieur du grenier, dans lequel l'humidité
qui peut s'en dégager a toujours de la tendance à s'élever dans
la toiture de paille, avec l'air qui l'aura absorbée, pour passer dans l'atmosphère par l'effet des courants d'air et l'action
du soleil.

« En réfléchissant aux grandes variations qui ont lieu dans
l'atmosphère, sous le rapport de la sécheresse et de l'humidité de l'air, qui a un accès parfaitement libre dans les greniers ordinaires, quel ne doit pas en être le résultat par rapport aux renflements et rétrécissements presque journaliers
auxquels les blés sont exposés ! Est-il étonnant, après cela,
que, par suite de ce mouvement intérieur, l'écorce des blés
devienne ridée, perde sa couleur brillante pour en prendre
une terne, puis grise, et enfin se couvrir d'une poussière qui
ne fait que s'accroître.

« Les inconvénients que nous venons de décrire ne sont

pas le résultat seul des variations de l'atmosphère, sous le
rapport de la chaleur et de l'humidité; il est une autre cause
qui y concourt puissamment, ce sont les fréquents mouvements que l'on fait éprouver au blé pour en éloigner les charançons: pelletage, usage du tarare, choc sur des surfaces
plus ou moins garnies d'aspérités qui, au moyen des rides
dont l'écorce des blés est couverte, finissent par enlever cette
écorce en plus ou moins grande partie et par la couvrir de cette
poussière qui caractérise à peu près tous les blés qui ont trois
ans et plus d'existence.

» On sait que la bonne mouture consiste à écraser le blé
et à en détacher l'écorce, qui forme le son, par larges feuilles
bien évidées et auxquelles ne reste plus attachée aucune partie de la fleur, de manière que cette fleur soit d'un très-beau
blanc et très-douce au toucher.

» Si, au lieu de faire moudre du blé de l'année, avec lequel la mouture se fait, comme nous venons de le dire, vous
faites moudre du blé conservé pendant trois ou quatre ans
dans les greniers ordinaires, on conçoit que l'écorce ridée,
en partie enlevée, ne pourra plus se détacher en larges écail-
les comme dans le blé nouveau; elle sera, au contraire, tran-
chée et réduite en très-petites parcelles qui se mêleront iné-
vitablement et en grande partie à la fleur, dont on ne pourra
les séparer, ce qui donnera à cette fleur une couleur bise et
un toucher rude. Nous ne parlons point ici de l'influence
chimique très-fâcheuse que les variations de l'atmosphère ont
dû exercer sur la qualité de la farine. Nous laissons à penser
aux personnes expérimentées et réfléchies les conséquences
qui doivent résulter de toutes ces circonstances réunies.

» Le grenier dont il s'agit a encore un autre avantage,
notamment sur les silos, c'est de pouvoir être d'un usage
journalier; on peut y prendre et y remettre du blé comme
dans les greniers ordinaires. Les visites à volonté font que le
blé n'y éprouverait, s'il en était susceptible, aucune altération sans qu'on s'en aperçût aussitôt; car c'est toujours dans
la partie supérieure qu'elle se ferait remarquer en premier
lieu, comme nous avons dit l'avoir éprouvé dans l'usage des
silos.

» Je ferai observer que dans tous les procédés que je viens
de décrire, j'ai particulièrement consulté l'économie; que ma
commodité et mes intérêts ont été ma principale règle de con-
duite; et, comme je l'ai dit plus haut, aucun moyen de cette

nature, quelque ingénieux qu'il puisse être, ne deviendra d'un usage général qu'autant qu'il présentera des avantages notables et certains à la spéculation. Si mes expériences n'eussent pas eu pour base l'économie la plus sévère, j'aurais en quelques points modifié la forme de ma glacière et de la caisse que j'y ai placée; mais, pour atteindre ce but, l'économie, il faut que la construction de ces greniers soit peu dispendieuse, et que les soins ou le travail soient réduits à très-peu de chose. Dans le grenier en question, le travail et les soins sont nuls, tandis qu'ils sont fort considérables dans les greniers ordinaires, et toujours suivis d'un résultat plus ou moins mauvais quand la conservation doit se prolonger. Quant à l'économie de construction, je l'ai constatée par des faits.

» Comme on peut se le rappeler, j'ai mis pour la première fois du blé dans ma glacière en juillet 1822; ce blé contenait déjà une quantité notable de charançons, qui s'y multiplièrent. Je le retirai après six semaines de séjour; le grenier est resté vide jusqu'en novembre 1825. Le blé étant à vil prix, et me trouvant gêné pour loger mes grains, je le remplis à cette époque. Le blé que j'y mis ne paraissait pas contenir de charançons; cependant, devenu timide par mon expérience de 1822, je le visitai avec soin, bien résolu à le retirer aussitôt que ces insectes s'y manifesteraient. Malgré mes craintes et à l'appui de mes raisonnements, le blé s'y conserva parfaitement pendant toute l'année 1826 sans aucune espèce de soins. Il en fut de même pendant les années 1827 et 1828, époque à laquelle, fin de juillet, le blé s'étant élevé au prix de 15 à 16 francs l'hectolitre, je le vendis. Je n'aurais pu le vendre, lors de l'enfouissage, que de 11 à 11 francs 25 centimes l'hectolitre.

» Le blé s'étant maintenu, pendant trois ans consécutifs, dans un état parfait de conservation, non-seulement sous le rapport de la sécheresse et des charançons, mais encore sous celui de la couleur, qui le faisait prendre pour du blé de l'année, j'eus lieu de regarder cette épreuve comme complète, et je résolus d'en publier le résultat.

» Depuis cette époque, automne 1828, j'ai continué de mettre chaque année mes blés dans ma glacière, où ils se sont toujours conservés avec un égal succès; mais, comme pendant les années qui ont suivi jusqu'à 1834, les blés ont toujours été à des prix assez élevés, j'ai vendu mes grains fréquemment. En 1834, les blés s'étant trouvés à un très-bas prix, j'ai conservé de la même manière mes récoltes de 1834 et 1835, qui ont été vendues au printemps de 1837 à des marchands de Poitiers, toujours à la plus grande satisfaction des acheteurs (1). Toutes ces opérations ont eu lieu au vu et su de tout le voisinage, et surtout des nombreux ouvriers qui y ont pris part.

» On remarquera également que je me suis servi de ma glacière telle qu'elle était construite, sans en changer la forme, sans aucune autre modification que celle de la cage intérieure que j'ai décrite dans le cours de cette notice; tandis que, si je l'avais fait faire exprès, j'en aurais changé la forme.

» Le grenier, autrement dit la cage que j'ai placée dans ma glacière, contient 212 hectolitres. En lui donnant plus de capacité, j'en aurais diminué les frais de construction en raison de la contenance; mais je veux me renfermer dans les dimensions qui seraient le plus en usage pour cette espèce de construction.

» Je prie de remarquer que les avantages de ce grenier, auxquels j'attache le plus d'importance, sont que l'air puisse se mouvoir librement et facilement autour de la caisse qui contient le blé, et que le toit soit couvert en paille; avantages qui ont pour objet de maintenir ce blé dans une atmosphère

---

(1) « Il est à remarquer que, lorsqu'on met du blé dans un grenier, il n'y est jamais remué ni mêlé; que le premier placé reste au fond; que celui qu'on y met ensuite forme une deuxième couche, sans autre soin que de niveler ou unir un peu la surface du blé dernier mis, de manière que le blé, dans ce cas, de la récolte de 1834 en a été le dernier retiré.

« Il s'est passé, à l'égard du blé vendu en juillet 1828, un fait assez curieux. Quand on présenta ce blé aux marchands, par la couleur, par la forme du grain et au maniement, ils le prirent pour du blé de l'année. On le pesa; il se trouva qu'il pesait de 80 kil. 27 à 80 kil. 76 (164 à 165 livres) l'hectolitre; or, comme depuis l'année 1825 il ne s'était pas récolté de blé de ce poids, cela les jeta dans une grande perplexité, dont ils ne revinrent que lorsqu'on eut dit que le blé était effectivement de 1825, mais qu'il avait été conservé dans la glacière.

« Un autre fait remarquable est le suivant : Mon premier domestique était allé partager du blé chez un de mes fermiers; le partage se fait dans l'aire aussitôt que le blé est battu et vanné. Pendant qu'on le mesurait, il survint une pluie ou ondée assez forte. L'opération finie, on conduisit ma part chez moi, et mon homme la fit mettre, quoique mouillée, dans la glacière : on doit dire qu'il n'y en avait guère que 18 à 20 hectolitres. Trois semaines après, la même personne alla dans la glacière, visita ce blé, le trouva parfaitement sec *et aussi coulant que la graine de lin* : ce sont ses termes.

« En 1837 (février), du blé a été retiré du grenier de la glacière et pesé avec soin; il a été placé dans un grenier au premier étage, sous la tuile et sur un plancher en bois; on a pesé le même blé après deux mois de séjour dans le grenier, avec le même soin; il avait perdu 2 kilogrammes (4 livres) par hectolitre. D'où provenait cette diminution de poids ? De l'humidité dont le blé s'était emparé, quoique placé dans un grenier ordinaire le mieux disposé pour que le blé y fût bien sec. Ce fait est le plus concluant que l'on puisse citer pour prouver que l'air contenu dans la glacière, telle qu'on l'a décrite, y est à un degré de sécheresse tel qu'il n'est peut-être pas possible de faire une autre construction qui produise le même avantage et au même degré. »

qui éprouve peu de variation, tant sous le rapport thermomé-
trique que sous le rapport hygrométrique, c'est-à-dire que la
chaleur ne puisse pas y varier de plus de 6 à 7° Réaumur, de
+ 7 à + 14°, et que ce même air contenu y soit habituellement beaucoup plus sec que l'air extérieur : c'est ce que l'expérience m'a prouvé et me prouve encore par l'usage des glacières dites *américaines;* et, comme ma glacière est placée dans
un terrain très-peu pénétrable aux eaux pluviales, j'ai tout
lieu de croire que l'air extérieur y a éprouvé très-peu de mouvement, circonstance des plus heureuses.

» J'ai mis dans le grenier dont je me suis servi, du blé jusqu'à la hauteur du sol. Dans mes expériences, la caisse n'était
couverte que par des planches non jointes ; ces expériences,
dont deux ont duré chacune trois ans pour le même blé, ont
eu un succès complet, quoique le grenier que j'ai employé
puisse être amélioré.

» Deux physiciens très-instruits, deux professeurs à qui je
racontais ces faits, m'ont séparément fait la même objection :
*Mais l'air de votre grenier se rapproche de l'air d'une cave, qui
est ordinairement très-humide.* J'ai répondu : L'air contenu
dans une cave, surtout si elle n'a pas de soupirail, est très-humide ; les cerceaux des futailles y pourrissent promptement ;
si vous y ouvrez un soupirail, la cave devient moins *pourris-
sante,* et moins encore si vous ouvrez deux soupiraux. Remarquez que mon grenier est cerné d'une suite non interrompue
de soupiraux par lesquels l'air le plus léger, c'est-à-dire le
plus humide, s'échappe le plus facilement possible, puisqu'il
s'y élève verticalement. Remarquez bien encore que les caves
sont couvertes par une voûte imperméable à l'air, tandis que
ma glacière est couverte par un toit en paille qui reçoit l'air humide avec avidité, et le transmet très-promptement à l'atmosphère. Le respect que mérite l'opinion des personnes dont il
s'agit m'a engagé à consigner ici l'objection et la réponse.

» Il est encore un fait qui coïncide merveilleusement avec
l'artifice que j'ai employé pour laisser circuler librement l'air
autour de la caisse placée dans ma glacière, soit quand elle
devait contenir de la glace, soit quand elle devait contenir
du blé. Remplissez une glacière de glace à la manière ordinaire ; la première qui se fondra sera celle qui touchera les
parois de la glacière, de manière à ce que la masse de glace
restante se trouve à peu près isolée ; circonstance après laquelle la fonte de la glace va beaucoup moins vite qu'aupara-

vant, surtout si, au lieu d'une voûte, le toit est perméable à l'air, parce que cet air y devient plus sec; et cependant la chose se fait naturellement et d'elle-même. On peut dire que, dans un cas semblable, la meilleure épreuve pour la conservation du blé, est la conservation de la glace.

« Indépendamment des faits que j'ai rapportés, et que je puis prouver par le témoignage de plus de cent témoins oculaires, j'ai voulu prouver par des raisonnements concluants et rigoureux, conformes à une saine théorie comme aux faits analogues que nous observons journellement, que, d'après les circonstances que j'ai fait connaître, les résultats devaient avoir lieu tels que je les donne. »

Des Greniers clos.

M. Delacroix (1) donne le nom de *greniers clos* à toute espèce de récipient à clôture hermétique, destiné à la conservation des grains, qui aurait été placé au-dessus du sol, et qui n'y serait point inhérent, même le grenier qui serait placé de cette manière dans un lieu pratiqué sous terre. Quoi qu'en dise l'auteur, ce dernier moyen rentre dans la classe des matamores ou silos Les anciens avaient tenté de conserver les grains dans des urnes, des vases, des jarres bien clos. Ils en avaient obtenu d'heureux effets. Déjà MM. Duhamel et de Châteauvieux en avaient construit en bois, en forme de caisse, de 3 mètres 25 centimètres (10 pieds) de côté, sur 2 mètres 60 centimètres (8 pieds) de hauteur. Ils étaient dans un lieu sec, et au rez-de-chaussée. Mais ces savants, ainsi que Parmentier, se sont accordés à dire qu'on ne pouvait pas conserver les blés dans de pareils greniers, s'ils n'étaient étuvés à une température de 90 degrés de Réaumur. Cette assertion nous paraît hasardée, et cette méthode vicieuse, en ce que, à ce degré de température, qui est bien supérieur à celui de l'eau bouillante, le blé ne peut manquer d'éprouver quelque altération. J'ajoute à cela que M. Delacroix assure, d'après ses propres expériences, qu'il suffit que le grain ait été récolté en maturité, qu'il ait été pelleté et ressuyé pendant quelques mois dans un grenier bien sec, ou seulement exposé dans l'été au soleil pendant quelques jours.

Un homme qui a puissamment contribué à illustrer le nom français, tant par sa valeur que par ses talents administratifs, feu le comte Dejean, ministre directeur de la guerre, cou-

(1) Voyez son ouvrage précité.

çut, pendant son ministère, l'heureuse idée de construire des greniers clos métalliques. En conséquence, il établit dans le bâtiment de la manutention des vivres de la guerre, rue du Cherche-Midi, de ces greniers formés par des feuilles de plomb laminé, ployées en cylindre et bien soudées ensemble; ces greniers, ainsi clos, après avoir été remplis de blé, furent placés aux étages supérieurs, au rez-de-chaussée et à la cave. Les résultats obtenus ont été plus satisfaisants que ceux qui furent le résultat des silos creusés dans la terre (1). Nous ne pensons point qu'on ait le moindre danger à courir des effets du plomb, parce qu'à l'état métallique il n'est point vénéneux, et qu'il ne peut s'oxider sans le contact de l'air ou de l'oxigène. Les objections qu'on pourrait faire, sur ce point, à la méthode du comte Dejean sont sans fondement. En admettant même qu'il y eût un peu d'oxide de plomb formé, le lavage du blé suffirait pour l'enlever. Pour plus de sécurité, on pourrait revêtir ces greniers à l'intérieur d'une feuille de papier imperméable, et bien collé contre le plomb. On pourrait également construire de ces greniers avec le zinc, de la même manière que ci-dessus.

Nous allons maintenant faire connaître les greniers clos proposés par M. Delacroix. Pour rendre plus fidèlement ses opinions, nous allons le laisser parler.

« On obtient, dit-il, des greniers imperméables à l'humidité et à l'air extérieur, en construisant ces greniers avec des matériaux tels, en les faisant clore hermétiquement, et en les exposant à l'air libre. On obtient la température donnée en les plaçant dans une serre souterraine où existent des courants d'air combinés. On construit ces greniers en forme de caisse quadrilatère; ils pourront être également sous forme cylindrique. La pierre exposée à l'air libre dans une serre souterraine, creusée dans un sol sain, prend 6 pour 100 d'eau, si c'est une pierre calcaire dure du banc dit de roche; elle en prend 8, si elle est tendre et poreuse. Au bout d'un mois, d'un an, de dix ans, chacune de ces pierres n'a pas pris une plus grande proportion d'eau. Cependant, si l'on mettait le grain ou la farine dans le grenier en contact immédiat avec cette pierre, l'un et l'autre se gâteraient. Il importe donc d'interposer entre la pierre et le grain ou la farine un corps qui contienne moins d'eau; les carreaux émaillés, cuits à une haute température, remplissent parfaitement cette condition.

(1) Voyez la notice publiée en 1814 par M. Saint-Fare-Bontemps.

On adapte donc ces carreaux dans tout le pourtour intérieur du grenier, avec une légère couche de ciment qui, empêchant la traussudation de la pierre, garantit le carreau, par suite le grenier, de l'humidité. Je me suis bien trouvé, ajoute-t-il, de revêtir l'intérieur du grenier d'une chemise de papier gommé avec de la fécule de pomme de terre. Cette *gomme* est, par sa nature, un corps incorruptible, homogène avec le grain et la farine, et il en est, par cela même, principe conservateur (1). C'est un moyen dont les Américains se servent pour leurs expéditions de farines *outre mer*. Jusqu'ici, ils nous ont fait un secret de ce procédé de gommer l'intérieur de leurs tonneaux.

» On établit une petite porte sur la partie supérieure du grenier, par où l'on introduit le grain ou la farine, et l'on en pratique une autre à la base pour les en sortir (2). On place le grenier sur des dés en pierre dans la terre souterraine, à 1 mètre (3 pieds) au-dessus du sol, de manière que l'air circule librement en-dessous, et que l'humidité du sol puisse être chassée par le courant d'air, et ne puisse pénétrer dans le grenier. Enfin l'on construit le grenier de la grandeur que comporte la localité souterráine. Dans celui que je possède à Ivry, je pourrais construire, dit-il, chaque grenier d'une dimension assez grande pour contenir 500 litres de blé, et je pourrais en établir un assez grand nombre pour y conserver une grande partie de l'approvisionnement de Paris.

» Lorsque le grenier est vide, l'humidité s'y introduit avec l'air ; on la fait disparaître en le chauffant au moyen du charbon ou du bois. »

Observations sur les greniers clos proposés par M. DELACROIX.

Les greniers clos de M. Delacroix sont de véritables silos ou matamores, qui sont détachés du sol et des parois de la terre. Ce mode de conservation offre-t-il des avantages réels sur l'autre ? c'est ce que nous allons examiner. Nous dirons d'abord qu'il est des pierres, telles que les siliceuses compactes, qui ne prennent pas 2 pour 100 d'eau, et que les pierres calcaires très-compactes et bleuâtres en prennent tout au plus 4. Il est donc facile de faire un bon choix en

(1) La fécule de pomme de terre n'est point une gomme, mais bien un principe immédiat végétal, de même nature que l'amidon du blé ; M. Delacroix se trompe également en la considérant comme incorruptible, et par cela même conservatrice du blé. Cette fécule, comme tout autre amidon, ne joue d'autre rôle, en cette occasion, que de servir de colle et de vernis au papier.

(2) Nous serions d'avis que ces portes fussent pratiquées en coulisse.

choisissant des pierres très-dures et très-pesantes. M. Delacroix avance qu'entre les vides qui se trouvent entre les murs de ses greniers et les parois circulaires du sol, *existent des courants d'air combinés;* d'après les lois de la physique, il est impossible que des courants d'air puissent s'établir dans des souterrains qui n'offrent d'autre issue que l'ouverture d'introduction; ces courants, même y fussent-ils possibles, ne pourraient nullement influer sur la conservation du grain. Quant à la chaleur souterraine, nous avons déjà dit qu'elle était constante dans l'intérieur de la terre et d'une manière uniforme, soit que l'air y pénètre ou non, comme l'ont démontré les expériences faites dans les puits artésiens. Nous regardons, en conséquence, les greniers de M. Delacroix comme différant très-peu des matamores ou silos revêtus en pierre.

Au reste, l'on peut consulter avec fruit le *Traité de la conservation des Grains*, de Duhamel; celui sur la disette et la surabondance en France, par M. Laboulinière; les recherches de M. de Châteauvieux, de Genève; la Notice précitée de M. Saint-Fare-Bontemps; les résultats des expériences de M. le baron Ternaux; l'ouvrage de Parmentier; le nouveau Mode de conservation des Grains, par M. Delacroix, etc. Nous terminerons cet article par cette proposition de ce dernier: La ville de Paris alloue aux conservateurs de sa réserve, qui est de deux cent cinquante mille quintaux métriques, 1 fr. 5o cent. par quintal de blé par an, quand elle fournit le grenier, pour loger le grain, et 2 francs quand elle ne le fournit pas. Elle supporte, en outre, les frais d'administration de la réserve qui, d'après M. Laboulinière, reviennent, par an, à la ville de Paris, à 5 fr. par quintal métrique, sans compter l'intérêt des constructions des greniers. Hé bien, dit M. Delacroix, je pourrais, dans ma localité à Ivry, où j'ai la pierre à ma disposition, établir, pour une somme de 4,ooo francs, un grenier clos, doublé en carreaux émaillés, garni de ses portes et ferrures, enfin parfaitement conditionné, contenant mille quintaux métriques de blé. Or, au taux de 5 francs qu'il en coûte à la ville de Paris, par quintal métrique, indépendamment du loyer des greniers, je rentrerais dans la mise de fonds, faite pour la construction du grenier, dès la première année; et, au taux de 2 fr. par quintal, que la ville de Paris alloue à ses conservateurs quand ils fournissent le grenier, j'y rentrerais dans deux ans.

Nous allons maintenant donner la description d'un appareil dit *grenier mobile*, dont on doit l'invention à M. Vallery,
et nous ferons suivre cette description d'un extrait d'un rapport fait à la Société d'encouragement sur cet appareil.

Description de l'appareil à conserver les grains, dit grenier
mobile, par M. VALLERY.

Le grenier mobile est représenté dans son ensemble *fig.* 105,
muni de sa commande, et d'un tarare ou ventilateur à force
centrifuge, il est supposé d'une contenance de 1,000 hectolitres; mais on peut lui donner telle dimension que l'on
jugera utile, suivant l'importance des exploitations auxquelles
il est destiné.

Il se compose principalement de deux cylindres creux concentriques A et A, de même longueur, 9 mètres (27 pieds); le
diamètre du cylindre intérieur A est d'un mètre (3 pieds), le
diamètre du cylindre extérieur A de 4 mètres 66 centimètres
(14 pieds), et l'intervalle compris entre deux est divisé,
dans le sens de leur axe, par des cloisons, en dix portions ou
cases, dans lesquelles on dépose le grain que l'on soumet à la
conservation.

Ces deux cylindres sont formés de tringles de 54 millimètres (2 pouces) d'épaisseur sur une de largeur égale, et de
petites pièces en bois de même épaisseur, mais d'une largeur de 81 millimètres (3 pouces), intercalées symétrique-
ment entre les tringles, de manière à ménager des ouvertures
uniformes *bb*, qui, recouvertes de toile métallique dont les
mailles sont assez serrées seulement pour que les grains ne
puissent passer à travers, laissent librement circuler l'air dans
l'intérieur de l'appareil.

Les refends ou cloisons sont en planches de 54 millimètres
(2 pouces) d'épaisseur, callées les unes sur les autres et
maintenues dans cette position par les poutrelles *pp* posées
devant et derrière, et fortement boulonnées ensemble (*fig.* 109).

La *fig.* 106 montre le plateau ou disque circulaire qui ferme
les extrémités de l'appareil; il est composé de dix portions
en fonte de fer, serrées ensemble par des boulons et maintenues invariablement par les mamelons *k*, qui servent encore à régler ces pièces à volonté. Les jours de ces pièces
sont garnis de panneaux légers, fixés contre la fonte par des
espèces de navets crochés sur la fonte et rivés derrière les panneaux.

A chaque portion de fonte se trouve une petite porte B, pour donner accès à un homme dans l'intérieur des compartiments.

Au moyen des potences *ii* et des tirants en fer *jj*, on fixe un ventilateur V (*fig.* 105) à l'une des extrémités de l'appareil sur le cercle plein que forment toutes les pièces GG dans leur partie la plus rapprochée du centre du plateau. Cette manière d'attacher le ventilateur procure la facilité de le démonter à volonté et de le transporter à un autre appareil dans les établissements où il existera plusieurs de ces greniers, car, l'expérience ayant démontré qu'il est tout-à-fait inutile de faire traverser constamment le blé par un courant d'air, on pourra, dans beaucoup de circonstances, se dispenser de munir l'appareil d'un ventilateur.

Ce ventilateur, en aspirant l'air contenu avec le grain dans le cylindre, force l'air extérieur à traverser le grain pour venir opérer le remplacement et s'opposer à une dépression intérieure. L'action du ventilateur est combinée avec la rotation du cylindre; le mouvement successif de tout le grain enfermé facilite un complet aérage.

Il serait presque inutile de dire que, pour obtenir ce résultat, il est essentiel de bien clore l'ouverture existant au plateau qui se trouve à l'autre extrémité du cylindre.

La *fig.* 108, qui est une section de l'appareil par le milieu de sa longueur et par un plan perpendiculaire à l'axe de rotation, montre les dix pièces en fonte T. Ces pièces donnent beaucoup de force au cylindre en liant solidement les principales parties qui le composent; elles sont fixées entre elles par des boulons d'appel sur un même anneau R, également en fonte, qui se trouve en dedans du cylindre intérieur.

On voit, dans cette figure, la roue à rochet F, composée de dix portions réunies ensemble par de forts boulons, et fixées, au moyen de cales en bois, sur le cylindre extérieur. Cette roue à double denture, qui est représentée en partie sur une plus grande échelle *fig.* 116 et 117, reçoit son mouvement de deux bielles Q, portées sur les galets *gg*, et mues alternativement par les excentriques *vv* montés sur l'arbre M. La roue E, fixée sur le même arbre, est commandée par un petit pignon.

On pourrait encore se servir d'une double manivelle au lieu des galets et des excentriques; mais ce dernier moyen occasionerait des frottements plus considérables.

Dans la *fig.* 109, qui est une autre section de l'appareil par un plan perpendiculaire à l'axe de rotation, et sur une plus grande échelle (*fig.* 114), sont représentées les pièces cintrées en fonte G; ces pièces servent à maintenir le cylindre extérieur en recevant des boulous à crochet qui soutiennent les tringles.

DDD, entre-toises en fonte, dont l'une est vue séparément, *fig.* 120; elles sont destinées à prévenir toute flexion dans les refends, dans le sens de leur largeur. Elles sont appuyées sur les poutrelles *pp*, et enchaînées ensemble par des boulons qui traversent ces poutrelles et les refends.

ggg, goussets en bois, approchés d'abord fortement contre les poutrelles au moyen des coins *eee*, et ensuite raidis par des boulons d'appel sur le cercle *r*, qui se trouve, comme le cercle R, en dedans du cylindre intérieur. Ces goussets réunissent le double avantage, en formant, pour ainsi dire, un cercle compacte avec les poutrelles, de bien maintenir dans leurs positions respectives les dix refends, et de les empêcher de s'écarter de l'axe du cylindre.

Toute cette disposition, représentée dans la *fig.* 109, est répétée six fois dans la longueur de l'appareil,

L'appareil est porté sur vingt-un galets *aa* posés sur des supports fixes, six à chaque extrémité et neuf au milieu, attendu que la charge y devient double de celle qui existe au bout, pour peu qu'il y ait flexion d'un ou deux millimètres (1/2 ligne ou 1 ligne) dans le cylindre, effet nécessairement produit à cause de sa longueur. Toutes les parties de la machine qui roulent sur les galets ont été tournées, afin de les rendre le plus exactement possible circulaires, et par ce moyen répartir uniformément la charge sur chaque point d'appui.

Ces galets remplissent parfaitement le but que s'est proposé M. Vallery; néanmoins il aurait mieux valu les remplacer par des galets doubles *ff, fig.* 119, tournant l'un sur l'autre, qui rendraient le mouvement de rotation plus facile et plus à l'abri de toute irrégularité.

M. Vallery avait eu le projet d'employer un mode de support qu'il a décrit dans son brevet, mais qu'il n'a pas mis à exécution, parce qu'il était un peu plus coûteux que les galets à support fixe. Ce mode, qui nous a paru très-ingénieux et susceptible de recevoir quelques applications, consiste en ce que les galets seraient supportés par autant de corps de

pompe semblables à ceux des presses hydrauliques, dont les
pistons seraient surmontés de deux tiges, capables de porter
les tourillons des galets.

Le liquide des corps de pompe serait mis en communication
comme on le voit *fig*. 107, c'est-à-dire que h^1, h^2, h^3, h^4, communiqueraient ensemble au moyen des trois conduits *t t t*, et
qu'il en serait de même de h^5, h^6, h^7, h^8,

Les quatre extrêmes, qui ne seraient en communication
que deux par deux, pourraient être remplacés par quatre galets
ll tenus sur deux bascules *oo*, comme celle qui est représentée
fig. 118.

On conçoit facilement de quelle manière, disposés de cette
façon, les supports se comporteraient sous la charge lorsqu'il se
présenterait quelque irrégularité à la portion du cylindre ou
des plateaux qui roule sur les galets. Qu'une cavité ou qu'une
aspérité, par exemple, se trouve dans la fonte à la partie du
plateau appuyée sur un galet, la pression exercée sur ce point
change en moins dans le premier cas, et en plus dans le second ; mais, comme l'eau qui se trouverait sous le piston ou
support de ce galet serait en communication avec un ou plusieurs autres corps de pompe, et céderait soit à leur pression,
soit à celle du piston, elle viendrait ou soulever le galet pour
le faire appuyer contre le cylindre, ou se répandre dans les
réservoirs pour soulever les autres galets, et ainsi équilibrer
constamment la charge de chaque point d'appui.

En un mot, le liquide des corps de pompe de toute une
série étant réuni par les conduits de communication, il est
bien positif que la pression exercée en un point sur ce liquide
doit se reproduire la même sur tous les points, et que, si les
pistons sont d'un diamètre bien égal, la force qui tend à les
soulever doit être rigoureusement égale.

On conçoit de même facilement pourquoi, dans ce système,
on ne met en communication qu'une certaine partie des corps
de pompe, et comment cette disposition procurerait la plus
grande commodité d'établir le cylindre sur un niveau parfait,
en introduisant avec une petite pompe foulante une quantité
convenable de liquide dans chaque série de réservoirs, et,
enfin, comment, la communication étant au contraire complète, le cylindre n'aurait plus de point d'appui fixe, et
pencherait tantôt d'un côté, tantôt de l'autre, suivant que la
charge serait plus ou moins portée vers l'une ou l'autre extrémité.

Quel que soit le système adopté pour les supports des galets, soit fixes, soit sur corps de pompe, ils sont toujours fixés sur des plateaux en bois *nn*, cintrés de manière que leurs tiges soient bien dans le prolongement des rayons du cylindre; ces plateaux sont eux-mêmes portés sur des massifs en maçonnerie Z.

Autour de ce massif peuvent être fixées de petites gouttières remplies d'eau recouverte d'huile, ou, mieux encore, d'huile pure, pour empêcher les insectes du dehors de parvenir jusqu'à l'appareil.

La *fig.* 110, qui est une section par un plan perpendiculaire à l'axe du cylindre, laisse voir la division de l'appareil en dix cases, et montre que le grain qu'on lui confie ne doit pas le remplir en entier, pour prendre, pendant la rotation, un mouvement propre sur lui-même. La figure représente le grenier empli aux trois quarts.

Les lignes *q q*, qui indiquent la surface du grain dans les cases A, B, C, D, etc., forment des plans inclinés, et présentent, avec la ligne horizontale, des angles de 27 degrés; c'est dans cette circonstance que le grain qui est à la superficie, ne se trouvant plus soutenu, est sollicité par son poids et roule de *q* en *q*; le cylindre, auquel on imprime un mouvement de rotation, détermine successivement dans la masse du grain un changement de position, et, pour que ce changement soit produit d'une manière complète, il suffit que le cylindre ainsi divisé passe une révolution entière sur ses axes.

Il est facile de se rendre compte, par le calcul, de la force motrice qu'il faut dépenser pour déterminer le mouvement de rotation du cylindre.

Pour apprécier la force employée dans ce cas, abstraction faite des frottements, il suffit de connaître quel est le poids qui, suspendu à l'extrémité du rayon *z*, est capable de maintenir les cases *a*, *b*, *c*, *d*, *e*, en équilibre avec les cases *f*, *g*, *h*, *i*, *j*, les lignes *q*, *q* de celles-ci conservant leur inclinaison de 27 degrés avec l'horizon, pente où le grain, à l'état normal de siccité, est sur le point d'être entraîné par sa pesanteur.

Pour arriver à cette connaissance, il faut déterminer le centre de gravité du grain contenu dans chaque case, puis combiner ensemble toutes les forces qui agissent à ces centres de gravité, de manière à trouver leur résultante et son point d'application.

Supposons, par exemple, que l'on veuille connaître le centre de gravité du grain que renferme la case a, il suffira, pour atteindre ce but, de trouver celui du quadrilatère $a\,a'\,a''\,b$, et pour cela il faudra le diviser en deux triangles $a\,a'\,b$, et $a'\,a''\,b$.

On sait que le centre de gravité d'un triangle est situé sur la ligne droite menée du sommet d'un des angles au milieu du côté opposé, et à la distance d'un tiers de la longueur de cette ligne, à partir du côté mentionné.

Opérant, d'après ces principes, sur les deux forces qui existent en m et m, il faut diviser la force m par la force m, (soit q le quotient), et partager la droite $m\,m'$ en $q + 1$ parties égales. Le premier point c de division après m (allant vers m') sera le centre de gravité du système de force agissant sur le quadrilatère $a\,a'\,b\,a''$.

Il faut agir de même pour toutes les autres cases et combiner ensemble les forces qui agissent au centre de gravité de tous les triangles formant la surface de chaque case.

Pour connaître le centre de gravité d'un segment, il faut faire usage de la formule suivante :

$$D = \frac{C\,3}{12\,S} \quad \left\{ \begin{array}{l} D \text{, distance du centre à l'axe du cylindre.} \\ C \text{, cordes du segment.} \\ S \text{, surface du segment.} \end{array} \right.$$

Connaissant, en suivant la marche qu'on vient d'exposer, le centre d'action de toutes les forces, il devient facile de déterminer le poids qui doit faire équilibre à la masse entière du système.

Soient X, la résultante de toutes les forces;

U, la distance de son point d'action à la perpendiculaire passant par le centre du cylindre ;

R, le rayon du cylindre ;

M, la force qu'il faut appliquer en z pour faire équilibre ;
nous aurons :

$$\frac{U \times X}{R} = M$$

M sera donc le poids qu'il faudra posér en z pour établir l'équilibre dans tout le système.

Le poids M étant connu, il nous reste à savoir, pour déterminer la force dont il faudra disposer pour faire opérer au cylindre une révolution complète sur son axe de rotation, le nombre de mètres qui mesure la circonférence.

Appelant q ce nombre de mètres,

f, la force qu'il faut dépenser pour opérer la révolution complète;

M étant exprimé en kilogrammes ;

nous aurons en dynamies, pour valeur de $f \dfrac{q \times \mathrm{M}}{1,000}$

Le cylindre contenant 1,000 hectolitres de grains, on trouve F $= 33,65$ dynamies.

La rotation du cylindre se fait par un seul homme appliqué à la manivelle à laquelle on imprime une vitesse de trente tours par minute. Les excentriques w montés sur l'arbre m, en agissant contre les galets g' g', élèvent successivement les bielles q q, qui prennent chacune dans une denture du rochet dont la nervure passe dans l'intervalle qui se trouve entre les deux bielles. Les dents sont distantes entre elles de 81 millimètres (3 pouces), et comme le cylindre a 4 mètres 50 centimètres (13 pieds 10 pouces) de diamètre, ou 13 mètres 50 centimètres (41 pieds 3 pouces) de circonférence, le rochet porte 160 dents.

L'introduction du grain dans le cylindre s'opère à l'aide de trémies qu'on place sur les orifices d couverts par des tirettes, et qui sont ménagées sur chaque compartiment; on fait tourner le cylindre pour amener successivement chaque rangée d'orifices sous les trémies. Un homme chargé de sacs de grains et passant sur une planche disposée au-dessus du cylindre, les vide dans les trémies au fur et à mesure que les compartiments s'emplissent; cela fait, on ferme les orifices.

Le grain étant nettoyé, on accroche des sacs vides à un chevalet placé sous le cylindre, on ouvre les tirettes d, et le grain s'écoule dans les sacs.

L'ouvrier qui s'introduit par les portes B, balaie les compartiments et les tient dans l'état de propreté convenable.

Explication des figures.

Fig. 105. Élévation, vue de face, du grenier mobile muni de sa commande et de son ventilateur.

Fig. 106. Le cylindre vu par le bout.

Fig. 107. Plan des supports mus par une pompe hydraulique et divisés par séries.

Fig. 108. Section transversale du cylindre, prise par le milieu de sa longueur, ou sur la ligne A B, *fig.* 115.

Fig. 109. Autre section de cylindre perpendiculaire à l'axe de rotation, ou sur la ligne C D, *fig.* 115.

Fig. 110. Coupe transversale du cylindre montrant la position du grain enfermé dans chaque compartiment.

Fig. 111. Les galets à supports fixes, vus de face et en élévation latérale.

Fig. 112. Élévation et coupe de l'anneau en fonte R.

Fig. 113. Élévation et coupe de l'anneau en fonte r.

Fig. 114. Vue de profil d'une pièce cintrée en fonte *g*.

Fig. 115. Coupe longitudinale du cylindre rempli de grain, montrant la disposition du ventilateur et du cylindre intérieur A.

Fig. 116 et 117. La commande, vue de face et de profil avec un fragment de la crémaillère dans laquelle elle engrène.

Fig. 118. Support à bascule du cylindre, vu en élévation de face et de profil.

Fig. 119. Les doubles galets, vus en élévation de face et de profil.

Fig. 120. Petite colonne en fonte servant d'entre-toise aux rayons du cylindre.

Fig. 121. Élévation et coupe verticale du support du cylindre à corps de pompe hydraulique.

Fig. 122. Coupe horizontale du corps de pompe.

Fig. 123. Portion de l'arbre portant les roues d'engrenage de la commande.

Les mêmes lettres indiquent les mêmes objets dans toutes les figures des trois planches.

1° *Le Cylindre.*

A A A, cylindre extérieur, formé de tringles et de tasseaux cloués et collés ensemble ; il est percé d'orifices oblongs recouverts en toile métallique.

A A, petit cylindre intérieur, formé de tringles et de tasseaux, comme le cylindre précédent.

B B, portes en bois servant à donner accès dans les différents compartiments du grenier pour y introduire le grain.

D D, entre-toises en fonte qui soutiennent les refends et les empêchent de fléchir dans le sens de leur largeur.

G G, pièces en fonte formant les extrémités de l'appareil.

G' G', pièces cintrées en fonte, disposées de manière à recevoir les boulons à crochet qui tiennent les tringles.

P P, panneaux légers servant à clore les jours des pièces en fonte G G.

R, anneau en fonte, placé dans l'intérieur du petit cylindre, destiné à régler et à maintenir, au moyen de boulons, les pièces en fonte T T, posées à égale distance des extrémités du cylindre, et formant un point d'appui solide contre les galets du milieu.

b b, orifices percés dans le grand cylindre et recouverts de toile métallique; ils donnent entrée à l'air extérieur aspiré par le ventilateur.

. *c c*, orifices semblables percés dans le cylindre intérieur.

d d, orifices recouverts de tirettes pour introduire le grain et le laisser écouler après qu'il a été ventilé.

e e, coins en bois servant à serrer les goussets *g g* en bois dur.

h h, mamelons ménagés sur les cloisons de fonte.

p p, poutrelles posées devant et derrière les refends, contre lesquels elles sont fortement boulonnées.

r, anneau en fonte plus léger que l'anneau R, et servant, à l'aide de boulons, à appeler vers l'axe du cylindre les goussets *g g*, et par conséquent à les serrer contre les poutrelles *p p*.

2° Le Support.

N N, plateaux cintrés en bois qui portent les galets.

Z, dés en maçonnerie.

a a, galets fixes.

f f, galets doubles, montés sur un plateau fixe.

l l, autres galets à bascule, portés par la double potence O.

m m, galets tournant dans une chape *n*, laquelle est réunie à un piston plein *o*, qui monte et descend dans un corps de pompe *s*.

t t, conduit servant à mettre en communication les corps de pompe.

3° La Commande.

E, grande roue dentée, montée sur un arbre M, tournant sur des paliers *y*.

F, roue à rochet à double denture, enveloppant le milieu du cylindre ; entre les dents de ce rochet est ménagée une côte saillante qui s'appuie sur les galets du milieu.

H, axe de la roue dentée I.

J, manivelle montée sur l'axe d'un pignon L, engrenant avec la roue I.

M, arbre portant la roue E.

Q Q, bielles dont l'extrémité supérieure s'engage successivement dans les dents F, chaque fois qu'elles sont élevées par l'effet des excentriques de l'arbre M.

g' g', galets dont les tourillons portent les bielles Q Q.

u, ressort qui maintient l'extrémité des bielles constamment engagée dans les dents du rochet.

v v, excentriques montés sur l'arbre M.

4° Le Ventilateur.

V V, ailes du ventilateur.

X, poulie montée sur l'arbre portant les ailes du ventilateur, et autour de laquelle s'enveloppe une corde qui lui imprime le mouvement.

i i, potences qui maintiennent les joues $j j$ du ventilateur.

$y y$, cercle saillant qui joint les joues du ventilateur au cylindre.

Passons actuellement au Rapport fait par M. Payen à la Société d'encouragement, au nom d'une Commission spéciale, sur l'Appareil de M. Vallery, dit *Grenier mobile*, destiné à la conservation des grains.

« L'appareil que M. Vallery a déjà soumis à l'Académie des sciences était conforme à la description qui vient d'être donnée, aux dimensions près, puisqu'il ne présentait qu'une contenance de 165 hectolitres, contenance insuffisante, sans doute, pour résoudre la question commerciale et économique, mais suffisante, cependant, pour apprécier les effets de l'appareil sur l'expulsion des insectes, la dessiccation et la conservation du grain. Nous n'avons donc pas jugé nécessaire de répéter les expériences faites par l'Académie des sciences et la Société d'agriculture, et nous nous contentons de vous en présenter ici le résultat, que nous regardons comme complet et concluant.

» Il résulte de ces expériences :

1° Que cinq à six mille charançons, placés dans 2 hectolitres de grain, abandonnés au repos pendant onze jours, pour favoriser l'accouplement et la ponte, ont été expulsés en trois jours de rotation, et que, le mouvement imprimé à l'appareil ayant été continué vingt-un jours encore, tous les charançons arrivés, pendant cet intervalle de temps, à l'état d'insecte parfait, ont été également expulsés au fur et à mesure de leur éclosion; en sorte que ce mouvement, s'il n'empêche pas le développement de l'insecte à l'état d'œuf et de larve, en arrête au moins la multiplication, infiniment plus redoutable dans le cours du magasinage ;

» 2° Que trente-sept à trente-huit mille charançons, placés dans 20 hectolitres de grain, en ont été expulsés en trois jours d'une rotation successivement interrompue et reprise;

» 3° Que du blé, mouillé au point d'augmenter d'un sixième de volume et déposé dans l'appareil, y a été entièrement séché en seize heures au moyen de l'aspiration continue du ventilateur;

» 4° Que 96 hectolitres de grain mouillé, déposé dans un appareil appartenant à M. Darblay, y ont été séchés en trente-deux jours, en ne faisant usage du ventilateur que pendant la moitié de ce temps, et que le grain était, en sortant de l'appareil, parfaitement propre à la mouture;

» De ces expériences, l'Académie et la Société d'agriculture ont conclu, et nous croyons devoir conclure avec elles, que le grenier mobile isolé et ventilé, de M. Vallery, débarrasse le blé des charançons contenus au moment de l'emmagasinage; qu'il met le grain complètement à l'abri des ravages ultérieurs, en opposant une barrière infranchissable aux nouveaux insectes qui chercheraient à s'y introduire; que cet appareil prévient la fermentation par suite de l'aérage auquel il soumet le grain; qu'il rend possible, au moment de la mouture, par exemple, l'humectation d'un blé trop sec, par la facilité qu'offre l'aspiration du ventilateur de faire traverser la masse par de l'air ordinaire, plus ou moins humide, ou même artificiellement chargé de vapeurs; enfin, que l'appareil Vallery permet d'emmagasiner le grain dans un espace très-réduit.

» Maintenant, en ce qui concerne l'appréciation de cette machine agricole, sous le point de vue si grave de ses applications pratiques et commerciales, les rapporteurs des deux Sociétés savantes en ont appelé à l'expérience, et c'est de cette expérience qu'il nous reste, Messieurs, à vous entretenir.

» L'appareil que nous a présenté M. Vallery est conforme, par ses dimensions, à la description qu'on lira à la suite de ce rapport, et au dessin qui l'accompagne; sa contenance réelle est de 1,400 hectolitres, d'où il résulte une contenance commerciale de 1,000 hectolitres; mais M. Vallery, pour donner aux expériences plus de certitude, l'avait fait charger de 1,150 hectolitres, pesant ensemble 85,000 kilogrammes; le poids de l'appareil est de 20,000 kilogrammes : c'était donc un immense cylindre, de 9 mètres de longueur sur 4 mètres

66 centimètres de diamètre, et pesant 105,000 kilogrammes, auquel il s'agissait d'imprimer un mouvement régulier de rotation, sans que rien, dans la machine, eût à souffrir de ce mouvement.

» N'ayant point à répéter les expériences des premières commissions, dont faisaient partie, notamment : MM. Charles Dupin, Biot, Séguier, Audoin, Duméril, Huzard, Payen, Bailly, Bottin, Busche, Darblay, etc., sur l'expulsion des insectes et la conservation du grain, il nous restait à examiner les points suivants :

» 1° L'appareil-Vallery présente-t-il l'avantage d'une économie de construction par rapport aux greniers ordinaires, réunie à une solidité convenable?

» 2° Cet appareil procure-t-il une économie notable dans les manutentions qui accompagnent le magasinage?

» Pour résoudre la première question, nous nous sommes fait remettre par M. Vallery un devis de son grand appareil, et nous en avons vérifié les bases; il résulte de ce devis que l'appareil doit coûter 4,492 francs, savoir :

Fonte, 6,000 kilogrammes, à 34 francs. . . 2,040 fr.
Bois, 220 marques, à 4 fr. 20 c. 924
Pointes, 100 kilogrammes, à 42 fr. 50 c. les
50 kilogrammes. 85
Boulons. 323
Toile métallique. 100
Colle, 12 kilog. 50, à 1 fr. 60 c. 20
Main-d'œuvre. 1,000
—————
4,492

» Et qu'en y ajoutant pour bénéfices, frais généraux et frais imprévus, la somme de. . . . 1,508
—————

» M. Vallery doit pouvoir livrer ses appareils au prix de. 6,000
» A ce prix, il faudra ajouter, pour couverture de l'appareil, environ 15 francs par mètre du terrain occupé; soit pour 40 mètres environ. . . 600
—————

Total. 6,600

ou 6 fr. 50 cent. par hectolitre emmagasiné.

» Le prix moyen d'un grenier ordinaire, pour 1,000 hectolitres, avec l'espace nécessaire pour pelletage, etc., tararage, etc., ne peut être évalué, à Paris et dans les autres centres de magasinage, ainsi que cela résulte de renseignements certains, à moins de 8,300 francs, ou 8 fr. 30 c. par hectolitre. Nous en conclurons donc que l'appareil de M. Vallery présente une économie de 25 pour 100 environ sur les frais de première construction. Nous ajouterons qu'il occupe quatre fois moins d'espace qu'un grenier ordinaire; ou, en d'autres termes, qu'il représente, à superficie égale, un bâtiment élevé de quatre étages sur rez-de-chaussée. Cela est facile à concevoir, si l'on considère que le blé s'y trouve accumulé à une hauteur moyenne de près de 4 mètres.

» M. Vallery n'a pu nous donner de devis exact pour les appareils de petite dimension ; mais il nous a déclaré qu'ils ne coûteraient pas, en proportion, beaucoup plus que les grands, et que le prix pourrait s'en évaluer de 7 fr. à 7 fr. 50 c. par hectolitre.

» Quant à la question de solidité, l'examen de l'appareil, chargé depuis plus de trois mois d'un sixième en sus de ce qu'il doit supporter habituellement, la régularité du mouvement qui lui est imprimé, et l'observation qu'il n'y a de frottement d'usure que dans des parties peu coûteuses et faciles à remplacer, ne laissent à cet égard aucun doute dans notre esprit.

» Pour ce qui concerne l'économie de manutention, nous nous en référerons aux calculs présentés par M. le baron Séguier, desquels il résulte que, considérant un tour de cylindre comme équivalant à un pelletage ordinaire, le remuage par force d'hommes de l'appareil Vallery sera, avec le pelletage manuel, dans la proportion de 1 à 56; or il y a lieu de faire observer que, dans les greniers ordinaires, le pelletage ne peut se faire qu'à bras d'hommes, tandis que le grenier Vallery peut facilement être mis en mouvement par telle force motrice qu'on voudra lui assigner; que si l'on emploie par exemple, pour le mettre en mouvement, une machine à vapeur dont la force produite coûte dix fois moins que celle qui est fournie par l'homme, le rapport des prix, au lieu d'être 1 à 56, sera 1 à 560.

» Nous ajouterons à ces calculs, qu'un homme seul peut facilement imprimer à l'appareil qui nous a été présenté, la force nécessaire pour sa rotation; et, si l'on considère que cette action entraîne le mouvement de 1,000 hectolitres de grain, il en résultera, pour les personnes pratiques et peu en état d'apprécier un calcul, la certitude de l'économie extrême de ce genre de manutention.

» La question de force pour la rotation ainsi résolue et appliquée aux pelletage, taraudage, etc., il ne reste à examiner que celle de l'introduction du grain dans le cylindre, et de sa sortie pour les livraisons.

» La première a lieu au moyen d'une trémie fixe, disposée en long à la partie supérieure de l'appareil, ce qui sert à élever le grain à la hauteur de 5 mètres au plus. Or nous avons vu que cet appareil représente un grenier de quatre étages sur rez-de-chaussée, dont la hauteur moyenne ne peut être évaluée à moins de 6 mètres et demi ; et, comme une fois élevé à cette hauteur, il faut encore transporter le grain et l'étendre dans le magasin, il en résulte que l'on trouve une économie de plus de 30 pour 100 dans la manutention de mise en magasin.

» Quant à la sortie, il suffit, pour extraire le blé, d'ouvrir, à la partie inférieure de la case que l'on veut vider, une petite coulisse, et le blé tombe spontanément dans le sac, ce qui réduit le travail à une opération aussi simple que prompte et peu dispendieuse.

» Il résulte de tout ce qui précède, que nous sommes amenés à considérer l'appareil de M. Vallery, dit *grenier mobile*, comme remplissant toutes les conditions qu'a prétendu atteindre son ingénieux inventeur, et à déclarer :

» Que cet appareil présente, surtout dans les grandes villes où se concentre le magasinage des grains, une économie notable sur les frais de première construction avec toutes les garanties nécessaires de solidité;

» Qu'il procure la presque suppression des frais de manutention, si considérables dans les greniers ordinaires; qu'il assure la conservation du grain en le préservant de la fermentation, en expulsant les charançons et en empêchant leur rentrée.

» Qu'il met aussi le grain à l'abri des ravages des souris, des rats et autres animaux ;

» Qu'il est parfaitement applicable à la conservation des graines oléagineuses, des légumineuses, et en général de tout ce qui s'emmagasine habituellement dans les greniers ;

Enfin, que l'appareil qui réunit ces avantages n'a point l'inconvénient de soustraire le grain à la vue du propriétaire ; et qu'il ne sera probablement pas combattu par la routine, puisqu'il s'appuie sur un usage immémorial, le remuage du grain à l'air libre.

» Nous croyons devoir, en recommandant l'appareil Vallery aux propriétaires de grains, et particulièrement aux associations dites fruitières, insister de nouveau sur la recommandation, déjà faite par la Société, de l'appareil de M. Robin, contre l'alucite (voir *Bulletin de décembre* 1837, page 519). Un emploi judicieux de cet appareil, avant de déposer le grain dans le grenier mobile, le mettra à l'abri du seul insecte dont ce grenier ne paraisse point assurer l'expulsion, et on l'empêchera de s'y introduire de nouveau par un moyen qu'a indiqué M. Audouin, l'application d'une double toile métallique sur les ouvertures de l'appareil.

» Pour compléter ce Rapport, nous devons, Messieurs, vous rendre compte d'une objection qui nous a été présentée.

» M. Robillard, ingénieur en chef des ponts et chaussées dans le département de l'Eure, vous a fait parvenir un Rapport qu'il avait présenté en 1837 à la Société d'agriculture de son département, et vous a prié d'examiner l'objection qu'il soulève contre le grenier mobile de M. Vallery.

» M. Robillard pense que le mouvement de rotation imprimé à l'appareil ne détermine, pour une partie du grain, qu'un simple mouvement de translation analogue à celui qu'aurait le blé transporté dans un bateau, et non un changement de position des grains les uns par rapport aux autres.

» Il présente, à l'appui de son opinion, des calculs que nous aurions à examiner et à discuter si nous manquions d'éléments pratiques. Au reste, cette question a déjà excité, dans les journaux des départements de l'Eure et de la Seine-Inférieure, une polémique assez animée entre M. Robillard et un savant professeur de Rouen, connu de vous par de nombreux travaux, M. Pouchet, qui a soutenu vivement, et avec raison, suivant nous, une opinion favorable à l'appareil Vallery.

» L'objection a d'ailleurs été soumise aux premières Commissions, qui, après l'avoir examinée, même expérimentalement, n'ont pas cru devoir s'y arrêter. Cela n'étonnera pas, si l'on considère qu'elles avaient conclu de leurs expériences que le grenier mobile remplissait parfaitement le but cherché, savoir l'expulsion des insectes et la dessiccation du grain mouillé, et que dès-lors il devenait peu important de savoir si cet effet était produit indépendamment ou non du mouvement de rotation du grain.

» Cependant votre Commission, se trouvant à même de résoudre la question par une expérience en grand, n'a pas cru

devoir refuser cette satisfaction aux instances de M. Robillard, et voici comment elle y a procédé :

« Après avoir inséré dans deux cases de l'appareil assez de
grain pour leur faire contenir, à l'une les trois quarts, et à
l'autre les quatre cinquièmes de leur contenance totale, on a
pratiqué au centre de ces deux cases des trous ronds de 40
centimètres environ de diamètre, que l'on a garnis de toiles
métalliques, de manière à voir le grain dans l'intérieur. On
a disposé, contre ces ouvertures et dans une profondeur de
10 à 12 centimètres, des couches horizontales et parallèles de
riz, épaisses de 14 à 15 millimètres, séparées par d'autres
couches de blé de 25 à 30 millimètres d'épaisseur, en sorte
que ces couches, ainsi superposées parallèlement et occupant
le centre des cases; présentaient à l'œil, à travers les toiles
métalliques, une surface rubanée blanc-fauve. On a rejeté
le blé par-dessus, et on a fermé et scellé les deux cases ainsi
préparées. Elles sont restées, au surplus, pendant les cinq
heures qu'a duré l'expérience, sous l'inspection constante de
l'un des commissaires, M. Thomas, et de M. Delacroix, agent
de la Société d'encouragement, qui a bien voulu nous prêter
son concours.

Après avoir ainsi disposé une case, celle remplie aux trois
quarts, on a mis l'appareil en mouvement, en lui imprimant
la vitesse d'un tour en deux heures quarante minutes.

« Après un quart de tour, on a remarqué que les couches
de riz et de blé, qui étaient primitivement droites, s'étaient
sensiblement courbées.

» Au tiers de la révolution, le parallélisme n'était plus reconnaissable.

» A la demi-révolution, exécutée en quatre-vingts minutes, toute la partie visible présentait une surface marbrée
de fauve et de blanc, sans aucune régularité.

» On disposa alors, de la manière indiquée, la seconde
case remplie aux quatre cinquièmes; on la ferma et scella de
même, et on imprima de nouveau le mouvement de rotation
à l'appareil.

» Les mêmes observations furent faites, pour cette seconde
case que pour la première, pendant son premier demi-tour,
sans que la différence de contenance eût paru exercer aucune
influence.

» Pendant ce temps, le riz de la première case continuait
de se mêler de plus en plus dans la masse du grain; et, après

le tour entier, la partie supérieure de l'œil-de-bœuf ouvert au centre conservait des traces de riz ; l'autre partie en était entièrement dépourvue.

» On continua le mouvement de manière à obtenir, pour la deuxième case, un tour entier, et pour la première, par conséquent, un tour et demi. Celle-ci ne montrait plus alors presque aucune trace de riz, et à peine s'en présentait-il quelques grains isolés.

» Cette expérience ne permet de conserver aucun doute sur le mouvement imprimé au blé dans l'appareil-Vallery, et confirme d'ailleurs les expériences faites, par les premières commissions, sur des appareils d'une contenance moins grande.

» En conséquence de tout ce qui précède, nous vous proposons, Messieurs, de joindre votre approbation à celle qu'ont déjà accordée au grenier mobile de M. Vallery, l'Académie des Sciences et la Société royale d'Agriculture, etc. »

Appareil Meaupou pour la conservation des grains.

On peut voir dans le Bulletin de la Société d'encouragement, tome XXII, pag. 49 et 250, la description et la figure d'une étuve employée à Berne, pour la conservation des grains. Mais nous ne saurions terminer ce que nous avons à dire sur ce sujet d'une manière à la fois plus utile et plus instructive, qu'en donnant la description de l'*entrepôt général des grains* de Paris, qui a été établi à la Villette, et de l'*appareil Meaupou*, adopté dans cet entrepôt pour la conservation des grains. Nous emprunterons la description de l'entrepôt à un très-bon Rapport fait en 1838 à l'Académie de l'industrie, par M. Odolant-Desnos, et celle de l'appareil à la spécification même du brevet de l'inventeur.

« L'économie politique, dit M. Odolant-Desnos, est une science tellement nouvelle, et qui s'étend avec tant de lenteur dans les classes même les plus élevées de la société, qu'il n'est pas rare de souvent entendre discuter, à l'époque encore où nous vivons, la liberté du commerce des grains ; aussi ne faut-il pas s'étonner de voir quelquefois demander quelle peut être l'utilité et l'importance de ce commerce à Paris, où les boulangers ne doivent avoir besoin que de farines ?

» Néanmoins cette liberté commerciale commençant à ne plus être en réalité une question que pour le petit nombre d'hommes à préjugés du milieu du dernier siècle, lesquels semblent vivre encore afin de nous donner une preuve des difficultés que nos pères durent avoir à vaincre pour pénétrer dans la voie des progrès, nous ne nous occuperons pas ici de la défense de ce principe, et nous renverrons ses antagonistes aux ouvrages et aux excellentes leçons des économistes contemporains.

» Quant à l'utilité de ce commerce des grains à Paris, c'est une question dont la solution se présente immédiatement avec le plus léger instant de réflexion : car, si les boulangers reçoivent leurs farines des localités voisines où s'exerce tout spécialement l'art de la meunerie, croit-on qu'il soit possible, aux environs de ces diverses localités, de leur fournir la masse immense de grains que consomme leur fabrication ? Nullement. Il faut que ces grains leur viennent de divers points plus ou moins éloignés ; ainsi la Beauce même ne suffit pas toujours aux nombreux moulins de la ville d'Etampes, et ils sont forcés d'être alimentés, non-seulement par les grains de la Picardie, de la Flandre ou de l'Alsace, mais quelquefois par ceux de Dantzick ou d'Odessa. Dès-lors ces grains, comme on le voit, sont nécessairement obligés de passer par Paris, qui, naturellement, devient l'entrepôt de ce commerce, c'est-à-dire le point central où les vendeurs et acheteurs se réunissent pour conclure leurs transactions ; puis, de cette place, devenue ainsi véritable entrepôt de transit, ces grains de la Beauce, de la Picardie, de la Brie, de la Champagne, de l'Alsace ou de l'Etranger, s'expédient sur Saint-Denis, Corbeil, Gonesse, Melun, Etampes et autres lieux où se trouvent un grand nombre de moulins.

» Ainsi nous trouvons un exemple de l'utilité du commerce des grains dans l'approvisionnement des blés de cette année (1837-1838) : car tout le nord, tel que les environs de Roye, d'Arras, de Peronne, de Saint-Quentin, de Cambray et de Soissons, fournissent et fourniront d'ici la récolte prochaine, et cela en partie par l'entremise des marchands de grains de Paris, plus d'un cinquième de ce qui est nécessaire à la meunerie de Saint-Denis, de Gonesse, de Corbeil et d'Etampes ; une autre année peut-être tirera-t-on ces grains de l'Anjou, du Saumurois et de la Champagne, ou même de l'Etranger. Tel est le mécanisme de ce commerce.

» Paris reçoit donc en réalité en transit les grains des contrées qui en ont trop, pour les diriger sur les pays qui n'en ont pas assez, et où ils doivent être réduits en farine, laquelle lui est retournée pour alimenter son immense population.

» Dès-lors, avec ce commerce à Paris, point de disette à craindre pour cette ville. Voilà son utilité !

» Maintenant, si nous cherchons quel peut être le chiffre sur lequel roule le commerce des grains à Paris, et que bien du monde considère comme à peu près nul, nous le trouvons variable suivant l'abondance des récoltes dans les contrées où les farines se fabriquent. Cependant on peut affirmer qu'il se vend habituellement à Paris, dans les années ordinaires, au moins huit mille hectolitres de blé par semaine, ou 416 mille par année, et cela sans parler des menus grains, ce qui donne, au prix de 20 fr. l'hectolitre, une vente régulière représentant une somme de huit millions. Nous ferons observer que, ces ventes et achats n'ayant lieu que sur échantillons et sans le bruit habituel qui accompagne la vente des autres denrées, il n'est véritablement point étonnant que les habitants mêmes de la capitale n'aient qu'une fausse idée de ce commerce, dont l'importance est, comme on le voit, en raison de son utilité.

» Nous disons donc, voilà l'utilité du commerce des grains, de ce commerce seulement, car il ne faut pas le confondre avec celui des farines, qui a lieu entre les boulangers et les meuniers, tandis que le premier s'exerce entre les meuniers et les fermiers ou les marchands de grains.

» En effet, le commerce de farine est tellement différent, que, pour subvenir à la consommation de la population de Paris, de ses hospices, de ses prisons et de sa garnison, il se vend chaque jour sur le carreau de la halle de cette ville plus de 2,000 sacs du poids de 159 kilog., y compris la tare de deux kilog. pour le sac, ce qui donne par année, pour les 309 jours environ pendant lesquels tient la halle, plus de 618,000 sacs de farine, qui se vendent au moins 52 fr. le sac, l'un dans l'autre, c'est-à-dire que ce commerce des farines coûte à la population de Paris plus de 32 millions : car tel est le chiffre de cette consommation à laquelle subviennent les boulangers de Paris, qui, pour garantir les facteurs faisant leurs achats, doivent laisser 12,000 sacs en dépôt à la halle ou aux greniers d'abondance, et doivent en outre, pour garantir l'approvisionnement de Paris, avoir également déposé à l'avance, soit chez eux, soit dans les greniers d'abondance, 39 mille sacs de farine.

» Ainsi, comme on le voit, le commerce des grains diffère entièrement de celui des farines ; mais quoique mettant en mouvement à Paris une masse de capitaux moins forte, il n'en est pas moins essentiellement utile à cette ville par ses résultats, puisque, sans ce commerce, la meunerie de ses environs pourrait souvent venir à manquer d'une quantité suffisante de grains, et, par suite, la consommation de cette capitale pourrait quelquefois en souffrir, car les meuniers seraient dans l'impossibilité de fabriquer toutes les farines qui lui sont indispensables, tandis qu'avec ce commerce, nous le répétons, point de risques à craindre pour cette consommation.

• A la marche silencieuse de ce commerce des grains, on doit le peu d'attention que le public et l'administration lui ont toujours portée. Aussi jamais n'a-t-on pensé à lui fournir un local où il fût possible aux négociants qui s'occupent de cette branche commerciale si importante, de mettre à couvert leurs marchandises : longtemps ils furent obligés de les loger dans des milliers de petites chambres qu'ils louaient dans les divers quartiers de Paris, et où il leur fallait, à grands frais, les porter pour les ramener au point d'expédition, et cela sans pouvoir leur donner les soins multipliés qu'ils exigent. Aussi la perte que ces grains subissaient dans ce passage ne faisait-elle qu'aggraver le déchet de 10 pour 100 qu'ils éprouvent par suite des insectes ou des maladies, depuis l'instant de leur récolte jusqu'à celui de leur mouture.

» Cependant l'un des négociants qui se livrent le plus en grand à ce genre de commerce, M. Victor Thoré, ayant compris depuis bien des années que la construction d'un vaste magasin, destiné à servir spécialement d'entrepôt aux grains passant en transit à Paris, était une nécessité de l'époque, a pris enfin, en 1838, la généreuse résolution d'en établir un au profit de cette ville, et en quelques mois cet établissement fut élevé tel que nous le voyons aujourd'hui.

» Le choix de la position de cet important établissement dans une ville où le terrain est si précieux, dépendait, comme on peut le croire, de volontés multiples, qu'il était difficile de mettre d'accord, même au nom de l'utilité générale; néanmoins les difficultés, il faut le dire à la louange de l'administration locale, s'aplanirent assez promptement, et la concession pour 99 ans, déjà faite à la compagnie des canaux de Paris, des terre-pleins qui sont situés à l'extrémité amont du bassin de la Villette, fut transférée au profit de M. Victor Thoré, à la charge de laisser, au bout de ce délai, à la Ville de Paris, toutes les constructions qu'il aura cru devoir élever sur ces terrains.

» Pour commencer à utiliser cette concession, M. Thoré a construit un premier magasin sur le terre-plein de la rive gauche, à l'angle de la rue de Bordeaux et du quai de la Loire.

Etablissement.

» Placé en tête du bassin de la Villette, il eût été difficile, de le poser plus au centre des arrivages de grains. En effet tous les blés du Nord et du Midi qui se transbordent au Hâvre et à Rouen, arrivent au bassin de la Villette par la Basse-Seine et le canal Saint-Denis; et, d'un autre côté, viennent de la Loire par le canal Saint-Martin, la Haute-Seine et la Marne, tous les grains de la Champagne et des autres provinces traversées par ces rivières ou par leurs affluents et les canaux qui y aboutissent; puis le canal de l'Ourcq met en communication ce bassin avec la Brie, le Multien, le Soissonnais, tandis que les routes de l'Alsace, de la Champagne, de la Flandre, de la Picardie et de la Normandie, qui aboutissent à ce même bassin, apportent par terre à cet entrepôt tous les grains qui peuvent arriver à Paris.

» Diminuer autant que possible les frais de déchargement et de chargement des marchandises, soit par terre, soit par eau, était une condition indispensable dans laquelle il fallait nécessairement se maintenir; aussi, pour vaincre la difficulté, M. Thoré a-t-il voulu que le rez-de-chaussée du bâtiment fût élevé au-dessus de la surface du sol suffisamment pour arriver au niveau ordinaire des voitures, qui viennent au dehors s'acculer devant les baies de service, de telle sorte que le déchargement ou le rechargement des marchandises par la voie de terre n'exigent qu'une seule manutention; et, afin d'obtenir le même résultat dans le mouvement des marchandises provenant de la voie d'eau, il a fait creuser dans l'axe de l'établissement un chenal qui aboutit et ouvre sur le bassin, et permet ainsi aux plus grands bateaux d'entrer dans l'intérieur même du magasin, et d'y avoir leur pont également au niveau du rez-de-chaussée, de sorte que des tire-sacs font, avec trois hommes seulement, tant sur les voitures que sur les bateaux, un travail qui, sans ces précautions, aurait exigé une foule d'ouvriers.

» Ce magasin, long de 58 mètres 90 et large de 35 mètres 60, occupe une superficie de 2,096 mètres 84 centimètres, qui se réduit à 1,950 mètres en déduisant l'épaisseur moyenne des murs; et, comme il a sept étages, y compris le rez-de-chaussée, il présente pour surface des planchers de service une superficie totale intérieure de 13,650 mètres, d'où il faut déduire environ 3,650 mètres pour la surface occupée par le chenal et les diverses machines, tant au rez-de-chaussée qu'aux étages supérieurs, ce qui réduit la surface libre pour l'emmagasinage à 10,000 mètres, c'est-à-dire à un emplacement égal à celui que présenterait la surface d'un hectare. L'on peut donc recevoir dans ce magasin jusqu'à cent mille hectolitres de grains, sans qu'il soit utile de les étendre en tas de plus d'un mètre de hauteur, afin qu'il soit toujours facile de les pelleter ou remuer à la main toutes les fois qu'ils en auront besoin.

» L'ensemble de ce magasin, dont la surface des étages au-dessus du rez-de-chaussée n'est coupée par aucune cloison, est divisé en quinze travées transversales et sept travées longitudinales, toutes espacées de 3 mètres 80 d'axe en axe, à l'exception des deux travées extrêmes dans le sens de la longueur, et de la travée du milieu dans le sens de la largeur, laquelle, se trouvant au-dessus du chenal intérieur, est obligée d'avoir 8 mètres 90.

» A tous les points d'intersection de ces lignes de travées s'élèvent des poteaux superposés d'étage en étage, et coupés de longueur à laisser à chacun de ces étages une hauteur de 2 mètres 85 entre les planchers, et de 2 mètres 3 sous poutre, élévation suffisante, puisque les tas de grain ne doivent pas monter à plus d'un mètre dans toute leur surface.

» Quant aux poteaux extrêmes des travées dans l'un et l'autre sens, ils sont à un mètre de distance des murs extérieurs, de manière qu'ils forment autour des tas de grain un chemin de ronde, et dégagent les murs de toute charge étrangère à leur propre poids. Chacun de ces divers poteaux est couronné d'un chapeau en fonte, bien supérieur à ceux en bois dont on a l'habitude de se servir : car ils sont plus légers, plus simples d'assemblage, et d'une solidité beaucoup plus grande. Sur ces chapeaux viennent se relier à chaque étage des moises longitudinales et transversales qui aboutissent, à leurs dernières extrémités, aux murs extérieurs servant d'enveloppe à ce magasin.

» La toiture, divisée en cinq toits occupant chacun trois travées longitudinales, repose sur les poteaux de l'étage supérieur, et se trouve également indépendante de tous les murs, ce qui ne fait éprouver à ceux-ci aucune poussée ni aucune surcharge.

» La salubrité de l'établissement exigeant de nombreuses ouvertures, on a cru devoir en ménager 327 sur l'ensemble de ses façades, savoir : 105 au nord, autant au sud, 61 à l'ouest et 56 à l'est, et toutes sont munies de croisées ou de persiennes. Les unes et les autres sont à bascules, pivotent sur la moitié de leur hauteur et peuvent être facilement plus ou moins ouvertes, à volonté, au moyen d'une crémaillère dont elles sont armées à leur partie inférieure D'abord on avait pensé à les faire ouvrir et fermer toutes à la fois comme celles que l'on voit à Londres dans un magasin du même genre. Mais les réparations nombreuses exigées continuellement par ce mécanisme ont dû en faire ajourner l'adoption ; et jusqu'à ce que son utilité ait été positivement démontrée, M. Thoré a cru devoir s'en tenir à faire exécuter à la main la manœuvre des croisées et des persiennes.

» L'idée primitive et l'organisation générale de ce vaste et magnifique établissement sont entièrement dues, comme nous l'avons vu, aux connaissances pratiques de ce négociant ; mais l'exécution et la direction de ces diverses constructions ayant été confiées à M. Emile Vuigner, ingénieur civil et inspecteur des canaux de Paris, il est juste de rendre hommage à l'activité qu'il a déployée dans la marche de ces travaux. Nous savons même que, pour se mettre plus en état de bien exécuter le projet confié à ses soins, il n'a pas craint d'aller visiter à ses propres frais les plus beaux établissements du même genre qui se trouvent en Angleterre ; et à ce voyage, fait sous les puissants auspices de M. Thoré, l'on doit, il faut l'avouer, la perfection que l'on remarque dans cet utile et important magasin.

» Sous le rapport de la position, de l'utilité, de la salubrité et de l'économie du service, cet entrepôt général des grains de la Villette remplit donc entièrement le but que M. Thoré s'était proposé.

» Mais dans un temps de progrès comme celui où nous vivons, cela ne pouvait complètement satisfaire un homme pratiquement et véritablement habile dans ce commerce généralement si peu connu des habitants des grandes villes, et il fallait à M. Thoré la faculté de pouvoir offrir aux personnes qui voudraient se servir de ses magasins des moyens positifs, rapides et économiques d'épurer et de conserver les grains qu'elles viendraient confier à ses soins.

» Il fallait donc pouvoir guérir les blés attaqués de miellée, de brûlure, de rouille, de charbon, de carie et de toutes les autres maladies auxquelles il leur arrive trop souvent d'être sujets; il fallait pouvoir les purger de toute mauvaise odeur ou saveur résultant de l'humidité ou de la fermentation, et les débarrasser des causes qui donnent lieu à ces accidents; il fallait pouvoir combattre victorieusement le charançon et l'alucite ou papillon, ainsi que tous les autres insectes nuisibles qui s'adressent particulièrement aux grains; il fallait les en chasser et mettre ces grains à l'abri de nouvelles attaques, soit de ces maladies, soit de ces insectes.

» Pour arriver à ce but, beaucoup de moyens furent proposés à M. Thoré. Tous furent pour lui l'objet d'un sérieux examen, et il soumit tour à tour à de nombreux essais et les caisses de Duhamel et les silos garnis diversement à l'intérieur; mais chacun de tous ces moyens ne résolvait qu'une fraction du problème, et pas un seul, y compris la roue de M. Allier et même le cylindre de M. Vallery, qui vient de recevoir l'approbation de l'Académie des Sciences, ne remplissait complètement les conditions que devait exiger M. Thoré: car, homme pratique, il ne pouvait y avoir pour lui d'illusion; et comme déjà il s'était sans doute aperçu que l'expérience industrielle fait quelquefois faute à la science, il ne voulut pas s'en rapporter, dans cette importante recherche, au seul jugement des savants, et il préféra, tout en s'éclairant de leurs lumières ou de leurs erreurs, examiner et essayer par lui-même tous les anciens et nouveaux procédés qui lui furent soumis. Dans le nombre cependant il en vit un qui, par ses résultats, attira particulièrement son attention; il porte le nom d'*appareil Meaupou*. D'abord il était fort incomplet; néanmoins son auteur, d'après les diverses observations qui lui furent faites par les hommes les plus intéressés à l'épuration et à la conservation des grains, l'ayant amélioré par de nombreux changements, et ayant monté un de ces appareils à Etampes, M. Thoré en suivit les essais avec le plus vif intérêt, car, ainsi perfectionné, il semblait parfaitement remplir le but qu'il se proposait d'obtenir. Il s'assura donc de la régularité de sa marche et de la valeur de ses produits; puis, après en avoir reconnu pratiquement, pendant plusieurs mois, les avantages, il ne craignit pas d'en faire construire un semblable pour son entrepôt de la Villette, et il nous invita dès cet instant à vouloir bien suivre nous-mêmes les expériences qui se continuaient à Etampes.

» Le principe de cette machine, que l'on voit actuellement fonctionner à l'entrepôt général des grains de la Villette, est basé sur le lavage des grains, et le séchage au soleil et au grand air, qui se pratiquent aux environs de Marseille et dans tous les pays méridionaux. Dès-lors, aussi, comme dans ces mêmes contrées, les grains atrophiés ou rongés par les vers, venant à surnager, sont enlevés, les portions malades des grains, ainsi que les œufs des insectes et tous les germes des maladies sont détruits, puis le séchage exécute artificiellement ce que la nature permet de faire au grand air sous le beau ciel de la Provence. »

Dans cet appareil, inventé en 1834, l'épuration des grains s'exécute au moyen d'une série d'appareils dont on voit la disposition générale *fig.* 124 et 125. Cette épuration commence par séparer les bons grains des mauvais, ce qui s'exécute de la manière suivante :

Le blé est introduit dans un vase rempli d'eau, où les grains qui sont sains tombent au fond par suite de leur gravité; ceux qui sont altérés, ainsi que tous les autres corps légers qui peuvent se trouver mélangés au blé flottent à la surface.

Une trémie de dimension quelconque, mais d'une capacité suffisante pour recevoir une grande quantité du grain nettoyé, est placée immédiatement au-dessus d'une trémie plus petite, de dimension propre à contenir la quantité de grain adaptée à la capacité de l'appareil. La grande trémie s'ouvre par son extrémité inférieure dans la petite, et toutes deux sont fermées, à cette extrémité inférieure, par des soupapes, manœuvrées par des tiges et des leviers disposés de façon à ouvrir alternativement la soupape de décharge de l'une de ces trémies, quand celle de l'autre se ferme. En abaissant la tige, la soupape de la trémie supérieure s'ouvre, et celle de la trémie inférieure se ferme ; le grain contenu dans la trémie supérieure descend dans l'inférieure, où il s'accumule sous forme pyramidale jusqu'à ce qu'il ferme complètement la soupape, et détermine ainsi, sans qu'on y mette la main, la quantité de grain qui doit être admise successivement dans chacune des opérations de l'appareil. En soulevant la tige, la soupape de la trémie supérieure se ferme, celle de la soupape inférieure s'ouvre, et la quantité de grain contenu dans cette trémie inférieure s'écoule par la soupape. Cette disposition a été adoptée pour que le grain tombe en pluie fine dans une large gouttière, à bords relevés, qui le reçoit et le conduit dans une barrique ou tonneau rempli d'eau, au moyen de quoi chaque grain tombe pour ainsi dire séparément dans l'eau. Si c'est du grain sain, son poids le fait aller au fond; s'il est avarié, et par conséquent léger, il flottera sur la surface.

Deux portions du bord supérieur des barriques, l'une en avant et l'autre en arrière, sont plus basses que les côtés; à ces portions est attachée une auge courbe, mais inclinée vers un tuyau de décharge, qui se vide dans un panier placé à un étage inférieur. Le grain, en tombant dans la barrique, déplace un volume proportionnel d'eau, qui, en débordant et s'écoulant dans l'auge circulaire qui entoure la partie supérieure de ce vase, entraîne avec elle le grain avarié, les semences légères et autres matières qui flottent à la surface. Alors, d'un réservoir supérieur, on fait arriver dans la barrique de l'eau en quantité suffisante, au moyen d'un tuyau pourvu d'un robinet régulateur.

L'eau s'élève donc dans la barrique, déverse dans l'auge circulaire, chassant devant-elle tous les grains défectueux et les substances étrangères qui peuvent encore se trouver dans le grain, ce qui complète la séparation du bon grain d'avec le mauvais.

Le bon grain étant ainsi séparé des déchets, et encore immergé dans l'eau, est soumis à une violente agitation, au moyen d'une série de bras tournant avec rapidité, établis sur un arbre vertical, qui fonctionnent dans l'espace intermédiaire que laissent d'autres bras fixés sur les parois du tonneau. Cette opération est répétée dans plusieurs eaux, après des intervalles de repos, suivant que l'exige l'état du grain; au moyen de quoi le grain est complètement lavé et débarrassé de toutes les matières étrangères qui pouvaient adhérer à sa surface.

Après que le lavage du grain a été effectué sans arrêter le mouvement de rotation des bras, on ouvre une soupape placée au fond de la barrique, et le grain se précipite par cette ouverture dans un tube, d'où il descend dans une trémie placée au-dessous. La trémie est formée d'une toile métallique à travers laquelle l'eau s'écoule pendant la descente. Cette eau est reçue dans une trémie en bois qui entoure celle en toile métallique. Ces deux trémies sont placées au-dessus d'un égout pour l'écoulement et l'évacuation de l'eau. L'extrémité inférieure de la toile métallique repose sur une auge en bois, à parois plates et à fond demi-cylindrique doublé d'un métal convenable, au-dessus duquel est un faux fond de toile métallique de la même forme.

Cette auge est portée sur des pieds et inclinée vers la trémie. Elle renferme une vis d'Archimède, en métal propre à ce service, et dont l'extrémité inférieure est placée sous l'ouverture basse de la trémie en toile métallique, et reçoit le grain qui tombe. Ce grain, par le mouvement de rotation de cette vis d'Archimède, est graduellement conduit ou mieux repoussé un peu en haut vers l'appareil sécheur, c'est-à-dire vers l'extrémité opposée de l'auge, où il tombe, par une ouverture pratiquée dans la toile métallique, du faux fond dans une caisse de décharge; l'eau qui s'est égouttée en traversant l'auge, s'écoule dans l'égout de décharge, par suite de l'inclinaison de l'auge.

La caisse de décharge a un fond demi-cylindrique et une poulie tournant à l'intérieur sur un axe horizontal, et à laquelle correspond une autre roue placée à la partie supérieure du bâtiment pour mettre en action une chaîne sans fin à godets ou une noria, dont les godets circulent dans deux tuyaux verticaux. Ces godets, en montant, se remplissent de grain lavé contenu dans la caisse inférieure, et le montent au sommet du bâtiment. Ce grain ainsi élevé est déchargé successivement par les godets dans une manche, d'où il descend dans l'appareil sécheur.

Cet appareil sécheur consiste en une série de cylindres ou tambours en toile métallique tendue sur une carcasse en métal, placés l'un au-dessus de l'autre dans une étuve à air chaud, et montés sur des axes légèrement inclinés au plan de l'horizon, mais alternativement en sens contraire. Ces tambours sont tournés au moyen d'un engrenage ou autres moyens semblables, et ils sont disposés de manière à recevoir successivement le grain, qui descend graduellement de l'un dans l'autre, à mesure qu'ils circulent. Les axes de ces cylindres tournent sur des appuis convenables, établis dans l'étuve à air chaud, dans la partie inférieure de laquelle on allume un feu de coke ou de charbon de bois, ou bien dans laquelle on a établi un poêle à air chaud.

Le grain, après avoir été ainsi séché, passe du tambour inférieur de la série dans une trémie qui le conduit dans une caisse de dépôt. Là, ce grain encore chaud est repris par une

autre série de godets appartenant à une autre noria semblable
à la première, qui le déchargent de la même manière, par l'entremise d'une manche, dans le tambour supérieur d'une autre
série de cylindres creux en circulation, établis dans une tour
à air de la même manière que ceux contenus dans la cheminée à air chaud ; ici le courant ne consiste pas en air chaud,
mais en un fort courant d'air frais, qui arrive par le bas de
la tour, y circule et refroidit parfaitement le grain, avant
qu'il soit définitivement déchargé par le cylindre ou tambour
inférieur. Le grain, par cette série d'opérations consécutives,
est parfaitement nettoyé de toutes les matières étrangères,
rendu propre à être mis immédiatement en œuvre ou à être
déposé en magasin.

Le caractère général de nouveauté de cet appareil, a donc
consisté à combiner un appareil ou un mécanisme propre à
exécuter successivement une série d'opérations, sans qu'il y
ait de perte de temps et d'interruption entre chacune d'elles,
et dans l'ordre qui suit :

1° Séparer le grain avarié et léger du corps du bon grain
soumis à cette opération, en faisant tomber le grain en pluie
fine sur la surface de l'eau dans un vase approprié, au fond
duquel le bon grain descend par son propre poids, tandis
que les grains avariés sont enlevés par le déversement de l'eau
par-dessus les bords du vase ;

2° Soumettre le grain à une violente agitation dans le vase
rempli d'eau pour le laver et le débarrasser de toutes les
substances étrangères adhérentes à sa surface ;

3° Sécher ou évaporer l'humidité des grains lavés, au
moyen de l'air chaud qu'on fait passer à travers, tandis qu'on
les sépare les uns des autres par un mouvement rapide de se-
cousse qu'on leur imprime ;

4° Soumettre de la même manière le grain à un courant
d'air froid pour le refroidir et le ramener à la température
où il est propre à la mouture, ou à être conservé en magasin.

Maintenant qu'on connaît la marche générale et le but de
l'appareil Meaupou, nous allons en donner une description
complète avec figures.

La *fig.* 124 représente une coupe en élévation de la série
des appareils employés pour séparer, laver et sécher le grain,
établis et disposés les uns près des autres dans un même bâtiment.

La *fig.* 125 est aussi une coupe en élévation, mais sur une

plus grande échelle, de l'une des barriques où on sépare et
lave le grain avec les dépendances et les mécanismes qui mettent l'appareil en action.

A, dans la *fig.* 124, est une grande trémie dans laquelle on
introduit d'abord le grain à laver, et présentant par le bas
une manche à travers laquelle le grain descend dans une trémie
plus petite B, et de là dans le vase de lavage G. L'orifice de
décharge de la grande trémie est clos par une trappe A, et
celui de la petite trémie par une semblable trappe *b*, toutes
deux liées à un levier articulé *c*. L'extrémité de ce levier *c*
est attachée à une tige à manivelle *d*, et cette manivelle portant
une poulie sur son axe, on peut la tourner avec des cordes
pourvues d'une poignée. En tirant une de ces poignées, la
manivelle fait, par l'entremise du levier *c*, glisser les trappes
a et *b* de manière à ouvrir celle de la grande trémie A, et à
clore celle de la petite trémie B : au moyen de quoi le grain
descend de la grande dans la petite trémie, et s'accumule dans
cette dernière jusqu'à ce qu'il soit élevé assez haut pour fermer
l'ouverture de décharge de la grande trémie. Les trappes *a* et
b permutent alors en tirant l'autre manche de la manivelle,
c'est-à-dire qu'on clot l'orifice de décharge de la trémie A, et
qu'on ouvre celui de la trémie B. Par ce moyen, la quantité de
grain contenu dans cette dernière trémie s'écoule avec lenteur
ou en filet mince par la grande gouttière plate *f*, dans la
barrique G. Un réservoir D, placé dans une situation convenable au-dessus; fournit, par un tuyau *g* qui conduit au
milieu de la barrique G, l'eau nécessaire pour remplir complètement celle-ci; après quoi on ferme le robinet dont ce
tuyau est pourvu. Le grain tombe alors à la surface de l'eau
par la gouttière *f* en filet délié, ainsi qu'il a été dit ; et comme
la majeure partie du grain léger et avarié flotte naturellement,
on l'entraîne par le déversement de l'eau, ainsi que l'indique
la *fig.* 125. Le robinet du tuyau *g* étant alors ouvert de nouveau, l'eau continue à passer en courant dans la barrique G;
et en montant soulève les grains défectueux qui auraient pu
plonger, les fait flotter et les déverse par-dessus les bords de la
barrique pour les décharger dans une auge circulaire E qui
conduit à un tuyau de décharge *e*, où les grains avariés sont
recueillis dans un panier placé sous le tuyau.

Lorsque le grain contenu dans la trémie B, qui renferme
toute la quantité qu'on se propose de purger et laver en une
seule opération, a passé en entier dans la barrique G, la trappe

b est fermée, et celle *a* est ouverte de nouveau pour remplir la petite trémie pour une nouvelle opération.

La séparation du bon grain du mauvais grain ayant ainsi été effectuée, on tourne le robinet du tuyau *g*, et le grain pesant qui est descendu au fond de la barrique G est soumis à l'opération du lavage.

A cet effet, l'arbre vertical F, avec tous ses bras *h*, *h*, *h*, ainsi qu'on le voit, *fig.* 125, monté dans la barrique G, est mis en mouvement de rotation entre les bras fixes *i*, *i*, *i*, afin d'agiter le grain, ce qui s'opère au moyen d'un engrenage conique, ainsi que le représentent les figures.

Le mouvement circulatoire de l'arbre et des bras doit être lent d'abord, mais peut augmenter de vitesse à mesure que le lavage du grain avance.

Lorsque l'opération du lavage du grain a eu lieu ainsi pendant quelque temps, l'eau sale est évacuée de la barrique G, en ouvrant la trappe *k*, dont l'orifice est couverte d'une toile métallique, pour empêcher que le grain ne s'échappe. Après qu'on a refermé cette trappe, on introduit l'eau de nouveau pour procéder à un nouveau lavage, et ce changement d'eau peut être répété deux, trois, ou un plus grand nombre de fois, suivant que l'exige la condition du grain.

Lorsque l'opération du lavage est terminée, l'eau est évacuée comme il a été dit auparavant, et on ouvre une trappe *l* au fond de la barrique, pour décharger ce grain, par une chausse *m*, dans une grande trémie en toile métallique G, qu'on voit en plan *fig.* 124. Le grain humide, en tombant dans cette trémie, s'égoutte à travers la toile métallique, et descend au fond pour passer de là dans l'auge inclinée H, où circule une vis d'Archimède I. La surface extérieure de cette vis I roule presque en contact avec un faux fond en toile métallique, placé sur la longueur de l'auge, et à mesure que cette vis tourne, elle entraîne graduellement en avant, dans l'auge, le grain qui descend de la trémie, qui s'égoutte encore sur le faux fond, et dont les eaux d'égouttage coulent, par suite de l'inclinaison de l'auge, dans une décharge placée plus bas.

La vis d'Archimède tourne par le secours d'un engrenage, et, par sa rotation, le grain est conduit dans une caisse demi-cylindrique K. Dans cette caisse K, les godets *n*, *n*, *n* d'une noria, en circulant sur une poulie L, ramassent le grain dans cette caisse, et le portent au sommet du bâtiment.

Dans ûne pièce, au sommet du bâtiment, est établie une autre poulie M, correspondant à celle L inférieure, et sur laquelle circule aussi la chaîne sans fin des godets de la noria. Derrière la roue M, est placée une trémie N, qui reçoit le. grain à mesure qu'il tombe des godets, d'où il passe, par une manche *o*, dans le cylindre supérieur d'une série de cylindres O tournant sur leur axe.

Ces cylindres sécheurs, ou tambours, sont établis en toile métallique, tendue sur une carcasse formée d'anneaux minces en métal, dont quelques-uns portent des croisillons qui les rattachent à l'axe. Les anneaux sont reliés entre eux par des barettes longitudinales larges et peu épaisses, s'étendant intérieurement et formant des tasseaux qui, avec les anneaux, constituent autant de compartiments à l'intérieur des cylindres. Ces compartiments ont pour objet d'interrompre la marche des grains à mesure qu'ils avancent dans le cylindre, à les rejeter et à ne les faire marcher que progressivement vers l'extrémité, suivant une marche héliçoïde.

Les cylindres sécheurs sont montés dans une étuve P, P, P, et disposés de façon que leurs axes forment un angle d'une faible ouverture avec le plan de l'horizon, et que, situés les uns au-dessus des autres, l'inclinaison de chacun d'eux alterne avec celle du cylindre qui le suit, c'est-à-dire sous des angles à sommets opposés; de manière que le grain, en descendant du cylindre le plus supérieur, tombe dans celui immédiatement au-dessous, et voyage ainsi en zig-zag d'un cylindre à l'autre, à mesure qu'il descend. Les cylindres tournent par le secours d'engrenages *q*, *q*, *q*, auxquels l'arbre le plus inférieur communique le mouvement.

Supposons que le grain délivré par les godets a été versé dans le cylindre supérieur, et y ait circulé ainsi qu'il a été dit ci-dessus, il tombera définitivement, par l'extrémité de ce cylindre, dans la trémie *r*, et de là dans le second cylindre, où il circulera de la même manière.

L'extrémité de ce second cylindre est fermée par un disque de métal, portant une ouverture à travers laquelle le grain passe dans l'intérieur. Ce disque est fixé à la partie inférieure de la trémie, et l'extrémité du cylindre tourne sur lui, le bord du disque étant embrassé par un couple d'anneaux fixés sur l'extrémité du cylindre.

L'étuve est construite, à la partie inférieure, d'une maçonnerie en briques, et la partie supérieure consiste en un bâtis avec volets en bois, qu'on aperçoit en partie dans la figure 1, afin de permettre un accès facile aux cylindres. Le foyer est construit de façon à ne pas permettre qu'il y ait introduction de l'air, si ce n'est par les espaces entre les barreaux ou tubes qui forment la grille de ce foyer. Un courant d'air, produit par l'ignition du combustible placé dans le foyer, se charge de chaleur en passant par le feu, monte avec une rapidité proportionnée à celle de la combustion ou du tirage, emportant avec lui l'humidité dont le grain qui descend est chargé.

Le grain qui descend, après avoir parcouru tous les cylindres, est reçu, au sortir du dernier de la série, dans une manche V, qui le conduit dans une caisse qu'on ne voit pas dans la figure, mais semblable à celle K décrite ci-dessus. En arrivant dans cette caisse au sortir de l'appareil sécheur, le grain est repris par une seconde noria, qui le monte au sommet d'une tour à courant d'air froid, que nous avons jugé inutile de faire représenter. Les godets, à mesure qu'ils le déversent, le font passer par une trémie et une manche, dans l'extrémité d'un premier cylindre refroidisseur, en tout semblable au cylindre O, où il éprouve précisément les mêmes opérations que dans le procédé de séchage; de là il s'écoule dans un second, et ainsi de suite jusqu'à ce qu'il ait parcouru toute la série de ces cylindres, et arrive au dernier qui le déverse, par une manche ou un tuyau, sur le carreau du magasin ou dans des récipients placés pour le recevoir, ce qui complète l'opération, puisque le grain est alors nettoyé, lavé, séché et refroidi, et par conséquent propre à être livré à la meule, ou déposé en magasin pour les approvisionnements.

La tour à air froid est pourvue de fenêtres par le bas, et de volets sur les côtés, pour permettre un libre accès aux cylindres, afin de les disposer, de les raccommoder, ou pour tout autre objet.

L'appareil qu'on vient de décrire a deux norias, deux séries de cylindres sécheurs dans l'étuve, et autant dans la tour à air froid, pour quatre barriques de lavage; mais, quand on ne fait usage que de deux barriques, il ne faut qu'une noria et une série de tubes sécheurs ou refroidisseurs; et c'est d'après ce rapport qu'on peut, en cas de besoin, donner plus d'extension à l'appareil.

La force motrice qui donne le mouvement à l'ensemble du mécanisme de cet appareil, ainsi qu'aux tire-sacs qui desser-

vent tout l'établissement, est produite par une machine à vapeur de dix chevaux, construite dans les ateliers de M. Ha-
lette, d'Arras.

« Au premier abord, continue M. Odolant-Desnos, cet
appareil, dont l'auteur s'est réservé le privilège de l'exploi-
tation par un brevet de quinze ans, paraît très-compliqué ;
mais, en l'examinant en détail, on reconnaît promptement
qu'il est des plus simples, et qu'il remplit parfaitement toutes
les conditions que l'on peut demander à une machine de ce
genre.

» En effet, il permet, comme dans les pays méridionaux, de
soumettre les grains au lavage sans les détériorer, de les dégager ainsi, par suite de leur différence de densité, des grains
morts, percés ou attaqués par les vers, et des graines étrangères ; de les épurer de la poussière dont ils sont assez souvent
recouverts, toutes impuretés qui, habituellement, ternissent
l'éclat et la beauté de la farine, et la rendent même quelquefois nuisible à la salubrité.

» Ce lavage, en outre, fait disparaître les portions de grains
tachées par la carie, et les assainit de toutes les maladies dont
ils peuvent être attaqués.

» Il ne met pas seulement en fuite les divers insectes qui lui
font journellement une guerre si redoutable, mais bien plus,
il anéantit tout particulièrement les œufs des charançons et
du papillon, dont aucun mécanisme n'a encore pu seul les garantir.

» Enfin ce lavage, qui ne dure jamais plus de 5 à 6 minutes, secondé par une ventilation rapide et successive d'air
modérément chaud et d'air froid, enlève les mauvaises odeurs
ou saveurs des grains, fait totalement disparaître cette humidité que l'on remarque si souvent dans les blés du Nord, et
résultant de leur mauvaise maturité ; humidité qui, la plupart du temps, ne permet pas de les exporter, et les expose
quelquefois à une fâcheuse fermentation.

» Vingt minutes suffisent pour faire passer à un état de pureté et de propreté véritablement inconnu avant l'invention
de cette machine, les grains les plus viciés, sans qu'elle leur
fasse subir la moindre altération, car ils ne restent pas assez
de temps dans l'eau pour s'en pénétrer, et la chaleur ne peut
qu'améliorer également leur surface sans jamais pouvoir l'attaquer.

» Tel est l'avantage produit par le travail de cette machine, que les grains de la plus basse qualité, épurés ou nettoyés par leur passage dans cet appareil, sont rapidement élevés de valeur et sont amenés en peu d'instants à pouvoir fournir des farines aussi belles que ceux de première qualité, et cela sans pour ainsi dire aucun déchet, puisque les blés simplement à nettoyer n'en donnent que 1 pour 100, les blés noirs ou cariés de 1 à 3 pour 100, et les blés attaqués par les insectes, suivant le degré de leur détérioration. Les frais de manutention, pour bonifier ainsi la qualité et la valeur des grains, sont également très-faibles relativement à cette bonification, puisque, pour laver, sécher et cribler à chaud les grains les plus charbonnés, il n'en coûte que 1 fr. 20 c. par hectolitre, et seulement 75 c. quand les blés, étant sains, ne demandent qu'à être lavés, séchés et criblés ; 50 c. s'ils n'ont besoin que d'être séchés à chaud et criblés sans lavage, et 40 c. lorsqu'il ne faut que les sécher à froid et cribler.

» Telle qu'elle est montée à Etampes et dans l'entrepôt de la Villette, cette machine, ayant une batterie de 4 barriques, peut laver et sécher par jour 300 hectolitres de blé, et peut en sécher jusqu'à 500 lorsque le lavage est inutile.

» Cette machine est donc d'une fort grande dimension, et tout-à-fait en rapport avec l'importance de l'établissement qu'elle doit desservir; mais il est possible d'en établir sur une plus petite échelle : car, au lieu de ce grand appareil que l'auteur vend et livre monté sur place pour une vingtaine de mille francs, il est facile de le dédoubler et de construire même de petits appareils à une seule barrique, dont la valeur pourrait ne pas aller au-delà de 6 ou 7,000 fr., tout en pouvant encore laver et sécher de 75 à 80 hectolitres de grain par jour, et en nettoyer et sécher jusqu'à plus de 125 hectolitres.

» Les avantages de cet appareil, que nous avons constatés nous-mêmes à la suite de nombreuses expériences, sont affirmés généralement d'une manière positive par les assertions suivantes des meuniers d'Etampes, les plus habiles de France dans l'art de la meunerie.

» Les meules, disent-ils, alimentées par un blé épuré au moyen de cet appareil, sont avantagées du quart au tiers par vingt-quatre heures, en raison de l'habileté du meunier ; car, au lieu d'écraser dans cet espace de temps 26 setiers, ou 39 hectolitres de blé, elles vont jusqu'à en écraser 35 setiers ou 52 hectolitres 1/2.

» Cette épuration, ajoutent-ils, permet de ne rhabiller les
meules que deux fois, au lieu de trois, en vingt-un jours, ce
qui fait gagner au moins dix-sept jours de mouture de plus
par année, et elle fournit des farines de deux ou trois nuances plus blanches que celles des mêmes grains nettoyés par
tout autre procédé.

» Ce nettoyage, d'après leurs observations, fait rendre
sous les meules de 2 à 5 p. 100 de plus en farine que ne pourraient le faire les mêmes blés non épurés; ce qui tient à ce
que l'eau, s'étant vaporisée pendant l'opération, gonfle d'a-
bord le son, puis l'étend, et le laisse ensuite retomber sur
lui-même, ce qui produit une véritable décortication, et permet aux meules de n'enlever qu'un son très-léger, et de réduire en farine d'une manière absolue toute l'amande.

» Les blés glacés, observent-ils encore, qui, naturellement,
font des farines grises, en donnent au contraire de très-blan-
ches après l'épuration, et il en est de même de ceux qui font
des farines rouges.

» Les boulangers, par suite de nombreuses expériences,
ont aussi obtenu des résultats assez curieux.

» Ainsi, les farines de blés épurés par l'appareil Meaupou
prennent mieux l'eau au pétrin et tombent plus blanches à la
cuisson.

» Enfin tel est l'état extérieur que cette préparation donne
aux grains, qu'une fois ainsi épurés, l'expérience de plus d'une
année nous a prouvé, ainsi qu'à toutes les personnes qui ont
fait des expériences sur cette machine, qu'ils se conservaient
fort bien sans être attaqués par les insectes, et cela sans aucun pelletage ni aucune autre manutention. Seulement nous
devons ajouter que, pour obtenir la certitude de cette bonne
conservation, il faut indispensablement que les préparations
de ces grains, par cet appareil, aient été faites à chaud ou
sans lavage, résultat qui ne serait pas obtenu si le séchage
était fait à froid.

» L'on assure même que des grains ainsi lavés et épurés,
ayant été mis en terre, ont germé et se sont reproduits; mais
ce résultat, que nous n'avons pu vérifier et qui nous paraît
avoir besoin de nouvelles preuves pour obtenir notre conviction, est entièrement sans importance, car les blés qui demandent l'épuration sont des blés marchands, nullement destinés
à se reproduire, vu que les cultivateurs ont toujours le plus
grand soin de prendre leur semence, aussitôt après la récolte,

dans le blé nouveau, afin de l'obtenir aussi pure que possible.

» Le problème que l'on cherche vainement à résoudre depuis près d'un siècle, a donc paru à votre commission résolu de la manière la plus heureuse et la plus pratique par la découverte de cet appareil, qui donne, il faut en convenir, les résultats les plus avantageux et les plus économiques; il est destiné à rendre les plus grands services à la meunerie, aux gros fermiers assez riches pour n'avoir pas besoin de vendre immédiatement, en temps de baisse, les produits de leurs moissons, et aux négociants qui se livrent au commerce des grains : car, en admettant qu'elle puisse sauver seulement la moitié des 10 p. 100 de blé qui, chaque année, sont perdus pour la consommation, l'on gagnerait, à s'en servir, sur les 48 millions environ d'hectolitres de blé fournis par la France, 2,400,000 hectolitres, lesquels, au prix de 20 fr., présenteraient un capital de 48 millions de francs.

» Maintenant, si à ces 48 millions d'hectolitres de blé on ajoute les 22 millions d'hectolitres de seigle, les 10 millions d'hectolitres de méteil, les 16 millions d'hectolitres d'orge, les 40 millions d'hectolitres d'avoine et les 16 ou 18 millions d'hectolitres d'autres menus grains, que l'on peut supposer être à peu près annuellement fournis par le sol de la France, et qui, privés de tous moyens de conservation, se détériorent et perdent plus de 10 p. 100, l'on pourra se former une juste idée de l'importance que devrait avoir l'appareil Meaupou, si son usage arrivait à devenir populaire.

» C'est donc à le faire adopter dans tous les grands magasins de grains et chez la plupart des meuniers, que doivent tendre les efforts de M. Meaupou. Déjà les plus grandes difficultés sont vaincues, car, grâce au jugement habile de M. Thoré, qui a su, dès la naissance de cette machine, en apprécier les résultats, ses avantages ne sont plus de ceux pouvant être mis en doute ; et, grâce aux relations étendues de ce négociant, ils seront bientôt connus en Prusse, en Suède, en Pologne, en Allemagne et dans tout le Levant. On peut donc affirmer que, par suite de l'adoption de cet appareil à l'entrepôt de la Villette, son succès est positivement assuré.

» Un fait important vient tout nouvellement de fournir à la ville de Paris une preuve de la haute utilité que pourra acquérir ce magnifique établissement. Un bateau chargé de 750 hectolitres de froment et d'une assez grande quantité d'avoine ayant coulé au fond de la rivière de l'Oise ; vis-à-vis l'île Adam, ces grains ne purent être retirés de l'eau que deux, trois et quatre jours après l'accident, une portion même est restée cinq jours sous l'eau.

» Dans la croyance générale, tous ces grains devaient être perdus. Néanmoins ils furent transportés mouillés et en fermentation à l'entrepôt général de la Villette, puis soumis aussitôt au séchage de l'appareil Meaupou, séchage qui fut répété à plusieurs reprises : car les grains, entièrement pénétrés d'eau, ressuaient dès qu'ils étaient mis en tas, et se couvraient d'une nouvelle humidité. Cependant, tel fut l'heureux avantage, pour les propriétaires de ces grains, d'avoir trouvé sous la main d'aussi vastes magasins et l'appareil Meaupou, que tous ces grains, dont les germes de plusieurs étaient déjà sortis de 5 et 7 millimètres (2 et 3 lignes), purent être séchés, et la plupart purent être livrés aux moulins, ce qui a économisé à leurs propriétaires une perte de plus de 12 à 15 mille francs.

» Cet appareil paraît en outre, depuis quelque temps, destiné à avoir une utilité beaucoup plus étendue que celle que nous venons de vous faire apprécier, car son action sur les menus grains, et sur les graines mêmes de la droguerie, donne à ces produits une bonification de qualité et de valeur telle qu'il sera souvent de l'intérêt de leurs propriétaires de les faire épurer par cette machine. Ainsi, les fèves, les haricots, les pois, les lentilles, les grains de lin, de chanvre, de colza, de navette, ainsi que les poivres, les riz, les cafés et les cacaos, criblés et épurés à chaud par cet appareil, en éprouvent tous de sensibles et quelquefois de très-grands avantages.

» Nous devons ajouter aussi que l'entrepôt de la Villette ne sera pas seulement utile au simple dépôt des grains, car il est encore destiné à servir et à faciliter la spéculation des boulangers, qui pourront ainsi, avec son secours, acheter d'avance des farines propres à subvenir à la consommation de Paris, et assurer alors cette consommation d'une manière positive pour deux, trois et quatre mois, tandis que leur 51,000 sacs de dépôt de garantie et d'approvisionnement suffiraient à peine, à eux seuls, pour 25 jours : car toutes les mesures sont prises à cet entrepôt pour que ces farines ne puissent s'y détériorer, comme elles le faisaient si rapidement à la halle, obstacle qui, toujours, empêcha les boulangers de pouvoir acheter et y maintenir de grands approvisionnements à l'avance. »

ANALYSE DU BLÉ OU FROMENT.

Une des connaissances les plus propres à contribuer au perfectionnement de la boulangerie, est sans contredit la connaissance des meilleures qualités de blé, tirée de leur analyse chimique. Aucun des ouvrages écrits sur cet art important n'en a fait encore mention. Nous allons suppléer à ce silence, en faisant connaître les beaux travaux de Vauquelin et Henri sur les blés de France et d'Odessa. Il serait à désirer qu'on entreprît une semblable analyse des blés des diverses localités de la France, et qu'on y joignît celle du seigle, de l'orge et de l'avoine. Nous nous proposons d'entreprendre cet utile travail. En attendant, nous allons faire connaître textuellement les belles analyses de Vauquelin, pour mieux dire, reproduire ici son Mémoire.

Le procédé mis en usage par ce célèbre chimiste a été le même pour tous les échantillons.

1º Il a pris des quantités égales de chacun d'eux; il les a tamisées à plusieurs reprises, de manière à pouvoir estimer la quantité de son et de farine pure qu'elles fourniraient.

2º Il a déterminé la quantité d'humidité qu'elles contenaient en les desséchant pendant deux heures à une douce température.

3' Le gluten a été recueilli avec tous les soins possibles; chaque quantité de gluten fourni a été pesée humide, et ensuite parfaitement desséchée.

4º Les eaux de lavage n'ont été décantées qu'après un repos de quelques heures, de manière à laisser précipiter tout l'amidon tenu en suspension. Chaque quantité d'amidon a été bien desséchée, pulvérisée et pesée.

5º Pour obtenir séparément chacune des matières dissoutes dans les eaux de lavage, on commençait à les évaporer en extrait solide; cet extrait, repris par l'alcool, fournissait toute la matière gommo-glutineuse enlevée par l'eau à chaque farine : la liqueur alcoolique qui contenait la matière sucrée, était évaporée en extrait sec et pesée.

En suivant constamment ce procédé pour chacun des échantillons des farines soumises à l'analyse, on est parvenu aux résultats suivants, qui sont tous la moyenne de deux, et même souvent de trois opérations.

Farine brute de froment.

Humidité.	10,000
Gluten.	10,960
Amidon.	71,490
Matière sucrée.	4,720
Matière gommo-glutineuse. . . .	5,320
	100,490

Farine de méteil.

Humidité.	6,000
Gluten.	9,800
Amidon.	75,500
Matière sucrée.	4,200
Son resté sur le tamis.	1,200
Matière gommo-glutineuse. . . .	3,500
	100,000

Farine pure de blé d'Odessa.

Humidité.	12,000
Gluten.	14,550
Amidon.	56,500
Matière sucrée.	8,480
Matière gommo-glutineuse. . . .	4,900
Son resté après le lavage. . . .	2,500
	98,750

Farine brute de blé tendre d'Odessa.

Humidité.	10,000
Gluten.	12,000
Amidon.	62,000
Matière sucrée.	7,360
Matière gommo-glutineuse. . . .	5,860
Son resté après le lavage. . . .	1,200
	98,420

Farine brute de blé tendre d'Odessa, deuxième qualité.

Humidité.	8,000
Gluten.	12,100
Amidon.	70,840
Matière sucrée.	4,900
Matière gommo-glutineuse. . . .	4,600
Son resté après le lavage. . . .	»
	100,440

Farine de service, dite seconde.

Humidité.	12,000
Gluten.	7,300
Amidon.	72,000
Matière sucrée.	5,420
Matière gommo-glutineuse.	3,300
Son resté après le lavage.	»
	100,020

Farine des boulangers de Paris.

Humidité.	10,000
Gluten.	10,200
Amidon.	72,800
Matière sucrée.	4,200
Matière gommo-glutineuse.	2,800
	100,000

Farine des hospices, deuxième qualité.

Humidité.	8,000
Gluten.	10,300
Amidon.	71,200
Matière sucrée.	4,800
Matière gommo-glutineuse.	3,600
	97,900

Farine des hospices, troisième qualité.

Humidité.	12,000
Gluten.	9,020
Amidon.	67,786
Matière sucrée.	4,800
Matière gommo-glutineuse.	4,600
Son resté après le lavage.	2,000
	100,206

Telles sont les proportions de chacune des matières qui composent ces farines, trouvées par l'analyse de Vauquelin; ce chimiste a cru devoir, pour faciliter leur comparaison, former pour chacune d'elles un tableau particulier, où l'on pourra voir en quelle quantité chacun de ces principes entre dans les farines, en commençant par celui des quantités d'eau qu'elles absorbent, pour former une pâte d'égale consistance ; c'est à cette fin qu'il a dressé les tableaux suivants :

Quantités moyennes de l'eau qu'absorbent les farines, pour former une pâte d'égale consistance, sur 100 parties.

Farine brute de froment.. 50,34
Farine de méteil. . . . . , . . . 55,00
Farine de blé dur d'Odessa. 51,20
Farine de blé tendre d'Odessa. 54,80
Farine de blé tendre d'Odessa, 2ᵉ qualité. 37,40
Farine de service, dite *seconde*. 37,20
Farine des boulangers de Paris.. 40,60
Farine des hospices, 2ᵉ qualité. 37,80
Farine des hospices, 3ᵉ qualité. 37,80

« Il y a une grande différence, dit Vauquelin, dans les quantités d'eau absorbées par les diverses espèces de farines ; mais on n'en peut rien conclure sur les proportions de gluten contenu dans les farines, tant qu'on n'aura pas un moyen exact pour mesurer la consistance des pâtes ; ainsi la farine du blé dur d'Odessa, qui contient plus de gluten que les autres, aurait dû absorber beaucoup plus d'eau pour former une pâte d'une consistance égale à celle des autres farines, et c'est ce qui n'est pas arrivé. »

Quantités moyennes d'amidon sec contenues dans les farines.

Farine brute de froment. 0,7149
Farine de méteil. 0,7750
Farine de blé dur d'Odessa. 0,5650
Farine de blé tendre d'Odessa. 0,6400
Farine de blé tendre d'Odessa, 2ᵉ qualité. . . 0,7542
Farine de service, dite *seconde*. 0,7200
Farine des boulangers de Paris. 0,7280
Farine des hospices, 2ᵉ qualité. 0,7120
Farine des hospices, 3ᵉ qualité. 0,6778

L'on voit, par ce tableau, que le maximum de l'amidon, dans les neuf espèces de farines examinées, est de 75/100, et que le minimum est seulement de 56/100 ; que c'est précisément le blé dur d'Odessa, celui qui donne le plus de gluten, qui contient le moins d'amidon.

Quantités moyennes de gluten contenues dans les farines, sur cent parties (1).

	humide.	sec.
Farine brute de froment.	29,00	11,00
Farine de méteil.	25,60	9,80
Farine de blé dur d'Odessa.	35,11	14,55
Farine de blé tendre d'Odessa.	30,20	12,06
Farine de blé tendre d'Odessa, 2ᵉ qualité.	34,00	12,10
Farine de service, dite *seconde*.	18,00	7,30
Farine des boulangers de Paris.	26,40	10,20
Farine des hospices, 2ᵉ qualité.	25,30	10,30
Farine des hospices, 3ᵉ qualité.	21,10	9,02

« Il y a, comme on voit, une grande variété entre les quantités de gluten des farines des blés d'Odessa et celles des blés de notre pays, différence qui va presque à un tiers en sus; l'on voit également que, sous le même rapport, les farines des blés durs et tendres d'Odessa présentent une différence remarquable, puisque les quantités sont entre elles comme 14,55 à 12.... Cependant ces dernières sont encore plus riches en gluten que les farines de notre pays.

» La manière de comparer les gluten à l'état de siccité, adoptée ici, a paru plus rigoureuse, parce qu'on n'est jamais sûr, par l'autre moyen, que la quantité d'eau retenue par le gluten soit la même.

» L'on remarquera, sans doute, que le gluten frais contient, à l'état de combinaison, environ les 2/3 de son poids d'humidité, puisqu'il se réduit, par une dessiccation complète, à peu près au tiers de son poids, et, à cet égard, il n'y a pas une grande différence entre les gluten provenant des diverses farines; ainsi, l'on peut dire que, sur les 45 à 50 parties d'eau qu'un quintal de farine absorbe, près de la moitié est prise par le gluten, et le reste ne sert qu'à mouiller les surfaces de l'amidon, comme elle mouillerait la surface du sable, s'il était aussi divisé que l'amidon.

» On sera sans doute étonné que la farine du blé dur d'Odessa, qui contient près d'un tiers de gluten de plus que les autres farines, n'absorbe cependant pas beaucoup plus d'eau que les autres : cela m'a moi-même surpris, dans la persuasion où j'étais que plus les farines contiennent de gluten, et

(1) Nous dirons ici en passant que M. Mulder, qui a analysé tout récemment le gluten de froment parfaitement pur, l'a trouvé composé de 1 at. de soufre et 2 at. de la substance à laquelle on a donné le nom de *protéine*.　　　　　　F. M.

plus elles absorbent d'eau, pour former des pâtes d'égale
consistance.

» Craignant de m'être trompé dans une première opération,
je les ai recommencées avec soin, et j'ai obtenu à peu près
le même résultat. En examinant avec attention la farine d'O-
dessa, j'ai cru trouver l'explication de cette singulière anomalie dans l'état de l'amidon de cette farine : cet amidon
n'est point en poudre impalpable et moelleuse comme dans
les farines ordinaires; au contraire, il est en petits grains
durs et demi-transparents, comme des fragments de gomme;
d'où il suit qu'il faut moins d'eau pour le mouiller que s'il
était plus divisé.

» Dans les qualités de gluten exprimées dans ce tableau,
n'est pas comprise celle qu'on a précipitée par l'alcool des
eaux de lavage concentrées en forme sirupeuse; c'est cette
matière ainsi dissoute dans l'eau qu'Henri a prise pour de la
gomme.

» Cette prétendue gomme, qui a une couleur brune, brûle
avec les phénomènes qui sont communs aux matières animales et végétales; elle donne à la distillation d'abord un
produit acide; mais bientôt il est accompagné de carbonate
d'ammoniaque; traitée par l'acide nitrique, elle fournit de
l'acide oxalique et une matière jaune amère, mais point d'a-
cide mucique; ce n'est donc pas une vraie gomme; on obtient, à la vérité, une poudre blanche qui a l'apparence de
l'acide mucique, mais qui n'est véritablement que de l'oxalate
de chaux très-pur.

» Si l'on fait brûler cette matière, elle répand une odeur
analogue à celle du pain, mais un peu plus animale. Elle laisse
un charbon qui contient une grande quantité de phosphate
de chaux; voici comment je m'en suis assuré : après avoir
incinéré le charbon dont je viens de parler, j'ai dissous le résidu dans l'acide nitrique, ce qui s'est opéré complètement
sans effervescence : j'ai précipité l'acide phosphorique par
l'acétate de plomb, en ayant soin d'ajouter peu à peu au mélange de l'ammoniaque, jusqu'à ce que l'excès d'acide fût saturé; le précipité, lavé et séché, s'est fondu facilement au
chalumeau en une perle transparente, qui a cristallisé sous
forme de polyèdre, en se figeant; ainsi, la manière dont cette
substance s'est fondue, la lueur phosphorique qu'elle a répandue pendant la fusion, et la couleur de perle qu'elle a
présentée par le refroidissement, sont autant de caractères

qui appartiennent au phosphate de plomb : quant à la chaux, je l'ai retrouvée dans la liqueur après que l'excès de plomb en fut précipité par l'acide sulfurique, au moyen de l'oxalate d'ammoniaque.

» Je me suis demandé comment une aussi grande quantité de phosphate de chaux a pu se dissoudre dans l'eau de lavage de la farine, et y rester ainsi dissoute, alors même que ces eaux furent réduites sous un très-petit volume. J'ai cru en avoir trouvé la cause dans un acide dont l'alcool s'empare quand on précipite la prétendue gomme.

» Il est étonnant qu'Henri n'ait point aperçu le phosphate de chaux dans les farines qu'il a analysées, et que même il dise qu'elles ne lui ont offert aucun indice de chaux ; si notre confrère avait pensé à étendre d'eau l'acide hydrochlorique dont il s'est servi pour traiter le charbon de la farine, ou si, seulement, il avait saturé l'excès de cet acide, l'oxalate d'ammoniaque n'aurait pas manqué de lui indiquer la chaux.

» Pour en revenir à la matière gommeuse, elle est soluble dans l'eau ; mais la solution n'est point limpide ; elle reste toujours un peu acide, malgré les lavages multipliés à l'alcool.

» Sans assurer que cette substance soit du gluten dont les propriétés auraient été changées par quelque combinaison ou décomposition, je puis assurer que ce n'est pas de la gomme ordinaire ; si l'on fait attention que le gluten se dissout dans les acides, que le lavage des farines est toujours acide, et que j'y ai trouvé, ainsi que je le prouverai tout-à-l'heure, une quantité notable d'acide phosphorique, qui, comme on le sait, est celui qui dissout le mieux le gluten, l'on pourra croire que c'est, en effet, cet acide qui a opéré la solution de la matière glutineuse dans l'eau.

» Au surplus, l'expérience dont s'appuie Henri pour prouver que cette substance est une gomme, n'est pas caractéristique de ce corps, puisque le gluten dissous dans l'eau précipite également la potasse silicée.

» Quant à la matière qui se coagule pendant l'évaporation du lavage de la farine, et qu'Henri a prise pour de l'albumine, ce n'est bien certainement que du gluten. Pour s'en assurer, il suffit de délayer cette substance dans une petite quantité d'eau, et de l'abandonner à la fermentation : l'on verra que le premier produit de sa décomposition sera acide, tandis que le produit de la décomposition de l'albumine est constamment alcalin dès le commencement.

» Après avoir séparé, au moyen de l'alcool, la substance dont nous venons de parler, des lavages de la farine évaporée en consistance sirupeuse, l'on trouve que l'alcool a dissous une matière colorante brune, une substance sucrée et un acide ; l'ensemble de ces matières attire promptement l'humidité de l'air, et a une odeur de pain. Si l'on dissout dans l'eau cette réunion de corps, et qu'on ajoute du sous-acétate de plomb, il s'y forme un précipité brun, qui, chauffé au chalumeau, quand il est sec, donne un globule métallique sur lequel on voit un autre globule vitreux qui cristallise en se figeant, et qui présente tous les traits du phosphate de plomb.

» Cette expérience prouve qu'une partie au moins de l'acidité du lavage des farines est due à la présence de l'acide phosphorique, et que c'est celui qui tenait en dissolution le phosphate de chaux, ainsi qu'une partie du gluten. La portion de plomb qui se réduit ici a été précipitée à l'état d'oxide par le principe colorant; je pense qu'il y a aussi un acide végétal.

» Quand la matière sucrée a été dissoute dans l'alcool, et par conséquent dépouillée de gluten, elle ne fermente plus. Sa dissolution dans l'eau, abandonnée à elle-même, se couvre de moisissure, et devient acide. Cette matière sucrée, brûlée dans un creuset de platine, laisse une cendre qui ne contient que de la potasse, laquelle était sans doute auparavant unie à l'acide phosphorique, et probablement aussi à un acide végétal. »

Les lecteurs nous sauront gré sans doute de faire connaître aussi l'intéressant travail d'Henri.

Examen analytique de deux farines désignées sous les noms de farine de blé d'Odessa et farine de blé français, par HENRI.

L'administration des hôpitaux de Paris m'ayant donné, dit-il, ces deux espèces de farine à examiner, ainsi que du pain confectionné avec chacune d'elles; quoique l'analyse des blés et farine eût déjà été faite par un grand nombre de chimistes ; que Fourcroy et MM. Vauquelin, Thomson et autres aient annoncé tout ce que ces substances contiennent; comme nous avons trouvé une différence dans les produits, j'ai pensé que ce travail ne serait pas sans utilité : c'est ce seul motif qui me détermine à le publier. Voici l'ordre de

l'examen : nous avons , 1° établi comparativement les caractères physiques, tels que la couleur, l'odeur, la saveur. La
farine du blé d'Odessa était d'une couleur jaunâtre sale,
d'une saveur à peu près nulle, laissant cependant dans la
bouche un arrière-goût de poussière, d'une odeur non désagréable, mais se rapprochant de celle de la poussière ; elle
était un peu rude au toucher, moins onctueuse, contenant
beaucoup de petits points jaunâtres.

La farine de blé français était d'un blanc assez beau, d'une
odeur franche, d'une saveur agréable, plus douce au toucher.

2° Nous avons fait, avec chacune de ces farines, une pâte
au moyen de l'eau, et nous avons indiqué les quantités d'eau
absorbées pour la confection de ces pâtes, ainsi que leurs propriétés physiques. La farine du blé d'Odessa absorba soixante
parties d'eau pour cent ; celle du blé français quarante-cinq.

La pâte de farine de blé d'Odessa avait un aspect jaunâtre
sale ; elle était élastique, ténace ; broyée entre les dents,
elle développait une saveur amère. La pâte de farine de blé
français était d'un blanc grisâtre, élastique, moins tenace que
la précédente, d'une saveur douce.

3° Nous avons lavé ces pâtes séparément sous un filet
d'eau, en les malaxant sans discontinuer entre les mains ; par
ce moyen nous avons obtenu tout le *gluten* qui, bien lavé, a
été pesé, puis séché dans une étuve à 40 degrés centigrades,
et, pesé de nouveau, il perdit alors les deux tiers de son
poids.

Le gluten obtenu du blé d'Odessa pesait 36,5 frais, et 12
à l'état sec ; ce gluten avait un aspect grisâtre, très-élastique,
très-tenace, et paraissait d'une très-bonne nature.

Le gluten retiré du blé français pesait 24,5 frais, et 8 sec.
Il était grisâtre, élastique, tenace ; il s'est conservé plus longtemps dans l'eau sans s'altérer que celui du blé d'Odessa.

4° L'eau du lavage des farines contenant l'amidon, a été
filtrée afin de séparer ce principe amylacé qui, lavé, séché
et pesé, a présenté les caractères suivants pour chaque farine.

L'amidon du blé d'Odessa était d'un blanc grisâtre, rude
au toucher et croquait sous les dents. Il pesait 66. Celui du
blé français était d'un blanc plus prononcé, moins rude au
toucher ; son poids était de 70.

5° L'eau des lavages filtrée ne précipitait nullement en bleu
par la teinture d'iode. Elle était légèrement opaque. Celle
provenant du blé d'Odessa avait une amertume prononcée,

qu'on ne trouvait pas dans celle du blé français. Cette eau chauffée à une douce chaleur a déposé une matière que nous avons reconnue être de l'albumine ; évaporée à siccité à la chaleur du bain-marie, celle du lavage du blé d'Odessa a fourni un résidu d'un brun rougeâtre, et l'autre d'un brun jaunâtre. Ces résidus étaient visqueux, un peu sucrés ; celui de la farine du blé d'Odessa était légèrement amer. Traités par l'eau, pour en séparer l'albumine, nous avons évaporé de nouveau ce liquide en consistance d'extrait.

6° La matière extractive a de nouveau été soumise à l'action de l'alcool à 40 degrés, afin d'en séparer la portion de sucre qu'elle devait contenir. La quantité de sucre obtenu était à peu près la même ; cependant celui fourni par le blé d'Odessa était coloré et légèrement amer.

7° Le résidu insoluble dans l'alcool, traité par l'eau et rapproché, était visqueux, légèrement blanchâtre, sans saveur prononcée, un peu coloré ; la potasse silicée formait un précipité (ce qui indique la présence de la gomme). L'iode n'y produisait rien ; le sublimé corrosif également rien. L'acide nitrique faible, à l'aide de la chaleur, a produit un précipité blanc qui, bien lavé, était comme cristallisé, insoluble dans l'eau froide, et un peu soluble à chaud, légèrement acide sous la dent, et se décomposant par la chaleur comme la substance végétale. Cette poudre calcinée a laissé un petit résidu insoluble dans les acides ; c'était sans doute de la silice.

L'acide nitrique, provenant du traitement de la matière gommeuse, précipitait en bleu par le prussiate de potasse ; il contenait aussi un peu de chaux.

Il faut observer cependant que le fer pouvait provenir de l'armature des meules, et qu'il n'est pas exactement prouvé qu'il soit fourni par le blé.

8° Pour déterminer quels sont les sels contenus dans ces farines, nous avons pris cent parties de chacune, et nous les avons calcinées légèrement dans un creuset de platine.

Le résidu charbonneux pulvérisé et traité par l'eau bouillante, filtré et évaporé à siccité, a donné, pour chaque farine, environ 0,15 de matière saline, et une petite quantité de silice. Voici ce que les réactifs ont démontré.

(*Voir le Tableau suivant.*)

RÉACTIFS.	BLÉ FRANÇAIS.	BLÉ D'ODESSA.
Nitrate d'argent. .	Précipité blanc, presque tout soluble dans l'acide nitrique.	Précipité blanc, soluble dans l'acide nitrique.
Nitrate de baryte. .	Précipité blanc, insoluble. . . .	Précipité blanc, insoluble.
Ammoniaque.. . .	Léger louche. . . .	Précipité blanc léger.
Acides.	Aucune effervescence.	Rien.
Oxalate d'ammoniaque.	Précipité blanc. . .	Précipité peu sensible.
Carbonate saturé. .	Précipité blanc. . .	Rien.
Papier bleu. . . .	Rougi.	Rougi.
Muriate de platine.	Rien.	Rien.
Prussiate de potasse	Rien.	Rien.

9° Enfin, le charbon traité à chaud par l'acide hydrochlorique, a été lavé; l'eau du lavage précipitait en bleu par le prussiate de potasse, n'indiquait pas de chaux, mais contenait un peu de soufre, provenant, sans contredit, d'un peu de sulfate décomposé par le charbon.

Nous avons également examiné le pain confectionné avec ces deux espèces de farines, dans la boulangerie générale des hôpitaux.

Le pain de blé d'Odessa avait une amertume sensible, que l'on ne trouvait pas dans celui du blé français; mais il se conservait plus longtemps frais.

Outre le blé français, nous avons examiné la farine dite de gruau, avec laquelle on prépare le pain parfaitement blanc. Comme cette farine ne présente rien de particulier, nous nous sommes contentés de l'indiquer sur les tableaux suivants, qui ont été dressés pour le conseil-général des hôpitaux de Paris.

Examen comparatif de deux sortes de farines, l'une de blé d'Odessa, l'autre de blé français.

CARAC-TÈRES.	FARINE DE BLÉ D'ODESSA.	FARINE DE BLÉ FRANÇAIS.	FARINE DE BLÉ, 1re QUALITÉ, dite CRUAU. *
Couleur.	Cette farine est d'un blanc jaunâtre ; examinée à la loupe, elle présente beaucoup de points jaunâtres.	Cette farine est d'un blanc assez beau ; vue à la loupe, elle offre moins de points jaunâtres.	Cette farine est d'un beau blanc éclatant, et ne présente pas dans son intérieur de points jaunâtres.
Saveur.	N'est sensiblement amère que lorsqu'elle a été longtemps mâchée.	Elle est sans saveur sensible, ou du moins cette saveur est douce.	Sa saveur est douce et presque nulle.
Pâte.	Elle est rude au toucher, et conserve assez bien, mais moins longtemps, l'impression qu'on veut lui donner. 100 grammes de cette farine ont exigé 60 grammes d'eau pour former une pâte d'une consistance convenable. Cette pâte est jaunâtre, d'un aspect pâle, assez élastique, tenace ; sa saveur est amère, et développe un goût de farine un peu ancienne et comme altérée.	Elle est moins rude au toucher, et conserve plus longtemps l'impression qu'on lui donne. 160 grammes absorbent 45 gram. d'eau pour la mettre en pâte d'une consistance convenable, et cette pâte est grisâtre, élastique et assez tenace. La saveur en est douce, et ne laisse pas d'arrière-goût désagréable.	Elle conserve très-bien l'impression qu'on lui donne, est douce et comme onctueuse au toucher. 100 grammes de cette farine ont exigé 40 grammes environ d'eau pour former une pâte d'une consistance semblable à celle des Nos 1 et 2. Cette pâte était ferme, élastique, d'une bonne ténacité. La saveur en était franche, agréable et douce.
Eau de lavage. Amidon.	L'eau de lavage contenant la fécule était d'une amertume très-sensible. Filtrée, elle a donné un dépôt blanc, rude au toucher, qui, lavé et séché, pesait 66 grammes ; c'était de l'amidon ; cet amidon était d'un blanc légèrement grisâtre, assez rude au toucher, et croquant un peu sous la dent.	L'eau de lavage filtrée a laissé sur le filtre 70 grammes d'amidon plus blanc que celui obtenu du No 1, plus friable et moins rude au toucher. L'eau filtrée n'avait pas une saveur très-sensible, et aussi fade.	L'eau du lavage filtrée a fourni 75 grammes d'amidon ; séché et bien lavé, cet amidon était un peu plus blanc que celui du No 2, plus doux au toucher et plus friable. Quant à l'eau obtenue par la filtration, sa saveur était douceâtre et peu prononcée.

Gluten.

Lavée par un très-petit filet d'eau, jusqu'à ce que l'eau fût limpide, cette pâte a donné 38 grammes, 5 de gluten, qui, séché à l'étuve, pesait, après son entière dessiccation, 12 grammes. Le gluten frais était grisâtre, très-élastique, tenace et sans saveur; enfin d'une bonne nature.

Albumine. Matière sucrée. Matière gommeuse.

L'eau du lavage, évaporée à siccité, a laissé concréter l'albumine, et le résidu était visqueux, brunâtre, d'une saveur d'abord sucrée, puis amère; l'alcool, à 38 degrés, en a séparé la matière sucrée, qui était peu abondante et mêlée de matière légèrement amère, extractive et colorante. Le reste, non attaqué par l'alcool, a été traité par l'eau filtrée, et évaporé à siccité. La matière obtenue était visqueuse, et précipitait par la potasse silicée, indiquant la gomme. Cette matière gommeuse était colorée en brun jaunâtre, plus abondante que dans les N°s 2 et 3, et avait peu d'amertume. Traitée ainsi à chaud par de l'acide nitrique faible, il s'est formé dans la liqueur une poudre blanche qui avait les caractères de l'acide mucique. L'acide nitrique, après le traitement de la matière gommeuse, était très-coloré en jaune; il précipitait en bleu verdâtre par le prussiate de potasse, et contenait à peine de la chaux.

Le gluten obtenu par un lavage continu était grisâtre, bien élastique, d'une bonne ténacité. Il s'est conservé dans l'eau, sans s'altérer, un peu plus longtemps que celui du blé d'Odessa. Frais, il pesait 24,5 grammes, et desséché à la chaleur de l'étuve, comme le précédent, son poids n'était plus que de 8 gram.

Cette eau, par l'évaporation, a laissé concréter l'albumine en quantité à peu près égale à celle du N°1. Le résidu de cette évaporation, n'indiquant plus par l'iode la présence de l'amidon, était d'un jaune un peu brun, d'une saveur assez sucrée. L'alcool, à 38 degrés, en a séparé plus de matière sucrée que dans les N°s 1 et 2, et plus colorée. L'eau froide versée sur le résidu en a dissous de la matière gommeuse (reconnue par la potasse silicée), et en moins grande abondance que dans le N° 1. Cette matière gommeuse était colorée légèrement en jaune. Traitée par l'acide nitrique étendu, cette matière s'est transformée en une poudre blanche, reconnue être de l'acide mucique; l'acide nitrique qui surnageait était un peu coloré en jaune; il contenait du fer indiqué par le prussiate de potasse, et un peu de chaux par l'oxalate d'ammoniaque.

Le gluten, lavé comme les précédents, a fourni 24,5 de gluten frais, qui, après avoir été bien lavé, était d'une très-grande élasticité, très-tenace, et peut-être supérieur à celui des autres farines N°s 1 et 2. Sec, il pesait, comme le N° 2, 8 grammes.

Cette eau, évaporée aussi à siccité, à la chaleur du bain-marie, a fourni un peu plus d'albumine concrétée que les N°s 1 et 2. Le résidu était peu abondant, mais coloré, et n'a fourni, à l'alcool à 38 degrés, que peu de matière sucrée; par l'eau, il a donné aussi un peu de substance gommeuse, reconnue par la potasse silicée; au reste, les matières sucrées et gommeuses que nous avons obtenues étaient en quantités moindres que dans les N°s 1 et 2. L'iode n'a pas indiqué la présence de la fécule amylacée dans le résidu de l'évaporation totale du lavage, car il ne s'y est pas formé de précipité bleu.

* Cette dernière n'a été examinée que pour terme de comparaison.

M. Julia de Fontenelle s'est beaucoup occupé de l'analyse des blés principaux des départements des Pyrénées-Orientales, de l'Aude, de la Haute-Garonne, de l'Hérault et des principales contrées de la France et de l'Etranger.

Voici les principaux résultats qu'il a obtenus :

La plupart de ces blés ont été recueillis sur les lieux mêmes, et une partie de ceux qui proviennent de l'Etranger sont dus à M. Despine, jeune médecin, auquel son père, négociant à Marseille, les a adressés, tels qu'ils se trouvent dans le commerce.

BLÉS DU DÉPARTEMENT DES PYRÉNÉES-ORIENTALES,

connus dans le commerce sous le nom de blés du Roussillon.

Blé fort ou dur.

Amidon.	64,000
Gluten.	14,500
Matière sucrée.	8,050
Matière gommo-glutineuse.	4,300
Son.	2,250
Humidité.	6,900
	100,000

Touzelle rouge.

Amidon.	65,460
Gluten.	12,725
Matière sucrée.	8,000
Matière gommo-glutineuse.	4,210
Son.	2,100
Humidité.	7,505
	100,000

Touzelle blanche.

Amidon.	66,000
Gluten.	12,540
Matière sucrée.	8,000
Matière gommo-glutineuse.	4,010
Son.	2,100
Humidité.	7,550
	100,000

BLÉS DU DÉPARTEMENT DE L'AUDE.

Blés dits de Narbonne. — Blé fort de Narbonne.

Amidon.	64,150
Gluten.	14,450
Matière sucrée.	8,040
Matière gommo-glutineuse.	4,250
Son.	2,200
Humidité.	6,910
	100,000

Touzelle rouge de Narbonne et de Coursan, Lesignan et Myre-peyssel, lieux de production de son arrondissement.

(Terme moyen de ces analyses.)

Amidon.	66,600
Gluten.	12,350
Matière sucrée.	6,850
Matière gommo-glutineuse.	3,800
Son.	2,050
Humidité.	8,350
	100,000

Touzelle blanche d'Azille et d'Olonzac, arrondissement de Narbonne.

(Terme moyen de ces analyses.)

Amidon.	67,240
Gluten.	12,130
Matière sucrée.	6,870
Matière gommo-glutineuse.	3,300
Son.	2,100
Humidité.	8,560
	100,000

Blé ordinaire de Narbonne et de Sijan, Lesignan, Coursan, Azille, Mirepeyssel, Cuxac et Tourouzelle, villages de son arrondissement.

(Terme moyen de ces analyses.)

Amidon.	68,000
Gluten.	12,025
Matière sucrée.	6,340
Matière gommo-glutineuse.	3,135
Son.	2,020
Humidité.	8,480
	100,000

Blé à épis violet de Narbonne.

Amidon.	67,500
Gluten.	12,300
Matière sucrée.	5,800
Matière gommo-glutineuse.	3,750
Son.	2,250
Humidité.	8,400
	100,000

Blé de Carcassonne, de Conillac, Capendu et Lagrasse, arrondissement de cette ville.

(Terme moyen de ces analyses.)

Amidon.	68,400
Gluten.	11,750
Matière sucrée.	6,250
Matière gommo-glutineuse.	3,100
Son.	2,000
Humidité.	8,500
	100,000

Blé du Ravès.

(Même arrondissement.)

Amidon.	65,690
Gluten.	12,850
Matière sucrée.	7,690
Matière gommo-glutineuse.	3,580
Son.	7,930
Humidité.	7,930
	100,000

Blé fort de Carcassonne.

Amidon.	65,000
Gluten.	14,000
Matière sucrée.	7,850
Matière gommo-glutineuse.	4,050
Son.	2,200
Humidité.	6,920
	100,000

Blé de Limoux.

Amidon.	68,500
Gluten.	11,650
Matière sucrée.	6,250
Matière gommo-glutineuse.	3,090
Son.	2,000
Humidité.	8,510
	100,000

Blé de Castelnaudary fin.

Amidon.	68,750
Gluten.	11,450
Matière sucrée.	6,150
Matière gommo-glutineuse.	3,050
Son.	2,050
Humidité.	8,550
	100,000

BLÉS DU DÉPARTEMENT DE LA HAUTE-GARONNE.

Mitadens de Toulouse.

Amidon.	70,500
Gluten.	9,150
Matière sucrée.	4,800
Matière gommo-glutineuse.	2,910
Son.	2,330
Humidité.	10,310
	100,000

Tremaisons de Toulouse.

Amidon.	70,050
Gluten.	9,450
Matière sucrée.	5,060
Matière gommo-glutineuse.	3,040
Son.	2,250
Humidité.	10,150
	100,000

Tremaisons fins de Toulouse.

Amidon.	69,560
Gluten.	10,140
Matière sucrée.	5,080
Matière gommo-glutineuse.	3,050
Son.	2,150
Humidité.	10,020
	100,000

BLÉS DU DÉPARTEMENT DE L'HÉRAULT.

Blé de Capestang, rouge 1re qualité.

Amidon.	67,500
Gluten.	11,550
Matière sucrée.	6,550
Matière gommo-glutineuse.	5,650
Son.	2,150
Humidité.	8,600
	100,000

Blé de Béziers, rouge 1re qualité.

Amidon.	67,350
Gluten.	11,650
Matière sucrée.	6,540
Matière gommo-glutineuse.	5,660
Son.	2,100
Humidité.	8,700
	100,000

BLÉS DE PÉZENAS, MONTAGNAC ET MÈZE.
(Terme moyen de ces analyses.)

Blé dit Touzelle rouge.

Amidon.	67,150
Gluten.	11,900
Matière sucrée.	6,550
Matière gommo-glutineuse.	5,650
Son.	2,200
Humidité.	8,450
	100,000

Touzelle blanche de idem.

Amidon.	68,100
Gluten.	11,500
Matière sucrée..	6,500
Matière gommo-glutineuse.	5,550
Son.	2,200
Humidité.	8,150
	100,000

Blé de Lunel.

Amidon.	69,050
Gluten.	11,250
Matière sucrée.	6,350
Matière gommo-glutineuse.	3,140
Son.	2,210
Humidité.	8,000
	100,000

Siasse d'Arles.

Amidon.	69,810
Gluten.	9,140
Matière sucrée.	5,000
Matière gommo-glutineuse.	3,400
Son.	3,050
Humidité.	9,600
	100,000

Blé de Bourgogne fin.

Amidon.	70,100
Gluten.	8,950
Matière sucrée.	5,400
Matière gommo-glutineuse.	3,150
Son.	2,150
Humidité.	10,250
	100,000

Bourgogne ordinaire.

Amidon.	70,080
Gluten.	8,660
Matière sucrée.	5,350
Matière gommo-glutineuse.	3,100
Son.	2,150
Humidité (1).	10,660
	100,000

(1) Les blés de Bourgogne, analysés par Julia-Fontenelle, ont été envoyés de Marseille; il en est de même de ceux de Toulouse; on sait que le transport s'en fait dans des bateaux, le plus souvent découverts; c'est à cela qu'il attribue la plus grande quantité d'eau qu'ils contiennent.

Blé de Basse-Bretagne.

Amidon. 70,400
Gluten. 9.090
Matière sucrée. 5,010
Matière gommo-glutineuse. 3,360
Son. 2,940
Humidité. 9,200
                                ─────────
                                100,000

Marane rouge.

Amidon. 68,900
Gluten. 10,800
Matière sucrée. 5,400
Matière gommo-glutineuse 3,500
Son. 2,900
Humidité. . . . . : 8,500
                                ─────────
                                100,000

Marane blanc.

Amidon. 70,000
Gluten. 10,500
Matière sucrée. 5,000
Matière gommo-glutineuse. . . . 3,400
Son. 2,800
Humidité. . . . . : . 8,300
                                ─────────
                                100,000

Blé de Brissac.

Amidon. 69,300
Gluten. 10,390
Matière sucrée. 4,900
Matière gommo-glutineuse. . . . 3,610
Son. 2,900
Humidité. 8,900
                                ─────────
                                100,000

Blé dit Bas-de-Loire.

Amidon. 68,150
Gluten. 11,150
Matière sucrée. 5,500
Matière gommo-glutineuse. . . . 3,800
Son. 2,750
Humidité. 8,650
                                ─────────
                                100,000

Blé rouge de Normandie.

Amidon.	69,500
Gluten.	10,450
Matière sucrée.	5,800
Matière gommo-glutineuse.	5,700
Son.	2,550
Humidité.	8,000
	100,000

Blé blanc de Normandie.

Amidon.	70,000
Gluten.	10,000
Matière sucrée.	5,850
Matière gommo-glutineuse.	5,650
Son.	2,350
Humidité.	8,150
	100,000

Blé de la Sologne.

Amidon.	71,000
Gluten.	9,100
Matière sucrée.	5,250
Matière gommo-glutineuse.	5,100
Son.	2,500
Humidité.	9,050
	100,000

BLÉS DURS ÉTRANGERS.

Blé dur de Maroc.

Amidon.	62,300
Gluten.	16,250
Matière sucrée.	6,050
Matière gommo-glutineuse.	5,010
Son.	4,040
Humidité.	6,350
	100,000

Blé dur de Salonique.

Amidon.	63,100
Gluten.	16,150
Matière sucrée.	6,090
Matière gommo-glutineuse.	5,000
Son.	3,000
Humidité.	6,660
	100,000

Blé dur de Sicile.

Amidon.	63,000
Gluten.	16,350
Matière sucrée	6,050
Matière gommo-glutineuse.	5,100
Son.	2,900
Humidité.	6,600
	100,000

Blé dur dit de Tangaroff.

Amidon.	63,500
Gluten.	16,200
Matière sucrée.	6,100
Matière gommo-glutineuse.	4,700
Son.	3,000
Humidité.	6,500
	100,000

Blé dur de Barcelonne (1).

Amidon.	63,900
Gluten.	14,600
Matière sucrée.	8,000
Matière gommo-glutineuse.	4,400
Son.	2,300
Humidité.	6,800
	100,000

BLÉS TENDRES ÉTRANGERS.

Richelle de Naples.

Amidon.	65,360
Gluten.	13,030
Matière sucrée.	7,420
Matière gommo-glutineuse.	4,390
Son.	2,440
Humidité.	7,360
	100,000

(1) Ce blé a été apporté par Julia-Fontenelle en France ; il diffère très-peu de celui du Roussillon.

Blé tendre de Sicile.

Amidon.	65,000
Gluten.	14,100
Matière sucrée.	7,500
Matière gommo-glutineuse.	4,370
Son.	2,130
Humidité.	7,100
	100,000

Blé tendre de Barcelonne.

Amidon.	65,200
Gluten.	14,010
Matière sucrée.	7,240
Matière gommo-glutineuse.	4,400
Son.	2,250
Humidité.	6,900
	100,000

Blé de Courlande.

Amidon.	69,300
Gluten.	8,600
Matière sucrée.	6,260
Matière gommo-glutineuse.	3,550
Son.	3,300
Humidité.	8,990
	100,000

Blé de Mecklenbourg.

Amidon.	69,600
Gluten.	8,550
Matière sucrée.	5,450
Matière gommo-glutineuse.	5,500
Son.	3,500
Humidité.	9,600
	100,000

Blé d'Odessa, tendre.

Amidon.	66,150
Gluten.	12,300
Matière sucrée.	6,300
Matière gommo-glutineuse.	4,100
Son.	3,000
Humidité.	8,150
	100,000

Ces analyses ne sauraient être d'une précision mathématique, attendu qu'elles varient constamment, suivant que le blé a été coupé dans un état de maturité plus ou moins avancée ; suivant que sa dessiccation a été plus ou moins bien faite; suivant qu'il a été conservé dans un local sec ou humide; suivant qu'il a été récolté dans un terrain plus ou moins fertile; suivant que la saison a été plus ou moins pluvieuse, etc.

Ainsi, les blés coupés avant leur parfaite maturité contiennent moins d'amidon, de gluten et de matière glutineuse, et beaucoup plus de matière sucrée et d'eau de végétation. Les blés enfermés dans les lieux humides ou dans un état de sécheresse insuffisant, contiennent beaucoup plus d'eau (1); ceux qui ont été récoltés dans un terrain gras ou fertile sont mieux nourris et plus riches en amidon et en gluten, surtout si la saison a été pluvieuse ;ceux, au contraire, qui sont récoltés dans les terrains arides ou secs, sont très-mal nourris et très-chargés de son (2); une partie de ces grains paraissent même avortés. L'exposition et le climat influent aussi sur la conversion plus ou moins grande de sa matière sucrée en amidon et en gluten ; enfin les proportions de ces deux principes varient suivant les espèces ou variétés des blés et suivant leur mélange.

Ainsi, nous ne considérons ces analyses que comme des données utiles qui ont besoin d'être répétées plusieurs fois pour être réputées rigoureuses.

ANALYSE *du Blé coupé avant sa parfaite maturité.*

Plusieurs agronomes ont conseillé de couper le blé avant sa parfaite maturité, afin d'obtenir ainsi plus de produit, parce que lorsque le blé est bien mur, pendant et après qu'on le coupe, il se sépare beaucoup de grains des épis, et que plusieurs épis même se détachent de la paille. D'ailleurs ce blé étant plus enflé que le blé mûr, à cause de la plus grande quantité d'eau de végétation qu'il contient, il est évident que, sous ces points de vue, cette méthode offre un avantage. Mais voici le revers de la médaille. Le blé coupé non mûr est d'une couleur terne et bien moins luisant que l'autre; en se desséchant il se vide à la surface; mis en tas, il s'échauffe assez promptement et est facilement attaqué par le charançon; aussi dit-on communément qu'il n'est *pas de garde.* Sa farine

(1) Il en est de même de ceux qui ont été transportés dans des bateaux.

(2) La farine qui provient de ces blés est grisâtre, et le pain en est de qualité inférieure.

contient moins d'amidon et de gluten et plus de matière sucrée, de son et d'humidité que le même blé récolté dans un état de maturité; elle absorbe aussi moins d'eau et donne moins de pain; aussi les boulangers et les agronomes rejettent-ils ces blés tant pour la panification que pour les semailles. A l'appui de ce que nous venons d'exposer, nous allons présenter l'analyse comparative du même blé coupé avant et pendant sa maturité.

ANALYSE COMPARATIVE *du même blé de Narbonne coupé, l'un à l'état de maturité parfaite, et l'autre 18 jours avant cette maturité.*

	Blé mûr.	Blé avant sa maturité.
Amidon.	68,060	61,350
Gluten.	12,015	6,410
Matière sucrée.	6,325	10,940
Matière gommo-glutineuse. . .	3,135	1,850
Son.	2,020	5,050
Humidité.	8,445	14,400
	100,000	100,000

Diverses autres analyses nous ont convaincu que plus le blé est éloigné de son point de maturité, plus il contient de matière sucrée, et moins il y est renfermé d'amidon et de gluten, car c'est la matière sucrée qui, par l'acte de la végétation, se convertit en ces deux principes immédiats végétaux. Cette opinion, fruit de nos recherches réitérées, vient d'être confirmée par M. le professeur Lavini dans un travail spécial qu'il a publié, sur le gluten et la substance amylacée, dans le tome 37 des mémoires de l'Académie royale des Sciences de Turin, dont nous allons consigner ici les résultats :

1° Les matériaux les plus abondants dans la farine du blé non parvenu à l'état de maturité, c'est l'amidon, mais dans des proportions inférieures à celles de la farine du blé mûr, qui en contient 75 p. 100, et l'autre 60 ;

2° Qu'une des principales substances contenues dans cette dernière est, après l'amidon, une matière extractive muqueuse qui fait environ un quart de son poids ;

3° Que le gluten, dans la farine de blé mûr, y existe dans les proportions de 25 p. 100, et dans l'autre pour 5 ; ·

4° Que l'albumine ne varie pas beaucoup dans les deux farines;

5° Que dans la farine du blé non mûr existe une résine verte qui fait environ 1720 de son poids, laquelle, par la maturité, se convertit probablement, avec une partie de la substance extracto-gommeuse, en gluten;

6° Enfin, que les farines des blés, quel que soit le degré de maturité du grain, contiennent également des oxides de cuivre, de fer et de manganèse.

M. Lavini ne dit point sur quelle espèce de blé il a opéré, ni de quelle contrée il provenait. Cela eût été utile à connaître, car il indique les portions d'amidon à 75 p. 100 et celle du gluten à 25; proportions si fortes, surtout cette dernière, que ni Vauquelin, ni Henri, ni Julia-Fontenelle n'en ont trouvé d'exemple semblable. Si on récapitule les produits obtenus dans le blé mûr, on trouve :

	Blé mûr.	Blé non mûr.
Amidon.	75	60
Gluten.	25	5
Matière extractive muqueuse (1).. .	00	25
Résine verte.	00	5
	100	

Cela fait 125 parties au lieu de 100, sans compter encore le son, l'humidité, etc. Il faut nécessairement qu'il y ait erreur dans ces calculs. Malgré cela, le fait déjà annoncé ne s'en trouve pas moins confirmé par M. Lavini; c'est que, par la maturité, la matière sucrée, qui paraît être sa matière extractive muqueuse, se convertit en gluten et en amidon. M. Lavini a opéré sur la farine des blés non murs, coupés environ 25 jours avant que les épis eussent acquis cette couleur blonde, indice de leur maturité, et sur de la farine du même blé mûr récolté dans le même champ. Il résulterait de son analyse précitée, que, dans l'espace de 25 jours, au plus, qui ont précédé la maturité parfaite du grain, il s'est formé 20 p. 100 de gluten et 15 d'amidon aux dépens de la matière sucrée et de la résine verte.

Résumé de ces analyses.

Il résulte de ces recherches et de ces analyses, ajoute Julia-Fontenelle, qui, nous le répétons, ne doivent être considérées que comme approximatives :

1° Que les blés durs sont les plus riches en gluten (2) et les

(1) M. Lavini n'en indique pas la quantité.

(2) Après les blés durs viennent les blés rouges, ensuite les blancs, et puis les jaunâtres.

moins chargés d'humidité, et que, à poids égal, leur farine
absorbe beaucoup plus d'eau, est plus tenace et donne plus
de pain que celle des blés tendres. Si ces expériences ne s'accordent point avec celle de Vauquelin, cela tient à ce que
cet honorable chimiste a opéré sur de la farine de blé d'Odessa,
si mal moulue qu'au lieu d'être moelleuse comme les autres farines, elle offrait des petits points durs et transparents *comme
des fragments de gomme*, peu propres à l'absorption de l'eau,
ce qui n'a pas lieu quand la farine a été bien préparée;

2° Que les blés des pays chauds sont plus riches en gluten
et en matière gommo-glutineuse que ceux des pays froids, et
qu'ils absorbent beaucoup plus d'eau.

3° Que les proportions d'amidon dans les blés décroissent
suivant que celles du gluten augmentent.

4° Que les blés les plus pesants sont, en général, les plus
riches en gluten et les plus propres à la panification.

5° Que la bonne panification est en raison directe de la
quantité de gluten contenue dans les farines. En effet, nous
avons examiné plusieurs échantillons de *pain dit de fécule*, et
nous y avons constamment reconnu des points brillants qui
ne sont autre chose que de la fécule non altérée et interposée
dans ses cellules. Aussi, ce pain est, comme nous l'avons déjà
fait observer, compacte, pesant et indigeste. Dans les excréments de ceux qui en font usage, on peut y constater la présence de l'amidon, au moyen de l'iode.

6° Que les blés coupés avant leur parfaite maturité contiennent beaucoup d'humidité, s'échauffent facilement, ne
tardent pas à être attaqués par le charançon, et sont peu propres aux semences. Ces blés contenant plus de son et de matière sucrée, ainsi qu'environ moitié moins de gluten que
ceux qui sont coupés à leur état de maturité parfaite, les blés
mûrs, d'ailleurs plus riches aussi en amidon, donnent un pain
plus abondant et mieux levé.

7° Que les blés bien nourris sont supérieurs aux blés maigres pour la panification, et donnent beaucoup moins de son.

8° Que les blés qui ont été mouillés, conservés dans des
lieux humides, donnent un pain moins levé, qui a quelquefois
une saveur particulière due à un commencement d'altération
du gluten. La couleur de ces blés devient terne, et, quand ils
ont été séchés, leur surface reste ridée.

9° Que, pour la panification de la fécule ou de la pomme de

terre, on doit donner la préférence aux farines très-riches en gluten, comme celles des blés durs.

10° Enfin que, pour les approvisionnements des places fortes, des villes, des vaisseaux, des hôpitaux et hospices, etc., on doit choisir les blés les plus secs, les plus pesants, les mieux nourris, les rouges, ceux qui ont été coupés en parfaite maturité et provenant des pays chauds, dans des terrains peu humides, en un mot ceux qui sont les plus riches en gluten.

Depuis que Vauquelin et Julia-Fontenelle ont fait une analyse de quelques variétés de froment, l'analyse chimique s'est perfectionnée, et il était à désirer qu'on soumît à des recherches plus rigoureuses un produit aussi précieux, et pour lequel cependant on n'a presque rien fait. C'est ce qui nous détermine à présenter ici le tableau de l'analyse de 26 variétés de froment récolté de 1840 à 1842, entreprise, à la prière de M. Loiseleur-Deslongchamps, par M. J. Rossignon, au moyen d'un procédé différent de l'ancien, mais dans les détails duquel nous nous dispenserons d'entrer ici.

(*Voir le Tableau ci-contre*).

Observations sur ces différents blés.

N° 1. Cette espèce est remarquable par la grosseur de ses grains tendres et transparents ; elle contient un peu plus de gluten soluble que les autres, peu de son, et fournit une farine bise.

N° 2. Ce blé est très-riche en gluten et en albumine.

N° 3. L'analyse de ce blé a déjà été faite ; la nouvelle diffère peu de l'ancienne.

N° 4. Petits grains, très-peu de son, beaucoup d'albumine.

N° 5. Petits grains, demi-durs, belle farine. Espèce très-estimée en Provence.

N°s 6 et 7. Ces deux espèces appartiennent à la même variété : l'une a été semée en mars 1841, et renferme un peu moins de gluten que la Richelle semée en octobre 1841, et récoltée à Grignon en 1842. On remarque dans cette différence l'influence de la température de l'année 1842.

N° 8. Ce blé a végété dans un terrain calcaire. Cette qualité influe sur la quantité de résidu minéral. Il contient un peu de sucre cristallisable.

N° 10. Cultivé dans une terre calcaire.

Numéros.	Espèces et Variétés de Froment.	Gluten.	Albumine.	Amidon et cellulose.	Dextrine.	Sucre.	Matières grasses.	Matières minérales.
1	Blé de la Mongolie chinoise. . . .	19.00	0.50	79.00	0.50	»	»	0.002
2	Blé de Miracle. .	17.50	0.50	80.00	0.25	»	0.001	0.001
3	Blé de Taganrock noir.	17.50	1.00	80.00	»	»	0.001	0.001
4	Blé tendre de Marianapoli. . . .	17.00	4.00	78.00	»	0.25	0.001	0.002
5	Saissette de Provence ou d'Arles.	17.00	2.00	80.00	»	0.25	0.001	0.002
6	Richelle d'hiver, Grignon. . . .	16.75	1.25	80.00	0.25	»	»	0.001
7	Richelle de mars, Grignon. . . .	16.50	1.00	81.00	0.25	»	»	0.002
8	Petanielle blanche, velue. . . .	16.50	1.50	80.00	0.50	0.25	0.001	0.001
9	Blé d'Essex à balles blanches. . .	14.00	1.00	81.00	0.50	»	»	0.001
10	Blé commun. .	13.50	1.00	84.00	0.50	»	trans	0.001
11	Blé de Portugal. .	13.00	1.00	84.00	2.00	»	0.001	0.002
12	*Mongowell's Wheat*, blé anglais. .	11.00	2.00	86.00	0.50	0.50	»	0.002
13	Blé blanc d'Écosse.	9.00	3.00	87.50	0.50	»	»	0.002
14	Blé carré de Sicile.	18.50	0.25	80.00	0.25	»	0.001	0.001
15	Blé du Caucase. .	18.00	0.50	80.50	0.25	»	0.001	0.001
16	Saissette de Sault. .	17.50	1.00	80.00	0.25	0.12	0.001	0.001
17	Blé géant de Saint-Hélène. . . .	17.00	1.00	80.00	0.50	»	0.002	0.001
18	Blé de Fellenberg.	17.00	1.50	80.00	0.25	»	0.001	0.001
19	Franc blé de Châlons.	17.00	0.50	81.00	0.50	»	0.001	0.001
20	Blé rouge de St-Lô.	16.50	1.00	81.00	0.50	»	»	0.002
21	Blé d'Allemagne, sans barbes. . .	16.00	0.50	82.00	»	0.25	0.001	0.001
22	Blé meunier du Comtat. . .	16.00	0.25	81.50	»	»	0.001	0.001
23	Blé de Bengale. .	15.50	1.50	82.00	»	0.12	0.001	0.001
24	Blé de Saumur. .	15.00	0.50	85.50	0.25	»	»	0.001
25	Blé blanc de Flandre.	14.00	0.50	84.00	0.12	»	»	0.002

N° 11. Renferme une quantité assez notable de matière huileuse.

N° 12. Cette espèce anglaise est remarquable par la saveur sucrée de son grain; l'analyse explique d'ailleurs cette anomalie. La farine est blanche et donne un pain très-savoureux, très-attaquable par l'alucite.

N° 13. Très-tendre. Farine d'une blancheur remarquable.

N° 16. Cette variété paraît réunir les qualités les plus essentielles des blés. C'est la plus complète en éléments : riche en gluten, en albumine, elle donne une farine savoureuse et qui doit fournir un excellent pain.

N° 17. Se rapproche de la variété précédente. Donne une quantité notable de matière grasse.

N° 20. Le résidu a donné une quantité notable d'oxide de cuivre.

N° 21. Farine blanche et sucrée.

N° 25. Blé tendre : résidu ferruginoso-calcaire.

Nota. Ces froments ont, en grande partie, été cultivés dans les environs de Paris.

Suivant M. Zenneck, la farine du *triticum monococcum*, non tamisée, fournit 16,334 de gluten et d'albumine végétale, 64,838 d'amidon, 11,347 de gomme de sucre et d'extractif, 7,481 d'enveloppe. La farine tamisée donne 15,536 de gluten et d'albumine végétale, 76,459 d'amidon, 7,198 de sucre de gomme et d'extractif, et 0,807 d'enveloppe; mais on ne conçoit pas comment le passage au tamis a pu faire disparaître des quantités aussi grandes de gluten, d'albumine et de matière extractive.

Le *triticum dicoccum* présente, d'après le même chimiste, à peu près la même composition.

Suivant Vogel, le *triticum spelta* fournit, sur 100 parties de farine la plus fine, 22,5 de gluten mou et humide mêlé avec l'albumine végétale, 74,0 d'amidon, et 5,5 de sucre : analyse peu exacte, puisqu'on y trouve un excès de 2,2 p. 100.

Quantités d'eau contenues dans les farines.

Les farines, comme on l'a pu voir à leur article respectif, contiennent diverses quantités d'eau qu'elles ont puisées dans l'atmosphère, depuis leur mouture.

Le *minimum* de ces quantités est de 6 p. 100, et le *maximum* 12. Il est vraisemblable que cette propriété hygrométrique des farines est, pour la plus grande partie, due au gluten, et qu'elle doit croître comme la portion de ce dernier : aussi voyons-nous que la farine du blé dur d'Odessa est une de celles qui en contiennent le plus; mais nous ne pouvons tirer aucune conclusion positive de ces expériences sur la faculté hygrométrique des farines dont il s'agit, par la raison que nous ignorons l'époque où elles ont été moulues, et l'état des lieux où on les a conservées.

Mais ce que nous savons fort bien, c'est que, de la farine desséchée, exposée dans un lieu humide, ne tarde pas à s'échauffer, à se pelotonner, à se gâter : si on la pèse alors, on trouvera qu'elle a augmenté de 12 à 15 p. 100, et souvent plus ; c'est ce que les meuniers n'ignorent pas non plus. Jamais l'amidon le plus sec ne présente ces phénomènes ; cependant il attire aussi l'humidité de l'air, mais comme le ferait du sable très-divisé, par la seule force de la capillarité.

MM. Payen et Persoz se sont aussi occupés à constater la quantité d'eau que contiennent les farines, et au lieu de 6 p. 100 pour le *minimum* et de 12 pour le *maximum*, ils ont trouvé le *maximum* de celle de gruau à 16 p. 100, pouvant même s'élever jusqu'à 20 p. 100. Nous allons offrir le résultat de leur travail.

Proportion d'eau que recèlent les fécules et les farines commerciales.

MM. Payen et Persoz, par suite d'une série d'expériences, disent avoir constaté :

1º Que la fécule de pomme de terre plongée dans l'eau pendant 72 heures, puis fortement égouttée, contient sur 100 parties, 48,5 d'eau et 51,5 de fécule sèche ;

2º Qu'immergée, puis égouttée aussitôt dans des circonstances rendues autant que possible égales, elle renferme pour 100 parties, 46 d'eau et 54 de matière sèche ;

3º Que cette fécule humide, telle qu'on la vend sous le nom de *fécule verte*, étendue à l'air pendant quelques heures, ne contient plus que 38,5 d'eau et 61,5 de matière sèche ;

4º Que 100 parties de fécule pulvérulente, telle que le commerce la présente sous la dénomination de *fécule sèche*, contiennent 19 d'eau et 81 de substance sèche, dans les circonstances atmosphériques actuelles ;

5º Que la fécule exposée à l'air saturé d'eau renferme jusqu'à 23 centièmes de ce liquide ;

6º Que la belle farine de gruau, telle aussi qu'on la vend aujourd'hui, contient sur 100 parties, 16 d'eau et 84 de substance sèche ;

7º Que cette même farine, exposée à l'air saturé d'humidité à la température de 10 degrés, contient jusqu'à 20 centièmes d'eau ;

8° Qu'aucune des substances N°ˢ 4, 5, 6 et 7 ci-dessus, ne donne de tache d'humidité sur un papier à filtre.

Dans les saisons de l'année où l'air est plus sec, toutes ces proportions d'eau doivent varier spontanément pendant les chaleurs ; elles sont, en outre, réduites, et plus encore à dessein, chez les manufacturiers et les négociants qui doivent éviter, à l'aide d'une dessiccation plus avancée, l'inconvénient d'éprouver une grande dépréciation par suite des altérations que l'humidité occasionne alors.

Les causes des changements dans les proportions de matière sèche contenue, sous des poids égaux, suffisent à l'explication de la plupart des anomalies observées.

Ainsi, par exemple, une farine qui rendrait 150 pour 100 de pain, et ne contiendrait que 5 pour 100 d'eau, ne produirait plus que 127, 89 de pain, si la proportion d'eau hygrométrique s'élevait à 10 parties sur 100.

On peut encore conclure des données précédentes, que les prix des farines, ainsi que des fécules, devraient, en toutes saisons, et sauf leurs qualités spéciales, être basés sur la quantité réelle de substance utile contenue ; qu'enfin, il serait facile d'obtenir très-approximativement ce taux d'évaluation, en exposant, pendant deux ou trois heures, ces produits étendus en couches minces à l'air libre échauffé de 80 à 100 degrés.

DE L'ÉPEAUTRE.

Cette céréale, nommée *zea* par les Grecs et les Latins ; *hais* par les Arabes ; *kinkorn* ou *dinkelkorn* par les Allemands ; *spelta* par les Espagnols ; *zea* ou *sema* par les Italiens ; *épautre, épeautre, locular, locar* et *froment rouge* par les Français, et *triticum spelta* par Linné, est, d'après le témoignage de Mathiole, cultivée de temps immémorial en Italie, où les Toscans l'appellent *biada*. La farine de l'épeautre porte, chez les Espagnols, le nom de *crimnon* ou *rolum, farina atorcolada*, et Pline assure, ainsi que Dioscoride, que les anciens ont longtemps vécu avec de la bouillie de crimnon.

L'épeautre est une espèce de froment à fleurs tronquées obliquement et munies de courtes barbes. Chaque calice en renferme quatre ; la supérieure est imberbe et avortée.

Cette céréale paraît originaire de la Perse, et on ne la cultive un peu en grand qu'en Suisse, dans les Vosges, les Cevennes, le Limousin, et encore même rarement.

L'épeautre offre plusieurs variétés, et nous avons vu dans

le tableau de M. Philippar, page 14, qu'on en compte une vingtaine de variétés, mais il n'y en a guère que deux qui soient cultivées, la grande et la petite ; la première même mérite la préférence, parce qu'elle résiste bien aux frimats. Aussi la cultive-t-on généralement sur les montagnes, dans des terrains propres au froment et au seigle, et où elle reste quelquefois, sans souffrir, ensevelie trois à quatre mois sous la neige. On la sème après la moisson, jusqu'au milieu d'octobre, et elle craint un peu l'eau.

L'épeautre se conserve très-bien dans sa paille sans craindre le charançon ni l'alucite. Sa farine donne un bon gruau et une bierre de bonne qualité.

La farine d'épeautre est d'un blanc jaunâtre, douce au toucher, un peu rêche, un peu moins riche en gluten que celle du froment, et exige par conséquent plus de soin pour sa panification, ainsi que nous l'indiquerons lorsque nous nous occuperons de cette opération. Le pain que fournit ainsi cette céréale est léger, blanc, savoureux et se conserve frais pendant assez longtemps ; il a toutefois moins de corps que celui de froment.

On prépare avec la belle farine d'épeautre d'excellentes pâtisseries, une bouillie très-délicate et estimée en Allemagne, ainsi que quelques substances alimentaires assez agréables, qu'on débite à Paris sous divers noms.

DU SEIGLE.

Grec, *olyra*; latin, *secale*; russe, *rojke*; suédois, *rag*; danois, *rug*; allemand, *rocken ou korn*; anglais, *rye*; espagnol, *centeno blonquo*; italien, *segale*; français, *scigle*, et *blé* dans certaines localités où l'on ne sème que du seigle; en patois languedocien, *sial*, etc.; *secale cereale*, Linné, triandrie digynie, famille des graminées. Cet auteur en a décrit quatre espèces : les *secale cereale, villosum, orientale* et *creticum*. Ce n'est que la première qui est cultivée en France; on trouve plus rarement la seconde dans le Dauphiné et le Languedoc.

Les uns croient que le seigle est originaire de la Sibérie; mais le plus grand nombre s'accordent à dire qu'il est sorti de l'île de Crète; il y a tout lieu de croire, dit Tessier, qu'il est venu, avec les autres céréales, du plateau de la Haute-Asie. Avant Pline, le seigle semblait presque dédaigné. C'est ce naturaliste qui paraît l'avoir préconisé le premier. Les agronomes et les négociants en blé divisent le seigle en :

1° *Seigle de mars*, dit également de *printemps*, *marsais*, *tremois*, *petit seigle*. Le grain en est pesant et très-farineux, mais l'épi est moins fourni.

2° *Seigle de la Saint-Jean*, dit également *d'hiver et du Nord*. Le grain est plus petit, mais il fournit des épis plus longs et plus chargés de grains. On le sème à la Saint-Jean.

Tessier fait, à ce sujet, une remarque très-judicieuse, c'est qu'il s'est convaincu, par l'expérience, que le seigle de mars semé plusieurs années de suite en automne, revient à la grosseur du commun. Il est à remarquer, ajoute-t-il, que le seigle de mars, semé en automne, produit beaucoup dès la première année, tandis que le seigle d'hiver, semé en mars, ne donne un produit ordinaire qu'après un certain nombre d'années, comme si cette sorte de graine s'accoutumait plus aisément à une végétation lente qu'à une rapide.

Dans une grande partie du midi de la France, l'on ne sème que le seigle d'hiver, surtout dans le département de l'Aude ; mais au lieu de le semer à la Saint-Jean, on ne le sème que vers la fin d'août, en même temps que le blé. Ce seigle est en épi au mois de mars, à moins que l'année ne soit très-mauvaise.

Dans certains pays peu propres à la culture du blé, mais bien à celle du seigle, cette dernière céréale porte les noms de :

1° Gros blé, ou blé d'hiver, pour le seigle de la Saint-Jean ;

2° Petit blé, ou blé de printemps, pour le seigle de mars.

Tous les agronomes distingués ont reconnu que le seigle d'hiver est à celui de mars, ce qu'est le blé ou froment d'hiver à celui de mars. Ceux d'hiver ne diffèrent en effet que par la grosseur et le poids de leur grain.

Depuis peu, l'on a porté dans le midi de la France une nouvelle espèce de seigle, dit de Silésie. Le grain en est beaucoup plus gros, et surtout très-long. Cette espèce se sème au mois de septembre ; elle est beaucoup plus productive que celle de France.

Enfin, depuis quelque temps, plusieurs agronomes, et particulièrement MM. Bossin et Philippe Kerarmel, ont propagé avec zèle un seigle nouveau venant de l'Allemagne, et auquel on a donné le nom de *seigle multicaule*, à cause des propriétés dont il jouit.

Le seigle multicaule, ou des forêts, qui constitue une variété distincte, est originaire des forêts de la Bohême et des Carpathes, où on le sème ordinairement au printemps avec 5 à 6 fois son poids d'avoine, ou de froment de printemps. Au mois d'août ou de septembre, l'avoine ou le froment est mûr ou récolté, tandis que le seigle, qui n'est point encore développé, reste sur terre et n'est moissonné que la récolte suivante, après avoir donné plusieurs coupes en vert, récolte où il fournit du grain en abondance.

Les épis de ce seigle sont plus longs que ceux de toutes les autres variétés, et s'en distinguent surtout par leur extrême souplesse et leur grande flexibilité. Le grain est généralement plus petit que chez aucune autre d'entre elles.

La paille de seigle multicaule est la plus longue de toutes les variétés. Du reste, voici comment M. Kerarmel, secrétaire de la Société d'Agriculture de Lorient, résume les avantages constatés de ce seigle :

Fourrage. Deux et quelquefois trois coupes de fourrage, qui ont lieu du mois d'août à la fin de novembre. Produit par hectare de deux coupes de fourrage vert 35,416 kilogrammes.

Grain. Abondance prodigieuse, terme moyen 60 pour un, jusqu'à ce jour. On ne peut reprocher au multicaule que la petitesse de son grain.

Semence. Economie de près de moitié.

Floraison. Presque spontanée pour tous les épis, dont la hauteur est à peu près égale.

Poids du grain. Supérieur à celui du seigle ordinaire dans la proportion de 6 pour 100.

Paille. Hauteur moyenne, 2 mètres (6 pieds); hauteur extraordinaire, 2 mètres 55 (7 pieds 6 pouces); lisse, blanche; précieuse pour empailler les chaises.

Souche. Diamètre 25 à 30 centimètres (9 pouces 3 lignes à 11 pouces); se garnissant de 80 à 120 épis; moyenne 15 à 20 épis. Longueur des fannes s'abattant sur le sol, environ 32 centimètres (1 pied).

Épis. Longueur 20 à 24 centimètres (7 pouces 4 lignes à 9 pouces); moyenne, 16 centimètres (5 pouces 11 lignes), et par épi 60 grains.

La Société d'Agriculture de Lorient a fait moudre et manutentionner du seigle multicaule avec du seigle du pays dans une minoterie perfectionnée, et a obtenu les résultats que voici :

kilog.

Multicaule. Poids d'un demi-hectolitre.   .   74, 5o.
Quantité brute sur laquelle on a opéré.   .   20.
Farine fine, fleur obtenue.   .   .   .   .   .   10.
Extraction des gruaux et des gros et petits sons. 9 65.
Rendement en pain.   .   .   .   .   10.

Qualité du pain : savoureuse et égale en bonté à celui du pays :

Seigle du pays. Poids d'un demi-hectolitre,   kilog.
première qualité.   .   .   .   .   71,5o.   .
Quantité brute sur laquelle on a opéré.   .   20.
Farine fine, fleur obtenue..   .   .   .   .   .   10.
Extraction des gruaux et des gros et petits sons. 9,7.
Rendement en pain.   .   .   .   .   .   .   10.
Qualité du pain : égale à celle du pain de multicaule.

Il n'y a eu de différence entre les deux seigles que sur le grain brut, qui, dans le multicaule, pèse 4 kilogrammes (8 livres) de plus par hectolitre.

Le multicaule présente encore un avantage, c'est d'étouffer par la largeur de ses touffes les plantes parasites, et d'en purger le terrain.

Du reste, M. Malepeyre, auteur de la *Maison Rustique du XIX*e *Siècle*, a encore introduit depuis peu en France une magnifique espèce de seigle, dite *seigle de Vierland*, provenant du Vierland, pays fertile, formé par quelques îles situées à l'embouchure de l'Elbe. Ce seigle, dont le grain est renflé, plein, un peu jaunâtre, promet une précieuse céréale de plus à notre agriculture.

En resumé, on connaît aujourd'hui 11 variétés de seigle dont il serait utile de déterminer les caractères particuliers, ainsi que les avantages qu'ils présenteraient dans la culture sous divers climats de la France.

Le seigle est, après le froment, la plus importante des céréales; dans certains pays même, sa culture l'emporte sur celle du froment, comme nous le dirons plus bas. En effet, il est démontré que tous les terrains, pourvu qu'ils ne soient pas aquatiques, conviennent à la végétation du seigle ; mais comme il est plus avantageux de cultiver le blé, on destine les meilleurs à cette dernière céréale : de sorte que les sols qui ne produisaient que de mauvaises récoltes de froment sont susceptibles de donner de belles récoltes de seigle. Ajoutons à cela que la température de certaines localités, quelquefois dans le même arrondissement, est telle, que les blés ne sauraient s'y reproduire, tandis que le seigle n'exige pas un degré de chaleur aussi élevé que le blé, pour germer, croître et parvenir à son entière maturité. Cela est si vrai, que, dans les départements de l'Aude, de l'Hérault et des Pyrénées-Orientales, nous avons vu, sur les montagnes, des terres riches en humus végétal, et impropres cependant à la culture du blé. Lors des grands froids, la terre de la surface est parfois soulevée de manière à mettre presqu'à nu les racines du seigle. Ainsi les terrains maigres, sablonneux ou crayeux, même les argileux, terrains qui sont secs par leur nature, conviennent également à la culture du seigle, tant parce que cette céréale consomme bien moins d'humus végétal que le blé, que parce qu'elle résiste mieux à l'intempérie des saisons, végète très-vite et mûrit avant que les sécheresses aient lieu. Cette propriété du seigle, de consommer moins de sucs nutritifs que le froment, est si bien reconnue, que lorsque les terrains propres au blé sont épuisés par sa culture, on les laisse reposer en y semant du seigle.

Nous avons déjà dit que la végétation du seigle était plus prompte que celle du blé : aussi, soit qu'on le sème avant, comme c'est l'usage, ou en même temps que le froment, on le récolte avant ce dernier, parce qu'il parvient plus vite à maturité. Quand le seigle a acquis quelques centimètres de hauteur, sa feuille est pointue et la tige rougeâtre ; au printemps, sa végétation est très-rapide ; ses feuilles sont nombreuses, mais moins longues et moins larges que celles de froment ; sa hauteur va jusqu'au-delà de 2 mètres (6 pieds) dans un bon sol. Aux mois de mars et d'avril, on le fauche pour le donner en fourrage aux animaux; on l'enfouit aussi dans le sol comme engrais : cette pratique était connue des anciens, comme les écrits de Pline l'attestent.

Le seigle est plus long et moins gros que le blé ; sa couleur est d'un gris terne et quelquefois tirant sur le jaunâtre; il contient beaucoup d'humidité, et se détache moins facilement de la base que le blé ; aussi est-on obligé de le bien faire sécher avant que de l'enfermer dans les greniers, et de l'y tenir en couches minces, sinon il s'échauffe, et le charançon ne tarde pas à l'attaquer.

De même que la plupart des autres céréales, le seigle est

exposé à la rouille, mais moins fréquemment ; il paraît démontré que la carie ne l'attaque point ; il n'en est pas de même
du charbon : cette maladie ne se manifeste pas dans les épis,
mais dans l'intérieur de la tige.

Comme le froment, le seigle est attaqué par l'alucite et le
charançon ; plusieurs insectes se nourrissent aussi aux dépens
du seigle sur pied ; cependant la *phalène du seigle*, qui vit
dans le chaume de cette céréale, et qu'on trouve rarement
dans le midi de l'Europe, est le seul insecte dont on ait principalement à redouter les ravages. Outre cela, le seigle a une
maladie qui lui est propre, et qu'on nomme *ergot* : nous la
ferons connaître bientôt.

Ainsi que le froment, le seigle doit être cueilli dans un état
de maturité complète, et être bien desséché et conservé dans
des greniers bien secs et à l'abri des vents du midi. Les soins
à prendre, tant pour sa conservation dans les greniers ou silos,
que pour le préserver du charbon, des alucites et des charançons, sont les mêmes que pour le blé.

De l'Ergot.

C'est ainsi qu'on nomme l'altération suivante qu'éprouvent les grains de seigle dans quelques localités. Les grains de
seigle ergoté ont ordinairement de cinq à six fois la longueur,
et de deux à trois fois la grosseur des grains sains ; quelques
grains sont cependant et plus longs et plus gros, et d'autres
plus minces et plus courts ; ils ont une forme arquée ; leur
couleur est d'un gris violâtre ; ils sont cassants, et contiennent
une substance d'un blanc grisâtre terne, d'odeur vireuse et
d'une saveur un peu âcre.

Les épis de seigle sont plus ou moins chargés de grains ergotés ; le nombre varie d'un à vingt. En général, les grains
sains en souffrent peu lorsque le nombre de grains ergotés
n'est pas fort ; quand ils sont nombreux, la tige est faible et
ils sont rabougris ; enfin, Tessier a vu des grains de seigle en
partie sains et en partie ergotés.

Les causes productrices de cette maladie du seigle n'ont
point encore été déterminées ; on n'a sur ce point que des
hypothèses ; à l'instar de Bosc, nous nous bornerons donc
à présenter les observations agronomiques de Tessier, en
faisant observer auparavant qu'un grand nombre de localités
sont exemptes de l'ergot du seigle, comme presque tout le
midi de la France, tandis que d'autres, telles que la Sologne,

en produisent beaucoup (1). D'après les observations recueillies par plusieurs agronomes, et notamment par Tessier, il résulte que :

1° Plus le terrain est humide, plus il y a d'ergot;

2° Plus les champs sont exposés aux courants d'air, moins ils en produisent ; l'inverse a lieu pour les champs abrités;

3° Dans les lieux en pente, la partie basse en produit plus que la haute ;

4° Dans la lisière des champs, il est plus abondant que dans le milieu;

5° Les semis sur les défrichements, toutes choses égales d'ailleurs, en montrent plus que ceux dans les terres cultivées;

6° Les années pluvieuses semblent le faire naître.

L'ergot se montre après que la fécondation a eu lieu ; mais on ne saurait cependant en assigner l'époque exacte. L'ergot est d'une odeur particulière ; il croît de 2 à 3 millimètres (1 ligne à 1 ligne 1/2) par jour, et cette croissance, d'après Tessier, cesse au bout de douze jours.

Excroissance rouge des épis de seigle et de froment.

M. le baron de Kotturtz a fait connaître, en 1825, que ces excroissances étaient dues à la piqûre des insectes et aux œufs qu'ils y déposent ; les observations plus récentes de M. Lauer de Brunn ont confirmé ces résultats. Plus récemment, M. Muller, en humectant, avec de l'eau distillée, de la poussière de ces excroissances desséchées, en a vu éclore, au bout de trois heures , plusieurs individus du *vibrio tritici.* Bauer a constaté qu'en les inoculant aux semences, ils vivent et se propagent dans le chaume pendant la croissance et la germination.

Analyse du Seigle ergoté.

Model, Smiéder, Parmentier, Réad et Tessier, se sont occupés de l'analyse de l'ergot ; mais, à cette époque, les progrès de la chimie n'étaient pas assez avancés pour que ces analyses pussent être regardées comme exactes et rationnelles. Nous ferons connaître celle de Vauquelin. D'après l'analyse des auteurs précités, l'ergot donne :

1° Beaucoup d'huile fétide;

2° Un charbon difficile à incinérer ; ·

(1) C'est dans cette contrée que l'ergot paraît être le plus abondant; dans certaines années il peut être évalué au cinquième de la récolte ; années communes il est d'environ un quarantième.

o

3° De l'huile carbonique;

4° Du gaz hydrogène carboné;

5° Un principe colorant soluble dans les alcalis.

Seigle ergoté, d'après Vauquelin.

1° Matière colorante jaune rougeâtre, ayant la saveur de l'huile de poisson;

2° Matière huileuse blanche;

3° Une matière colorante violette, insoluble dans l'alcool;

4° Matière animale très-putrescible;

5° Acide libre, qui est probablement le phosphorique;

6° De l'ammoniaque.

Propriétés médicales de l'ergot.

L'ergot communique au pain une couleur et une saveur désagréables et des propriétés délétères. Les habitants des pays où cette maladie du seigle est répandue, éprouvent une maladie grave qu'ils nomment *gangrène sèche*, laquelle est presque endémique dans la Sologne. MM. de Salerne, Réat, Schleger, Model, Tessier, etc., attribuent cette maladie au seigle ergoté; ce dernier a fait des expériences toxicologiques très-intéressantes qui attestent ses effets délétères. On ne saurait donc prendre trop de précautions pour en bien dépouiller le seigle. Le seigle ergoté a trouvé son application en médecine comme moyen propre à hâter les accouchements; une foule d'observations médicales, dues à MM. Bordot, Chevreuil, Léveillé, Stearms, Dewees, Bonjean, etc., attestent cette propriété. Suivant ce dernier, les effets du seigle ergoté seraient dus à un principe particulier, auquel il a donné le nom d'*ergotine* et qu'il a cherché à isoler.

Moyens de préserver le Seigle de l'ergot.

Des agronomes distingués ont tenté un grand nombre d'essais pour préserver le seigle de l'ergot; ils ont tous été sans succès, même tous ceux que l'on a mis en usage avec succès pour préserver le blé du charbon et de la carie; le seul moyen à prendre, c'est d'arracher soigneusement et de mettre à part les plants ergotés.

Analyse du Seigle, par Einhof.

Farine.	65,6
Son.	24,2
Humidité.	10,2
	100,0

Farine.

Sucre incristallisable..	3,28
Gomme.	11,09
Amidon.	61,67
Fibre ligneuse.	6,38
Gluten soluble dans l'alcool, peut-être gliadine	9,48
Acide indéterminé et perte.	5,62

Gluten du Seigle.

M. Held a examiné tout récemment le gluten du seigle qu'il prépare en traitant la farine par l'alcool, et enlevant ensuite la graisse par l'éther, et le sucre par l'eau. A l'état humide, le gluten a une odeur analogue à celle du pain, il est jaune, flexible, et se laisse pétrir. Séché, il est brun, corné, à cassure vitreuse, et ne se laisse que difficilement réduire en poudre. Il est insoluble dans l'eau froide, et peu soluble dans l'eau bouillante. Il se dissout dans l'alcool bouillant, et en est précipité par l'eau, par l'acétate de plomb et le chlorure de mercure ; il se comporte, du reste, comme le gluten de froment à l'égard des acides et des alcalis.

D'après l'analyse, il est composé de :

	I.	II.
Carbone.	56,38	56,15
Hydrogène. . . .	7,87	8,06
Nitrogène. . . .	15,83	15,83
Soufre et oxigène. . .	19,92	19,96

Le gluten du seigle est pauvre en fibrine, il n'est pas aussi cohérent et n'offre pas cette consistance plastique du gluten de froment. Ainsi, il n'est pas possible de le retirer de la farine en la malaxant en pâte sous un filet d'eau ; si on veut le retirer en entier et ne rien perdre, il faut absoluemnt saccarifier la fécule au moyen de l'acide sulfurique.

DU MÉTEIL.

C'est ainsi qu'on nomme le mélange du seigle avec le blé ; suivant les proportions de ce dernier, il prend les noms de *gros méteil*, *petit méteil*, ou *blé ramé*. Cette pratique est très-vicieuse, de semer ces deux céréales ensemble :

1° Parce qu'elles exigent une qualité de terre et une température différentes ;

2° Parce que le seigle parvenant plus tôt au point de maturité, où l'on est obligé de couper le blé encore vert, ou, si l'on veut attendre sa maturité, l'on doit perdre beaucoup de seigle.

Dans le midi de la France, on trouve du méteil dans le commerce; mais il n'est pas le produit d'un mélange semé de ces deux céréales; les négociants le font eux-mêmes en mélant de 25 à 30 parties de blé sur 75 ou 70 de seigle. Nous devons faire observer qu'ils ont le soin de choisir, pour ce mélange, des blés de qualités inférieures et parfois même avariés.

Le méteil sert à faire un pain qui est d'autant meilleur que la qualité de blé ajoutée est plus forte.

DE L'ORGE.

En grec, *crithê*; latin, *hordeum*; arabe, *xabaër* ou *shair*; russe, *iatschmène*; suédois, *korn*, *bjugg*; danois *byg*; allemand, *gersten*; anglais, *barley*; italien, *orzo*; espagnol, *ordio*, *cebada*; français, *orge*; patois méridional, *ordi*, enfin *hordeum*, de Linné; triandrie digynie, famille des graminées.

L'orge est connue pour la nourriture de l'homme depuis l'antiquité la plus reculée; car les anciens agronomes, Columelle, Pline, Palladius, ainsi qu'Homère, Hippocrate, etc., disent que les anciens s'en servaient comme eux, et qu'ils en connaissaient plusieurs espèces.

Voici les orges les plus cultivées:

1° Orge grosse, ou orge carrée (*hordeum vulgare*, LIN.). Epis d'un décimètre (3 pouces 8 lignes), disposés sur plusieurs rangs. Ses grains sont sur quatre rangs. Très-cultivée. On la sème au printemps.

Son pays natal, d'après Olivier, est la Perse; ce savant dit l'y avoir trouvée à l'état sauvage. Cette espèce offre les trois variétés suivantes:

a. Orge céleste ou *orge nue*. La balle florale s'en détache comme celle du blé; c'est celle qu'on vend dans les pharmacies sous le nom d'*orge mondé*.

b. Orge noirâtre. Cultivée en Allemagne, et presque inconnue en France.

c. Orge du printemps (*hordeum distichum nudum*). C'est une des meilleures espèces. Chaque épi contient de 60 à 90 grains. Le pain qu'on en fait est meilleur que celui des autres orges. On la sème au printemps.

2° *L'orge escourgeon*. Orge d'hiver, orge de Turquie, *hor-*

deum hexasticùm de Linné. Epis gros, courts; semences à six rangs; elle est très-productive, et se sème en automne.

3° L'*orge faux riz, orge éventail, orge riz, faux riz de montagne, riz d'Allemagne, riz rustique* (*hordeum zeocriton*, Lin.). La graine ressemble au riz, résiste au froid ; elle est sur deux rangs et sans barbes. C'est la qualité la plus estimée pour être mangée en gruau et pour la préparation de la bière : on la sème en automne.

4° L'*orge à deux rangs*, également connue sous le nom de *petite orge, bellarge, orge d'Angleterre, orge à longs épis, orge de Russie, orge d'Espagne, orge du Pérou*, et dans tout le midi de la France, *paumelle*, en patois, *paoumoulo*. On croit cette espèce originaire de la Tartarie. Ses épis n'ont point de barbes, et les semences sont disposées sur deux rangs; sur le milieu de chaque côté se trouvent deux rangs de fleurs stériles.

Cette orge se compose des deux variétés suivantes :

A. Le *sucrion ;* elle est ainsi nommée à cause de sa saveur sucrée.

C'est celle qui est la meilleure pour faire l'orge perlé.

B. La *paumelle*. Celle-ci a une teinte plus blanchâtre que les autres orges; le grain n'est pas aussi renflé : elle est très-estimée pour la fabrication de la bière.

Parmentier assure que l'espèce dont la culture offre les plus grands produits, est l'orge à deux rangs dont le grain est nu. D'après ses observations elle double la meilleure récolte de l'orge ordinaire. Cette espèce est très-cultivée dans le département de l'Aude, aux environs de Narbonne.

Depuis quelque temps on a introduit en France quelques espèces nouvelles d'orges qui méritent qu'on les fasse connaître.

L'*orge nampto*, qu'on doit à M. Ottmann père, de Strasbourg, se distingue par sa précocité, ce qui permet de la cultiver dans les contrées les plus septentrionales, et dans les années où l'automne est pluvieuse. Son grain est nu comme du froment, et son produit supérieur à celui des autres orges.

L'*orge nampto violette nue*, est une variété toute nouvelle qu'on doit à M. Hisson, mais sur laquelle on n'a pas encore d'expérience comparative.

L'*orge de Norwège*, qui a une paille très-élevée, très-fourrageuse et un bon grain.

L'*orge trifurquée*, nouvelle variété, mais moins bonne que les précédentes.

L'orge bulbeuse, due à M. Descolombiers, président de la Société d'Agriculture de l'Allier. On peut la cultiver sans engrais dans les mauvaises terres, et c'est principalement en vert qu'on la récolte, à cause des coupes nombreuses qu'elle peut fournir.

Au reste, on connaît aujourd'hui près de 40 variétés d'orge que M. Philippar a proposé de classer ainsi qu'il suit :

Les ORGES, *hordeum.*

PREMIER GROUPE.

Orge distique, *H. distichum.*

Première section.

Orges à semence enveloppée, *H. distichum seminibus vertitis.*
1re *série.* — A épis lâches, *spicis laxis*, 6 var.
2e *série.* — A épis denses, *spicis densis*, 5 var.

Deuxième section.

Orges à semences nues, *H. distichum seminibus nudis;* 3 var.

DEUXIÈME GROUPE.

Orges hexastiques, *H. hexastichum.*

Première section.

Orges barbues, *H. aristatum.*
1re *série.* — A semences enveloppées, *seminibus vertitis.*
§ épis allongés, 11 var.
§§ épis compactes, 6 var.
2e *série.* — A semences nues, *seminibus nudis;* 8 var.

Deuxième section.

Orges imberbes, *H. imberbe.*
A semences nues, *seminibus nudis;* 1 var.

L'orge peut être semée dans presque toutes les terres; mais elle donne d'abondantes récoltes dans les bons terrains. Cette céréale supporte bien les intempéries des saisons ; tous les climats semblent lui convenir; c'est enfin, de toutes les céréales, celle dont la récolte manque moins souvent, aussi est-elle regardée comme une ressource précieuse dans tous les pays. On peut la semer au printemps ou en automne, et même vers la fin de cette saison. C'est cette faculté, bien connue des agronomes, qui les porte à semer d'orge les champs où les semences de blé ont péri par une inondation ou toute autre cause.

L'orge n'épuise pas la terre, quoique sa végétation soit très-vigoureuse. Dans le midi de la France, on ne la sème qu'en automne, et on la récolte en même temps que le seigle, ou en même temps que le blé, suivant que les semailles ont été plus ou moins retardées. Souvent on la coupe aux mois d'avril et de mai, pour la donner en fourrage vert.

Maladies qui attaquent l'Orge.

Une des principales maladies qui attaquent l'orge, c'est le *charbon*. Ses ravages sont tels qu'il détruit ou infecte parfois, dans certaines contrées, plus de la moitié de la récolte. Les charançons et les alucites l'attaquent moins que le blé et le seigle ; il est cependant sujet à leurs effets destructeurs.

Il est encore deux mouches qui attaquent l'orge.

La première est la *musca lineata* de Fabricius, qui vit dans la tige et occasionne la perte de l'épi.

La seconde est la *muscarita* de Linné, qui vit aux dépens des grains. Celle-ci n'existe pas en France ; mais elle exerce ses ravages en Suède. On doit combattre les maladies auxquelles l'orge est sujette, par les moyens que nous avons indiqués pour le blé.

Conservation de l'Orge.

L'orge est une des céréales qui contient le plus d'eau de végétation, et qui, en raison de l'épaisseur de son enveloppe, la retient plus fortement. On doit donc la bien faire dessécher avant de l'enfermer, sinon elle ne tarde pas à s'échauffer et à être attaquée ensuite par le charançon. Le même effet a lieu si elle n'a pas été récoltée en pleine maturité. L'orge doit être conservée dans des greniers bien aérés, en couches d'un mètre (3 pieds), et être remuée souvent. Cette céréale est une de celles qui diminuent le plus de volume en se séchant et qui donne alors le plus de perte au négociant, tant sous ce rapport que sous celui du brisement de sa queue qui a lieu par le pelletage ; malgré cela, si l'on veut la conserver saine, l'on doit nécessairement suivre cette marche.

Orge perlé.

Pour le faire connaître, nous ajouterons la note suivante de M. Dubrunfaut :

On indique ici le système des appareils employés en Hollande pour cette fabrication, et on les décrit sans l'aide de figures.

Ils consistent en deux meules, dont l'une, dormante, est

percée d'un trou à son milieu; l'autre est tournante et écartée de quelques millimètres; ils ne portent pas de tailles. La meule tournante est enveloppée d'une archure de tôle percée en râpe, et elle fait quatre cents révolutions par minute. Le grain arrive comme dans les moulins à farine; il passe entre les meules, et il est lancé vers la phériphérie, où il est ébarbé par la râpe de tôle. Les grains sont ensuite passés dans des cribles pour les calibrer après les avoir passés au tarare, qui en sépare la farine. Deux paires de meules, mises en mouvement par un bon moulin à vent, font en vingt-quatre heures dix sacs d'orge ou dix quintaux usuels.

ANALYSE DE L'ORGE.

Orge non mûre, par Einhof.

Principe amer insoluble dans l'alcool. . .	2,63
Sucre incristallisable.	5,55
Amidon.	14,58
Gluten.	1,77
Albumine, avec du phosphate de chaux. .	0,45
Une enveloppe verte, avec de l'amidon vert et de la matière extractive.	15,97
Fibre ligneuse.	0,62
Eau.	52,09
Perte.	6,34
	100,00

Orge mûre.

Farine.	70,05
Son.	18,75
Eau.	11,30
	100,00

Farine.

Sucre incristallisable.	5,21
Gomme.	4,62
Amidon.	67,18
Matière fibreuse, composée de gluten, d'amidon et de fibre ligneuse.	7,29
Gluten.	3,52
Albumine.	1,15
Phosphate acide de chaux avec de l'albumine.	0,24
Eau.	9,37
Perte.	1,42
	100,00

Farine, d'après Proust.

Résine jaune.	1
Sucre analogue au miel. . . .	5
Gomme.	4
Gluten.	3
Amidon.	32
Hordéine.	55

                                    100

Farine d'orge germée, par Proust.

Résine jaune.	1
Sucre incristallisable.	15
Gluten.	1
Amidon.	56
Hordéine.	12

                                    85

Orge torréfiée, d'après Einhof.

Elle ne contient point d'amidon, mais une substance charbonneuse, une matière animale et un peu d'acide phosphorique.

Nous allons maintenant faire connaître cette substance particulière que contient la farine d'orge.

Hordéine.

C'est à Proust qu'on en doit la découverte. On l'obtient en traitant l'amidon d'orge par l'eau bouillante; la partie qui ne s'y dissout point est l'hordéine. Cette substance est jaune, grenue, donne de l'acide oxalique, de l'acide acétique et un peu de principe amer par l'acide nitrique.

DE L'AVOINE.

Grec, *bromos*; latin, *avena*; arabe, *cartamum* ou *churtal*; allemand, *hafer, habere*; russe, *oveda*; suédois, *hafre*; danois, *havre*; italien, *avena*; espagnol, *avena*; anglais, *oats*; français, *avoine*; patois languedocien, *cibado*; Linné, *avena sativa*; triandrie digynie, famille des graminées.

Cette céréale paraît originaire du Nord; l'on en compte plus de 60 variétés :

1° L'*avoine brune*. Le grain en est gros; elle se rapproche beaucoup du type de l'espèce.

2° L'*avoine noire*. Grains très-courts et renflés, barbes

très-courtes : c'est la variété qui résiste le mieux à l'intempérie des saisons (Bretagne).

3° *Avoine patate.* Grains courts et renflés : elle est très-cultivée.

4° *Avoine blanche.* Grains longs, peu renflés ; couleur feuille-morte, blanchâtre. Sa qualité est inférieure, mais en revanche elle est très-productive.

5° *Avoine fleurie.* Elle ressemble beaucoup à l'avoine noire ; son grain est couvert d'une poussière blanche.

6° *Avoine rouge.* Grains très-pleins ; couleur fauve rougeâtre (pays de Caux).

7° *Avoine à deux barbes.* Grains petits, très-nombreux ; ses fleurs sont garnies de barbes ; elle croît dans les plus mauvais terrains (Clermont).

8° *Avoine nue.* Les graines se séparent de la balle florale aussitôt qu'elles ont atteint leur point de maturité.

9° *Avoine unilatérale* ou *de Hongrie.* Panicule très-serré ; gros grain unilatéral et sans barbes.

10° *Avoine unilatérale à deux barbes.* Cette variété ne diffère de celle N° 7 qu'en ce qu'elle est plus petite, que ses grains sont unilatéraux ; elle est d'autant plus précieuse qu'elle croît fort bien dans les terres si peu fertiles, que les autres variétés ne peuvent y réussir.

Plusieurs avoines nouvelles ont été récemment introduites en France, et parmi elles nous citerons les suivantes :

Avoine noire de Russie. Très-précieuse variété qu'on doit à M. Hisson, trésorier de la Société d'Agriculture de Besançon, et qui se distingue par ses tiges élevées, son épi en belle girandole, l'abondance, le poids et la grosseur de son grain.

Avoine flemish. Bonne variété à grains blancs, de la Haute-Ecosse. A grain blanc, tige très-élevée et graines abondantes.

Avoine noire. Nouvelle variété à grain très-fort, et d'une couleur puce claire, sur laquelle on fait actuellement des expériences.

Avoine de Philadelphie. A belle paille et beau grain blanc.

Avoine de Podolie. D'un beau port, épi unilatéral, bien garni de grains blancs. Variété recommandable.

Avoine jaune, ou *monstre*, introduite par M. Simon, vice-président de la Société d'Agriculture de Brest. Grain blanc. Variété qui est une des plus belles et des plus productives.

Avoine noire à grappes. Variété rustique et prolifère.

Avoine du Kamtschatka. Blanche, à enveloppe épaisse et résistant aux températures les plus rigoureuses.

Avoine d'Haptoun. Belle variété blanche.

Avoine kildrummie. Grain blanc ; un peu tardive ; grappes riches en grains.

Avoine dyock. Introduite, ainsi que les deux précédentes, par M. Malepeyre. Grain blanc ; hâtive, produit très-abondant, paille excellente pour le bétail.

Avoine chinoise. Venant de Manille, grain nu et très-petit, et paille grêle et très-courte.

Avoine sandy. Rapportée d'Angleterre par M. le comte de Gourcy ; paraît avantageuse.

Avoine à gruau. Ressemble à l'avoine sans balle d'Allemagne, qui a le grain nu et la paille élevée.

M. Philippar comptait 63 variétés d'avoines en 1845, dans sa magnifique collection, et les a classées de la manière suivante :

AVOINES, *avena.*

PREMIER GROUPE.

Les avoines paniculées, *A. paniculata.*

Première section.

A semences enveloppées, *seminibus vertitis.*

1re *série.* — Blanches, 28 var.

2e *série.* — Colorées, 24 var.

Deuxième section.

A semences nues, *seminibus nudis*, 1 var.

DEUXIÈME GROUPE.

Les avoines à grappes unilatérales, *A. racemosa.*

Troisième section.

A semences enveloppées, *seminibus vertitis.*

1re *série.* — Colorées, 3 var.

2e *série.* — Blanches, 5 var.

Quatrième section.

A semences nues, *seminibus nudis*, 1 var.

On sème les avoines en mars et avril, dans les terres fortes et qui ont du fonds, ni trop sèches ni trop humides. Elles ne viennent pas belles dans les extrêmes. Dans le Midi, on les sème en septembre, octobre et même novembre. Trois variétés, l'avoine à deux barbes, l'avoine nue et l'avoine d'hiver, se sèment à Paris en septembre : elles sont nommées avoines d'hiver.

Si on arrache un bois, si on retourne un pré, ou si on brûle un terrain, c'est toujours de l'avoine qu'on y sème la première année.

On récolte les avoines fin d'août; on les coupe aussi en vert pour donner de suite aux bestiaux ; ils mangent aussi la paille qu'on fait sécher, et dont on met la graine à part.

On sème également l'avoine avec la vesce, ou parmi les vieilles luzernes, pour la donner en fourrage. Cette céréale épuise peu la terre, résiste aux frimas et craint la sécheresse ; elle aime les terrains frais et non humides. Sa culture n'exige pas autant de labours que le froment; deux ou trois, quelquefois un seul, suffisent. Dans quelques localités on la sème même sur le chaume ; aux environs de Paris, elle est semée sur le labour, et recouverte à la herse. Au mois de juin, cette céréale est en épis dans les environs de Paris ; on coupe les avoines d'automne vers la mi-juillet, et celles qu'on sème au printemps vers le commencement de septembre.

Maladie de l'avoine.

L'avoine est très-sujette au charbon; on l'en garantit par les mêmes moyens que nous avons indiqués pour le blé. Outre cela, elle est exposée aux ravages d'une chenille nommée *pyrales*, qui vit dans l'intérieur de son chaume ; c'est principalement dans la Beauce qu'elle se montre le plus souvent.

Choix et conservation de l'Avoine.

L'avoine la plus estimée et la meilleure, est celle dont le grain est gros, bien nourri et bien farineux. Dans le commerce, on donne la préférence à celle qui est d'un brun noirâtre. Celle qui est blanchâtre se vend à un prix inférieur; elle est moins farineuse. MM. les négociants doivent faire attention aux fraudes suivantes, malheureusement trop souvent mises en usage par les rouliers du midi de la France.

1° Les uns mouillent l'avoine, afin d'augmenter son volume ;

2° Les autres y mêlent des balles d'avoine et de petites pailles hachées.

L'une et l'autre tiennent les grains de l'avoine écartés, de sorte qu'il en faut moins pour remplir la mesure;

3° Enfin, il en est qui commettent ces deux fraudes en même temps.

L'avoine qui a été coupée verte et mise ainsi en gerbes s'échauffe et prend une couleur rougeâtre ; il en est de même si on l'enferme avant sa dessiccation complète, ou si elle a été mouillée. Dans ces deux cas elle s'échauffe également, et contracte une odeur de moisi ; sa couleur passe au brun-rougeâtre. Elle finit enfin par se moisir et germer. On doit donc la cueillir dans son état de maturité, l'enfermer sèche dans un grenier bien sec et bien aéré, l'y placer en couches d'un mètre (3 pieds) et la remuer de temps en temps ; enfin suivre le précepte que nous avons tracé à l'article *Blé*.

ANALYSE D'APRÈS VOGEL.

La semence.

Farine.	66
Son.	34
	100

Farine.

Huile grasse..	2
Sucre et principe amer.	8,25
Gomme.	2,5
Matière grisâtre albumino-glutineuse. .	43
Amidon.	59
Perte.	23,95

SUCCÉDANÉES DES CÉRÉALES.

C'est sous ce nom que nous plaçons :

Le maïs,	Le millet,
Le sarrasin,	Le riz.
Le sorgho,	

DU MILLET.

Blé d'Inde, blé d'Espagne, blé de Guinée, blé de Turquie, gros millet ; gaude ; en patois mil ; zea maiz de Linné ; monœcie triandrie, famille des graminées.

Les écrivains de l'antiquité, parmi lesquels nous citerons Varron, Columelle, Palladius, Théophraste, etc., n'ont pas parlé de cette précieuse plante ; il paraît qu'elle est originaire de l'Amérique équinoxiale, et qu'elle fut apportée en Europe par les Espagnols, lorsqu'ils firent la découverte du Nouveau-Monde, où elle était cultivée de temps immémorial, principalement au Mexique et au Pérou.

Le maïs est un des plus beaux présents que la nature ait

faits à l'homme, aussi s'est-on empressé de le cultiver dans presque toutes les parties du Monde. On en connaît plusieurs espèces et variétés. Voici celles que l'on distingue par l'époque de leur maturité.

1° Le *maïs précoce*, *maïs de deux mois* ou *quarantain*; c'est celui que les Américains nomment *onona*;

2° Le *maïs à poulet*. Il est très-commun en Amérique, et cultivé médiocrement dans quelques parties du midi de l'Europe. Il est blanc ou jaune; plus petit; croît dans les terres peu riches en humus végétal, et mûrit deux mois avant l'autre. En quarante jours il parcourt, à Saint-Domingue, toutes les phases de sa végétation; tandis que M. Varennes de Fénille s'est convaincu que dans la Bresse, il n'est plus précoce que l'autre que de quinze jours. L'épi n'a que 81 millimètres (3 pouces) de long, et n'offre que huit à dix rangées.

Bosc, dans son article intéressant sur le maïs (1), dit que, relativement à la couleur du grain, on reconnaît beaucoup de variétés de maïs.

Le *grand maïs* ou *tardif* est le plus cultivé comme étant le plus productif; il en est de blanc, de bleuâtre, de brun-noir, de chiné, de panaché, de jaune, de noir, de roux, de marbré, de violet; mais on ne cultive en France que le jaune et le blanc. Bosc paraît donner la préférence à cette dernière variété. Son épi, dit-il, est plus long et plus gros; les grains sont disposés sur huit rangées; ils sont aussi plus larges, moins épais, d'un jaune plus pâle, mûrissent de douze à quinze jours plus tôt et fournissent un tiers de farine de plus que le millet jaune; mais la farine de ce dernier est plus savoureuse.

On cultive le maïs blanc de préférence à la Caroline, dans quelques parties de l'Espagne et de l'Italie. En France, dans les environs de Toulouse, dans le Roussillon, les départements de l'Aude et de l'Hérault, on donne la préférence au jaune: on en cultive un peu de blanc.

On pourrait également classer, dit Bosc, les variétés de maïs d'après le nombre de rangées de grains qui existent sur leurs épis; nous pensons que la nature du sol, sa culture, ses engrais, et la régularité ou l'irrégularité des saisons peuvent les faire varier. Il est quelques localités en France où l'on trouve les deux variétés suivantes:

(1) *Nouveau Cours d'Agriculture*, à la *Librairie-Encyclopédique de Roret*, rue Hautefeuille, 10 bis.

1° Le *maïs de Pradic;* l'épi n'a que huit rangs de grains ;

2° Le *maïs de Gussac;* celui-ci a seize rangs.

La culture du maïs exige un climat tempéré, aussi réussit-elle mieux dans le midi qu'au centre de la France; à son nord, il vient rarement à son point de maturité. Tous les sols conviennent à cette culture s'ils sont profonds, bien amendés et bien cultivés; cependant, le maïs réussit mieux, et donne de bien meilleures récoltes dans les bons fonds et surtout dans les plaines fertiles, telles que celles de Toulouse, Castelnaudary, Coursan, etc. On donne deux ou trois bons labours aux terres destinées à semer le maïs. Dans ces dernières localités, lorsque les semences de blé ont péri par l'effet des inondations, et que la saison est trop avancée pour les ensemencer de nouveau, on sème ces terres en maïs dans le mois d'avril et au commencement de mai, et on récolte dans le mois de septembre. Dans certains lieux on le fait tremper dans l'eau avant de le semer, et on en jette deux ou trois grains dans des trous éloignés en tous sens les uns des autres ; dans d'autres on ne le mouille pas ; il en est où on le sème à la volée. Nous renvoyons pour sa culture à l'intéressant ouvrage de Parmentier. Nous nous bornerons à dire qu'il en faut 10 kilogrammes par demi-hectare. Le plant grandi, on travaille les intervalles avec une binette pour en détruire les herbes parasites, en diviser la terre. En août, on amoncelle de la terre autour du plant : on en fait la récolte en automne, et on étend les épis au soleil ou dans la maison.

Les Américains en font une boisson avec laquelle ils s'enivrent, et qui paraît salutaire. Parmentier en conclut que le maïs pourrait remplacer l'orge pour la préparation de la bière, et c'est en effet ce qu'on a tenté de faire dans quelques petits pays de l'Allemagne méridionale.

A présent, répandu sur tous les points du globe, les pauvres de plusieurs contrées en font une pâte nommée *polenta,* en faisant bouillir la farine dans l'eau avec un peu de sel, et remuant continuellement jusqu'à ce que la chaudronnée ait acquis une bonne consistance. Ils mangent cette pâte. Nous avons remarqué en Italie que les malheureux qui ne se nourrissent que de cette substance sont tous jaunes, faibles, cacochymes, et sont atteints bientôt de la fièvre lente, nerveuse, produite et engendrée par cette nourriture, qui les fait périr. Cependant, lorsqu'on prépare la polente avec du lait ou du bouillon de viande de bœuf ou de volaille, et qu'on n'en mange qu'en petite quantité, c'est une assez bonne nourriture.

Dès que le maïs est en pleine maturité, on en coupe les épis, et on les expose au soleil pour les bien faire sécher ; puis on le clair-sème dans des greniers bien secs pour en séparer ensuite le grain.

Maladies du Maïs.

Le maïs est sujet à trois espèces de charbon, ou peut-être, dit Bosc, de carie. Voici la manière dont s'exprime à ce sujet ce célèbre agronome : Aux dépens de diverses parties du maïs vivent trois sortes de champignons du genre des réticulaires de Bulliard (*uredo* de Persoon), et peut-être quatre, car je crois qu'il est sujet à la rouille. Ces plantes parasites, analogues au charbon du froment, sont connues, mais n'ont pas encore été bien décrites. Bosc, de même que Tillet et Einhof, ont observé trois sortes de charbon dans cette graminée. Le premier attaque l'intérieur du grain et le réduit en poussière noire ; le second s'observe dans les fleurs mâles, sa poussière est noire ; le troisième consiste en fongosités globuleuses et irrégulières, quelquefois plus grosses que le poing, qui naissent sur la tige, absorbent une grande partie des sucs nutritifs, et empêchent l'épi de paraître ou d'arriver à maturité, etc.

Le chaulage par les moyens indiqués remédierait à ces maladies.

Le maïs est également attaqué fortement par l'alucite et le charançon, surtout quand il est cueilli avant sa maturité ou renfermé humide.

Conservation du Maïs.

Le maïs doit être récolté en pleine maturité, c'est-à-dire quand presque toutes ses feuilles sont sèches, que les enveloppes de l'épi sont déchirées et que le grain est dur et coloré. On doit bien sécher les épis, dès qu'on les a séparés de la tige ; sinon ils se moisissent ainsi que le grain. Dès que celui-ci en est détaché, on doit le bien étendre dans des greniers bien secs, en couches de 27 ou 54 millimètres (1 ou 2 pouces), et le remuer souvent, afin d'en opérer la dessiccation parfaite ; car si le maïs est récolté un peu vert ou qu'il ne soit pas bien sec, et qu'on l'entasse en cet état, il ne tarde pas à se moisir et à être attaqué par l'alucite et le charançon, qui y exercent les plus grands ravages. Pour la conservation dans les sacs ou dans les silos, ou lorsqu'il est attaqué par ces insectes, etc., l'on doit suivre les préceptes que nous avons tracés à l'article *Froment*.

Analyse du Maïs.

MM. Lespés et Mercadier, qui se sont livrés à l'analyse de cette graine, ont trouvé que 100 parties contenaient :

1° Humidité.	12
2° Matière sucrée, un peu azotée, ayant le goût du cacao.	4,50
3° Matière mucilagineuse, se rapprochant des gommes et du sucre. . .	2,50
4° Albumine.	0,30
5° Son.	3,25
6° Fécule.	75,35
Perte.	2,10
	100,00

Bizio, chimiste vénitien, avait déjà publié l'analyse suivante, qui diffère sous plus d'un rapport de celle-ci :

1° Amidon.	80,920
2° Zéine (substance nouvelle). . . .	5,758
3° Principe extractif.	1,092
4° Zumine. . . . . :	0,945
5° Gomme.	2,283
6° Huile grasse.	0,323
7° Hordéine.	7,710
8° Matière sucrée.	0,895
9° Sels, acide acétique et perte. . .	0 074
	100,000

Analyse de M. Gorham.

Zéine.	3
Matière extractive.	0, 8
Sucre	1,45
Gomme	1,75
Amidon	77
Albumine.	2,50
Fibre ligneuse.	3
Sels et perte.	1,50
Eau.	9
	100,00

Voici encore une analyse du maïs qu'on doit à M. Payen, et qui diffère encore beaucoup des précédentes :

Amidon. 28,40
Matière azotée. 4,80
Matière grasse. 35,60
Matière colorante. 0,20
Cellulose. 20,00
Dextrine. 2,00
Sels divers.. 7,20
                            ─────────
                            98,20

La forme de la farine de maïs est tout-à-fait particulière, et dépend en grande partie de la construction du grain de maïs, qui se compose d'une substance centrale et d'une substance corticale très-dense.

De la Zéine.

La zéine est, comme nous l'avons dit, une substance nouvelle que l'on extrait de la farine du maïs par l'eau, et ensuite par l'alcool; elle est molle, tenace, élastique, jaune, insipide, insoluble dans l'eau et les huiles douces, soluble dans l'alcool, l'éther, l'huile de térébenthine, l'acide acétique. L'acide nitrique la convertit en une espèce de matière grasse, butyreuse, soluble dans l'alcool, ainsi que dans les huiles.

Cette substance a beaucoup d'analogie avec le gluten.

DU SARRASIN.

Blé noir, bucail, bouquette, froment des Sarrasins, blé carré, polygonum fagopyrum de LINN. Octandrie digynie, famille des polygonées.

La Perse est, dit-on, le pays originaire du sarrasin; il fut transporté par les Maures d'Asie en Afrique, et de cette partie du Monde en Espagne, d'où cette plante s'est propagée en France, en Italie, etc. Quoique sa farine soit peu propre à la panification, cependant c'est une excellente nourriture pour l'homme et les animaux. En France, dans un grand nombre de localités, c'est une des principales nourritures des habitants; outre cela, les bêtes à cornes, les mules, les chevaux et toutes les volailles, mangent cette graine avec avidité; aussi ne tardent-ils point à engraisser beaucoup.

Cette plante est intéressante : 1° comme céréale, et pour

servir de litière ; 2° comme fourrage ; 3° comme engrais vert ; 4° comme culture améliorante, intercalaire et subsidiaire ; 5° comme pâture des abeilles.

1° Comme plante céréale, le sarrasin demande un sol profond, sablonneux et léger, ni trop maigre ni trop engraissé, ni trop sec ni trop humide ; il réussit mieux dans les terres nouvellement défrichées, médiocres et un peu sablonneuses ; mais sa culture doit être soignée ; elle demande au moins un triple labour. Plus on sème le sarrasin tard, plus il est productif en grain. La saison la plus favorable est depuis le commencement jusqu'au milieu de juin : il ne faut pas enterrer trop le semis. Le sarrasin est très-sensible aux vents du nord et de l'est ; mais il aime un temps variable de pluie et de soleil. Il faut faire la récolte aussitôt que les premières graines sont mûres, avec précaution, parce qu'elles tombent facilement. Les moutons et les bêtes à cornes aiment beaucoup la paille de sarrasin ; mais, comme elle sèche très-difficilement dans une saison si avancée, il vaut mieux s'en servir pour litière. Les chevaux et les cochons aiment le sarrasin concassé ; il engraisse très-bien ces derniers animaux.

2° Comme fourrage vert, le sarrasin est très-précieux ; tous les bestiaux l'aiment en vert, excepté les moutons, qui le préfèrent sec. On peut se procurer par le sarrasin un fourrage vert, ou précoce ou tardif, mais sa culture est alors tout-à-fait différente de la culture du sarrasin pour grains. Plus le sol est sec, plus tôt on le sèmera, et plus la récolte du fourrage sera productive. Semé en avril, il sera bon à couper au commencement de juin, si les gelées tardives ne l'ont pas endommagé. Dans une bonne exposition, on a un fourrage encore plus·précoce, en semant le sarrasin au mois de novembre ou de décembre, dans les sols très-légers surtout, où il faut conserver le plus longtemps possible l'humidité d'hiver. En semant du sarrasin tous les quinze jours, du mois de mai au mois d'août, on aura un fourrage abondant jusqu'à l'arrière-saison.

On doit cueillir le sarrasin à sa maturité et le battre de suite ; car, sans cette précaution, la graine se sépare avec tant de facilité de son calice, que l'on en perdrait beaucoup ; on le vanne ensuite, et on le crible comme le blé. Pour de plus grands détails, nous renvoyons au *Cours théorique et pratique d'Agriculture*, Librairie de RORET.

Choix et conservation du Sarrasin.

Comme toutes les fleurs du sarrasin ne paraissent pas en même temps, il en résulte que les premières graines sont mûres avant même que les dernières fleurs aient paru ; ces premières graines sont donc perdues ; elles tombent sur le sol ; et, pour n'en pas perdre des intermédiaires, qui sont la principale récolte, l'on ne doit pas attendre la maturité des dernières : de sorte que, par un nouveau criblage, l'on doit séparer ces dernières graines, qui ne contiennent que peu de farine et sont impropres à la reproduction. Leur couleur brune est moins intense que celle des bonnes graines ; celles-ci forment environ le tiers du produit ; les autres servent à nourrir et engraisser les bestiaux, et principalement ceux de basse-cour, dont la graisse devient alors fine et plus délicate. Le sarrasin bien nettoyé est ensuite porté dans un grenier bien sec et aéré ; on l'y dépose en couches minces, et on le remue tous les huit jours ; lorsqu'il est bien sec, il peut se conserver jusqu'à trois ou quatre ans sans altération.

Sarrasin de Tartarie. (*Polygonum tataricum*, LIN., même famille.)

Celui-ci diffère du précédent, en ce que sa tige est plus jaune, que ses bouquets de fleurs sont plus allongés, et que ses graines sont plus petites et portent des espèces de dents sur leurs angles. Cette espèce est plus précoce et moins sensible aux froids, plus productive, s'égrène plus aisément, et sa farine est un peu plus amère. Le pain de cette espèce a plus de liaison que l'autre ; il contient sans doute un peu de gluten.

Voici la composition du sarrasin :

Résine.	0,3
Matière azotée.	10,5
Albumine.	0,2
Extrait.	2,5
Sucre.	30,0
Dextrine.	0,3
Amidon.	52,0
Fibres et son.	28,5
	100,0

Du Sorgho. (*Houlque, grand millet d'Inde, millet d'Afrique, petit mil, holcus sorgho,* Lin., *polygamie monœcie, famille des graminées.*)

Dans les pays inter-tropicaux de l'Asie, de l'Afrique et de l'Amérique, ainsi que dans quelques parties du midi de l'Europe, cette graminée est une des principales cultures. On en connaît plusieurs variétés; voici les plus connues :

L'*holcus bicolorée* ou *gros mil du Sénégal*. Originaire de l'Inde; son grain est très-gros et très-bon; cette espèce est la plus productive : on la cultive avec le sorgho.

L'*holcus saccharine, petit mil de Saint-Domingue*. Originaire également des Indes; ses grains sont jaunâtres; elle exige une température plus élevée que la précédente.

L'*houlque penchée*. Epi recourbé et très-serré; graines blanches qui, en France, mûrissent rarement.

La *houlque sorgho, holcus sorgho,* Lin. Elle est également originaire des grandes Indes. Cette espèce est le *dura* ou *douro* des Egyptiens et autres peuples africains. C'est principalement celle qu'on nomme *grand millet d'Inde, millet d'Afrique, petit mil,* etc. Dans le midi de la France on la cultive dans quelques localités; dans quelques parties de l'Espagne et de l'Italie, elle est aussi cultivée que le maïs. Bosc dit qu'un tiers du monde vit peut-être de ses graines, qu'on fait entrer dans le pain, et qu'on mange aussi comme le riz, cuites à l'eau, au lait ou au bouillon.

Petit Millet à épi.

Millet des oiseaux, panis cultivé; panicum italicum, Linn. Triandrie digynie, famille des graminées. Originaire de l'Inde; cultivé en Italie, en Espagne, en France, etc. Les fleurs et les graines sont disposées en épis solitaires. Comme cette plante craint les froids, on ne la sème que vers le milieu du printemps. Quand on débarrasse ses graines de leur enveloppe, au moyen de deux meules, on peut les manger comme le riz; on le fait entrer aussi dans la fabrication du pain.

Panis millet, panicum miliaceum, Linn. Même genre, même famille, et également originaire de l'Inde. Ses graines sont plus estimées que celles du précédent; elles ont une saveur un peu sucrée; leur forme est plus allongée; elles sont même un peu plus grosses. On cultive cette espèce dans toutes

les parties méridionales et tempérées de l'Europe. Les produits qu'elle donne sont si avantageux, que Bosc s'est convaincu qu'aux environs de Paris les champs qui en sont semés
rapportent. trois ou quatre fois plus que ceux qui le sont en
blé.

Ce millet peut être mangé comme le précédent : l'un et
l'autre sont principalement employés, en France, à la nourriture des oiseaux.

M. Philippar compte aujourd'hui vingt-trois variétés de
Panis, qu'il répartit ainsi qu'il suit en deux groupes :

PANIS, *panicum.*

Ier GROUPE.

Panis paniculés, *P. miliaceum*, 8 var.

IIe GROUPE.

Panis spiciformes, *setaria miliacea*, 15 var.

DU RIZ.

Latin, *oriza*; arabe, *arz* et *arzi*; russe, *saratchinsko pchcno*;
suédois, *ris*; danois, *riis*; allemand, *reis*; anglais, *rice*; italien, *riso*; espagnol, *arroz*; français, *riz*. *Oryza sativa*, LINN.
Hexandrie monogynie, famille des graminées, et constituant
seule un genre. Cette précieuse plante est connue dès la plus
haute antiquité; elle peut être considérée comme un des plus
beaux présents que la nature ait fait à l'homme; en effet, suivant M. Dutour, il nourrit environ le tiers des habitants du
globe. Suivant quelques auteurs, il est originaire de la Chine;
et, suivant d'autres, de l'Inde. Quoi qu'il en soit, il est très-
cultivé dans ces vastes contrées , de même que dans toute l'A-
sie, en Afrique, dans les parties méridionales de l'Amérique,
en Europe, en Espagne, en Italie et en Piémont. Tout me
porte à croire que cette culture réussirait également en France,
dans les plaines marécageuses de la Sologne, etc.; car la
culture du riz exige un sol très-humide ou marécageux, et
une température élevée.

Le riz offre plusieurs variétés qui sont plus ou moins recherchées. Voici ce qu'en dit M. Dutour, dans son article Riz,
du *Nouveau Cours d'Agriculture*. Le Malabar, l'île de Ceylan et
celle de Java sont les lieux qui en donnent de meilleur. La
presqu'île de Malaca, la Cochinchine et le royaume de

Siam en produisent aussi beaucoup de bon. Ce grain tient lieu de pain à tous les Indiens, et cette nourriture est beaucoup plus saine en mer que le biscuit, et même le pain. On ne voit, en effet, jamais de scorbut, ou que très-rarement, sur les flottes qui reviennent des Indes, et qui n'ont alors que du riz ; au lieu qu'il y en a toujours sur les vaisseaux qui y vont. Le riz des Indes est meilleur que celui d'Europe. Il y en a une espèce au Japon dont le grain est fort petit, très-blanc, et le meilleur qui existe. Les Japonais n'en laissent presque pas sortir. Les Hollandais en apportent tous les ans un peu à Batavia. En France, le riz du Piémont est assez estimé.

Nous allons donner quelques détails sur sa culture, en reproduisant ici un article intéressant que nous empruntons à M. Dalgabio.

Culture du Riz.

« La culture du riz, dans les pays où elle est en usage, obtient des agriculteurs une préférence marquée sur celle de toutes les autres céréales. Il n'existe aucune plante aussi productive, aucune substance plus saine, plus facile à apprêter, et qui se conserve plus longtemps sans altération que le riz; aussi son emploi, comme aliment, est-il répandu parmi tous les peuples civilisés. La consommation en France de ce grain exotique est depuis longtemps d'une grande importance ; elle s'est accrue surtout depuis que l'industrie, les arts et le commerce, florissant au sein de la paix, répandent la prospérité et le bonheur dans toutes les classes de la société.

» Les avantages de cette culture ont, à diverses époques, excité les agriculteurs à en faire des essais en France. A l'exemple du Piémont et de la Lombardie, on cultiva du riz en Auvergne et en Dauphiné, sous le ministère de Fleury. Nous ignorons si les succès répondirent à leur attente; nous savons seulement que le gouvernement la proscrivit, parce qu'elle compromettait la santé et la vie des habitants d'alentour.

» Avant d'aborder la question qui semble repousser à jamais la culture du riz hors du territoire français, examinons s'il n'existe pas en France des contrées malsaines où l'air est vicié par les marais, et où l'on pourrait cultiver cette plante sans augmenter le danger. La plaine du Forez, par exemple, ne saurait être plus infecte si les étangs et les marais qui la coupent étaient convertis en rizières; il y aurait, au contraire, une grande amélioration, que l'on pourrait racheter en étendant cette culture sur une plus grande superficie. La plante du riz est essentiellement marécageuse ; elle est insatiable d'eau ; à cette condition près, toute espèce de terrain lui convient : dès-lors, quel avantage ne trouverait-on point dans les marais de la Bresse, de la Sologne, des environs de Narbonne, de Montpellier, etc., de pouvoir consacrer ces lieux infects à sa culture.

» M. de Lasteyrie a observé que le climat de la plupart des départements de la France était très-convenable à la culture du riz ; mais les procédés pour le cultiver doivent nécessairement varier suivant les pays. En Piémont, on le sème au mois de mars, après avoir labouré la terre comme pour le blé ; on le couvre aussitôt avec une mare d'eau de 15 à 20 centimètres (6 à 8 pouces) de hauteur. Huit ou dix jours après, on fait écouler cette eau, pour que la chaleur puisse favoriser le germe. Après être resté à découvert pendant deux ou trois jours, on y remet de l'eau jusqu'au mois de juillet, époque ordinaire de sa moisson. Les cultivateurs de cette plante ont soin d'augmenter ou de diminuer la masse d'eau qui couvre les rizières, suivant que la température est plus ou moins élevée ; ils parviennent, par ce moyen, à maîtriser les effets nuisibles des variations de l'atmosphère.

» Nous avons raisonné jusqu'à présent sur la culture du riz, dans la supposition où il serait physiquement impossible d'en améliorer le système ; nous examinerons maintenant s'il peut exister des moyens pour cultiver ce végétal sans vicier l'air au point de compromettre l'existence humaine. Le riz est, comme nous l'avons déjà fait observer, une plante éminemment marécageuse. Les quatre-vingt-dix variétés reconnues par M. Anderson sont toutes insatiables d'eau : la condition du climat étant la même, on pourra le cultiver sur tous les points du globe où il sera possible d'amener les eaux. Parmi les modes de culture usités jusqu'à ce jour, celui par arrosements périodiques semble, à plusieurs égards, mériter la préférence. M. de Lasteyrie, qui l'a vu pratiquer en Espagne, le trouve aussi le plus convenable sous le rapport de la salubrité publique. On inonde les rizières au coucher du soleil, et l'on a soin qu'il ne reste plus d'eau à son lever ; on évite par là la corruption de l'eau. Les Chinois, pour suppléer au terrain qui leur manque, construisent, avec des bambous et des nattes, des radeaux sur lesquels ils mettent de la terre, et for-

ment des îles flottantes, sur lesquelles ils sèment et cueillent
le riz, sans autre irrigation que par les racines mêmes de cette
plante. D'après cela, ne serait-il pas possible d'arroser les rizières de manière à ce que l'eau arrivât à la racine des plantes
sans inonder la surface de la terre? On pourrait arriver à ce
résultat en pratiquant, dans une terre qu'on voudrait établir
en rizière, des canaux souterrains à des distances qui permet-
traient à l'eau de pénétrer la masse de terre intermédiaire.
Ces canaux, faits avec de simples empierrements, de tuiles
creuses renversées, de fagots même, communiqueraient à
deux aqueducs principaux, l'un d'arrivée, l'autre de fuite. Ils
seraient combinés de manière à ce que les eaux, venant de
bas en haut, pour se mettre en équilibre, inonderaient la
couche de terre végétale jusqu'à 15 ou 20 centimètres (6 ou
8 pouces) en contre-bas de sa superficie; cette dernière partie
serait aussi facilement humectée par le seul effet de la capillarité. On pourrait être assuré, par là, d'éviter tous les effets
nuisibles qu'on reproche aux rizières. »

Voici encore quelques détails relatifs à la culture du riz :
les propriétaires riverains du Pô, en Italie, savent tirer parti
des terrains les plus humides, et y récoltent du blé. Ici, tout
dessèchement complet étant impossible, ils font servir une
portion de la terre à ressuyer l'autre, et ils ne perdent pas,
pour cela, la plus petite portion de terrain : 1° Ils labourent,
comme nous, en sillons, mais ils donnent à ces planches une
largeur triple des nôtres, ce qui, d'abord, réduit au tiers le
nombre des sillons de ressuiement, et par conséquent la
quantité de terrain soustrait aux céréales, puisqu'on ne peut
semer dans ces sillons, qui deviennent autant de réservoirs
particuliers livrés à l'écoulement des eaux ; 2° ces sillons ne
restent pas complètement inutiles, comme chez nous, parce
qu'ils y sèment du trèfle ou de la luzerne, qui agit en absorbant, par ses racines et par ses feuilles, une partie de l'humidité superflue. Après le sciage du blé, ces plantes fourragères
donnent d'ailleurs, en longs rubans de verdure, une récolte
accessoire, ou tout au moins un pâturage excellent qui se
renouvelle plusieurs fois pendant l'été ; 3° les fossés de cein-
ture, dont la pièce de terre doit être entourée, sont tout à
la fois, dans nos terres basses, des repaires d'insectes, des
foyers de fièvres pernicieuses, et l'objet d'un entretien dispendieux. En Piémont, après avoir creusé ces foyers à pic
jusqu'à 2 mètres 60 centimètres à 3 mètres (8 à 9 pieds) en con-

tre-bas du sol, au lieu de les laisser à jour, on les remplit de cailloux ou de branches d'arbre, dont les interstices servent de filtre aux eaux superficielles, et l'on répand dessus une partie de la terre provenant de la fouille. De cette manière, le champ ne présente plus qu'une masse continue et productrice sur tous les points ; d'autre part, comme le bois se conserve très-longtemps dans l'eau, on est dispensé pour longtemps de tout curement.

De la culture du Riz à Ceylan par les naturels.

L'usage du riz étant à peu près général en France, ses colonies le cultivant peut-être trop peu ; enfin, quelques positions, dans le midi du royaume (celles où l'on cultive l'olivier, l'oranger), n'étant pas tout-à-fait impropres à la culture de cette précieuse plante, nous croyons que nos lecteurs ne trouveront pas déplacé que nous les entretenions un instant de l'agriculture spéciale du Ceylan.

Il n'est aucune partie du monde où l'agriculture soit plus honorée et plus florissante que dans l'intérieur du Ceylan ; et cependant, comme tous les autres arts, elle y est d'une extrême simplicité dans ses moyens et procédés.

On observera qu'ici c'est un témoin oculaire qui va parler, le docteur Davy :

« Partout où l'abondance et la position de l'eau le permettent, la culture du riz est générale.

1° La première opération consiste à établir dans le meilleur état possible les bords du champ à cultiver,

2° On y introduit ensuite l'eau à la hauteur de 27 ou 54 millimètres (1 ou 2 pouces);

3° On foule le sol pour l'amollir, et on le laboure, ou on l'aguérise pendant qu'il est couvert d'eau;

4° A cette première façon en succède une seconde absolument semblable, excepté qu'on emploie quelquefois les buffles pour piétiner le terrain ; mais quelque moyen que ce soit, il est réduit en boue liquide;

5° Lorsqu'il est dans cet état, on en égalise et l'on en unit bien la surface;

6° Après avoir fait écouler l'eau, on sème à poignées, comme le blé, le riz, qu'on a mis tremper auparavant, et qui doit avoir commencé à germer;

7° Lorsqu'il est enraciné, et sans laisser au sol le temps de sécher, on ferme les rigoles par lesquelles on a retiré l'eau, et on l'introduit une seconde fois dans le champ;

8° Lorsque la plante est haute de 54 ou 81 millimètres (2 ou 3 pouces), on la sarcle, et l'on repique des plants là où il en manque;

9° On entretient l'eau au même niveau jusqu'à l'époque de la prochaine maturité du riz, et alors on la fait écouler, ce qui permet à la chaleur d'agir plus vivement sur la plante, qu'on moissonne aussitôt qu'elle est mûre, et l'on en extrait immédiatement le grain par le piétinement des buffles.

»Depuis le jour de la semaille jusqu'à celui de la récolte, un champ de riz est gardé à vue durant la nuit, contre les dévastations des animaux sauvages, qui en sont très-avides.

»Dans les terres basses, qui n'ont d'autres eaux que celles des pluies, qu'on recueille dans des réservoirs artificiels, on ne fait qu'une récolte, et la saison des semailles est toujours la même.

»Au contraire, dans les montagnes et toutes les localités qui sont abondamment entretenues d'eau de source, le cultivateur n'a aucun égard à la saison pour les semailles, et, dans les bons sols, il fait deux récoltes, quelquefois même jusqu'à trois par an; mais ce sont des exceptions rares, le riz occupant ordinairement la terre pendant sept mois: aussi, celle qui donne une double récolte, qui vient à maturité dans quatre mois, ne produit-elle qu'un grain de qualité inférieure. »

Il est à remarquer que les montagnes sont les plus favorables à la culture du riz, et que l'écrivain que nous citons, dit, en propres termes: « Il est très-heureux que les parties les » plus froides, et par conséquent les plus saines à habiter, » soient aussi les plus convenables à cette riche culture; car, » sans cela, l'intérieur serait inculte et sans habitations. »

Or, comme dans les latitudes les plus chaudes, les montagnes jouissent d'une température souvent pareille à celle du midi de la France, ne peut-on en conclure que le riz pourrait être cultivé en grand, et avec succès, sur les bords de la Méditerranée, à plus forte raison dans les mornes des Antilles?

Dans les terres basses, les champs où l'on cultive le riz sont communément d'une grande étendue, très-plats, et leur aspect est uniforme dans chaque saison, puisque la végétation est à peu près partout au même point.

Il n'en est pas ainsi dans les montagnes; les champs formant une suite de terrasses étroites, et s'élevant en amphithéâtre, présentent en tous sens un aspect très-varié, le riz s'y montrant à tous les degrés de la végétation, depuis le moment où il sort de la terre jusqu'à celui où on le moissonne. Aussi le narrateur dit qu'il serait impossible de trouver des paysages plus intéressants que ceux qu'offrent quelques parties des montagnes, où les efforts et les succès les plus admirables des cultivateurs contrastent, de la manière la plus étrange, avec ceux d'une nature âpre et sauvage au dernier degré.

Il dit aussi que les Européens reculeraient devant les travaux des Singalises pour former leurs terrasses, toujours très-étroites, mais communément longues, avec des murs élevés qui conduisent les eaux quelquefois à deux milles de distance, ou les font passer d'un côté à l'autre, dans des tuyaux de bois, à travers les montagnes.

On jugera de la simplicité des moyens de culture employés par les Singalises, en voyant celle de leurs instruments aratoires.

La charrue pour les rizières est tout ce qu'on peut imaginer de plus léger, de moins cher et de plus simple. Les naturels la nomment *naguala*, et le joug de deux buffles qui y sont attelés, *viaga*.

Le laboureur tient la charrue d'une main, et de l'autre l'aiguillon ou la gaule, *haweta*.

On a récemment introduit, comme un substitut de ce grossier instrument, la charrue écossaise, à laquelle on attelle des éléphants. Elle a très-bien réussi; et les naturels, en voyant sa puissance et la grande quantité de travail qu'elle opère dans un très-court espace de temps, n'ont point été rebelles à l'utile exemple que leur ont offert les Européens; ils ont adopté avec empressement ce puissant auxiliaire de leurs travaux.

Les instruments de bois avec lesquels ils égalisent la terre des rizières sont aussi très-simples. Ils les nomment *anadat poorooa*. Ces grossiers instruments, sur lesquels le conducteur est assis, sont traînés par des buffles.

Le riz est aussi très-cultivé en Égypte, dans la Caroline, etc.; il n'est point sujet aux maladies qui attaquent le blé; lorsqu'il est cueilli à son point de maturité et qu'il est bien sec, il se conserve très-longtemps. L'on assure cependant qu'en

Italie, le vent nommé *sciroco*, lorsqu'il souffle trop souvent, y cause une espèce de nielle.

Il y a aussi une autre espèce de riz sec que l'on cultive dans les terres qui n'ont besoin que d'être arrosées; mais cette espèce est très-rare et presque inconnue en Europe. Nous renvoyons, pour plus de détails sur la préparation du riz, au Mémoire précité de M. Dutour.

ANALYSE DU RIZ.

Riz de la Caroline, par M. Braconnot.

Huile rance, incolore, analogue au suif... . 0,13
Sucre incristallisable. 0,29
Dextrine. 0,71
Amidon. 85,07
Fibre ligneuse. . . . . , 4,80
Gluten. 3,60
Sel et traces d'acide acétique. . . , . . 0,4
Eau. 5
_____
100,00

Riz de Piémont, par M. Braconnot.

Huile rance.. 0,25
Sucre incristallisable.. 0,05
Dextrine. 0,10
Amidon.. 83,80
Fibre ligneuse.. 4,80
Gluten. 3,60
Sel à base de chaux et de potasse. 0,40
Eau. 7
_____
100,00

Idem, d'après *Vogel* (1).

Huile grasse.. 1,05
Sucre.. 1,65
Gomme. 1,10
Amidon.. 96
Albumine soluble. 0,2
_____
100,00

(1) Ce riz était desséché.

Ce riz est presque entièrement composé d'amidon, d'un peu de matière animale et de phosphate de chaux, sans sucre.

Depuis, MM. Darcet et Payen ont donné une nouvelle analyse des riz Lombard et de la Caroline.

Le riz Lombard est en grains moins allongés et moins transparents que celui de la Caroline.

Desséchés l'un et l'autre à 100 degrés, le riz Lombard a perdu 13,50 sur 100, et le riz Caroline 13,25.

Dans cet état de siccité, la demi-transparence pour l'un et l'autre avait disparu; les grains étaient blancs, opaques, offrant l'apparence de la farine comprimée; alors, imbibés d'eau froide pendant vingt-quatre heures, tous deux ont absorbé 50 p. 100 de leur poids de ce liquide. La plupart des grains du riz Lombard, en se dilatant par cette absorption d'eau, se sont fendus. Les grains fendus, dans le riz de Caroline, étaient en petit nombre.

Les deux échantillons séchés ont été mis dans dix fois leur poids d'eau, puis chauffés au bain-marie. Bientôt le riz Lombard s'est fortement gonflé, et graduellement divisé : cet effet n'a eu lieu que plus tard pour le riz Caroline, dont la division et l'augmentation de volume sont d'ailleurs restées moindres.

Les grains des deux riz desséchés occupaient, sous le même poids, des volumes légèrement différents; celui de Lombardie était plus volumineux d'environ 1/40. 8 grammes occupaient 20,5 millimètres, tandis que la même quantité du premier n'occupait que 20 centimètres cubes dans les circonstances autant que possible rendues égales.

Nous avons cru devoir soumettre au nouveau mode d'analyse de MM. Persoz et Payen chacun des riz, afin d'essayer de résoudre la question controversée entre les chimistes, notamment MM. Vauquelin, Braconnot et Vogel, sur la présence ou l'absence d'une matière organique azotée dans le riz.

A cet effet, 10 grammes (2 gros et demi) des grains entiers de chaque échantillon ont été soumis à l'action du liquide de la germination de l'orge, plusieurs fois renouvelé et mis en excès; une température soutenue de 65 à 70 degrés a constamment favorisé cette réaction spéciale.

Le résidu insoluble, soumis à un lavage méthodique, avec mille fois environ son volume d'eau; a conservé des restes d'organisation.

Ce résidu séché formait, pour chacun des deux riz, 12 cen-

tièmes du poids total; chauffé dans un tube, il a donné de
l'ammoniaque, et les autres produits des substances animales.

Traité par une solution étendue de soude caustique, il s'est
en grande partie dissous, laissant insolubles des flocons qui,
rassemblés, lavés et desséchés, pesaient 0,028 du poids total.
Ceux-ci, chauffés dans un tube, donnaient encore les produits
des matières organiques azotées. Traités de nouveau par une
solution de soude, ils n'ont plus laissé que des traces de fibrilles insolubles.

Il nous paraît donc évident, d'après ces premières recherches, dont les résultats se rapprochent de ceux obtenus par
M. Braconnot, que le riz contient, dans une forte proportion,
une matière azotée, et qu'ainsi peut s'expliquer la qualité
éminemment nutritive, depuis longtemps reconnue, de cette
substance alimentaire.

Riz des terrains secs.

On voit en général que les riz Lombard, de la Caroline, de
l'Inde, etc., se cultivent dans des terrains noyés, mais il existe
aussi des riz qui peuvent se cultiver dans des terrains secs, et
que, pour cette raison, on a nommés *riz secs.*

On doit à André Thouin d'avoir introduit, au-delà des Alpes
et en France, une variété de riz qui entre aujourd'hui pour
près d'un tiers dans la production des riz secs de l'Italie. Cette
variété, connue sous le nom de riz sec de la Cochinchine (*oriza
sativa mutica*), n'a pu toutefois bien végéter sans le secours de
l'eau; mais, soumise aux mêmes arrosements que le riz aqua-
tique ou riz barbu, cultivé en Italie depuis plusieurs siècles,
elle s'est considérablement propagée d'abord en Piémont et en
Lombardie sous le nom de *riso bertone,* que les colons lui ont
donné pour exprimer, dans leur dialecte, que l'épi est chauve
et sans arêtes, et plus tard dans le Bolonais, sous celui de *riso
cinense,* parce qu'on a conjecturé que le riz était originaire de
la Chine.

Cette variété à grain moins blanc, mais non moins nutritif
que la variété ordinaire, offre un grand avantage aux cultivateurs, celui d'être très-rarement sujet, quand l'épi monte en
graine, à contracter une sorte de brûlure (*brusoné*), qui
exerce un immense dégât sur le riz barbu. Cette variété est
d'ailleurs plus précoce de quelques jours, et réussit mieux que
le riz ordinaire, dans les terres nouvellement livrées à la culture de cette graminée.

En 1844, M. le vicomte Barruel-Beauvert a rapporté de l'Amérique centrale et du port Saint-Jean de Nicaragua, une variété de riz de terrain sec, qui, semé en France dans de bonnes terres, du mois de février au mois d'avril, réussira probablement, mais sur lequel nous n'avons pas encore, au moment où nous écrivons, d'expériences à faire connaître.

GRAINES LÉGUMINEUSES.

Fèves de marais (vicia faba, de Linné).

Il y en a plusieurs variétés :

Fève de marais grosse. Fruit gros ; très-cultivée.

— *ronde* ou *fève de Windsor.* Fruit gros, presque rond. Cette fève est la plus grosse de toutes celles connues. Elle a une sous-variété, qui est la fève Picarde, laquelle est moins grosse et plus plate.

Fève petite ou *fève julienne.* Très-hâtive.

— *verte.* Elle est toujours verte, même sèche ; tardive.

— *naine* ou *fève à châssis.* Ne s'élève qu'à 3 décimètres (11 pouces) ; très-productive.

— *à longues cosses.* Hâtive. Ses fruits sont longs et nombreux.

La *féverolle, fève de cheval,* ou *des champs,* ou *gourgane.* Celle-ci paraît être le type de l'espèce. On la sème dans les champs pour la nourriture des chevaux, des porcs, etc. Ses fruits sont plus petits et offrent des taches noirâtres.

Les fèves cueillies dans leur maturité et bien séchées, se conservent longtemps. Si on les garde non écossées, elles sont propres à la germination au bout de cinq ans ; écossées, au bout de trois ans elles y deviennent impropres.

On cultive principalement en France la grosse fève de marais et la féverolle : l'une et l'autre de ces espèces sont attaquées, en vieillissant, par un ver qui n'a point encore fixé l'attention des naturalistes, et qui attaque également les pois. Dans le midi de la France, on le nomme *gourgoul.*

Vesce commune (vicia sativa, Linné.)

Ce fourrage est fort recommandé par les agronomes anciens et modernes. On le sème en mars, avril et mai, après un labour, dans toutes les terres, pourvu qu'elles ne soient pas marécageuses ni trop arides. Il en faut treize décalitres par demi-hectare. On le coupe lorsqu'il est en fleur, ou on le fait pâturer ; c'est, selon Olivier de Serres, une source féconde

pour les pays qui manquent de prairies naturelles; mais il
faut n'en donner aux vaches, brebis, agneaux, chevaux, etc.,
qu'avec circonspection et retenue, s'il est mouillé, parce qu'il
les météoriserait. On le coupe aussi lorsque les gousses commencent à mûrir; ils est alors plus nourrissant, et ne mé-
téorise pas; ou peu; il est bien, soit vert ou sec, de le mêler
avec d'autres fourrages. On le laisse mûrir, et la graine nourrit
les pigeons.

Il y a une variété plus rustique, qu'on nomme *vesce d'hiver*;
on la sème en août et en septembre, seule ou avec du seigle.

On doit à MM. Bossin et Malepeyre une variété blanche
(*vicia alba Americana*) venant d'Amérique, très-précoce, très-
productive et se contentant des terres les plus médiocres,
ainsi que quelques autres variétés recommandables.

Vesce blanche, lentille du Canada (*V. pisiforme*, Linné).

On cultive ce fourrage dans le département de la Meuse; on
le donne en vert, et on le fait pâturer.

M. Bosc assure que sa culture est plus avantageuse que
l'espèce ordinaire, parce qu'on peut la couper trois fois, et
qu'elle fournit ensuite un pâturage abondant l'hiver. Elle s'accommode des terres légères; ne dure qu'une année.

Les espèces dont je vais faire le dénombrement sont toutes
très-bonnes pour la nourriture des animaux; mais, comme
elles rampent, il faut les semer avec des plantes de la même
durée, qui servent de tuteurs, comme trèfles, sainfoin, mélilot de Sibérie, etc.

Vesce bisannuelle (*V. biennis*, Linné).

M. Thouin l'a souvent recommandée comme un excellent
fourrage; il la semait avec le mélilot de Sibérie. MM. Bossin
et Malepeyre en ont introduit récemment une très-belle variété sous le nom de *V. biennis sativa*.

Vesce en épi (*vicia cracca*, Linné); *V. des buissons* (*V. du-
metorum*, Linné); *V. des haies* (*V. sepium*, Linné); *V. la-
thyroïde* (*V. lathyroïdes*, Linné).

Cette dernière espèce est très-cultivée en Pologne dans les
lieux secs et sablonneux, pour la faire pâturer aux troupeaux.

On cultive principalement les deux premières espèces, soit
pour fourrage, soit pour récolter la graine, qui sert à la
nourriture des pigeons, etc. La farine des vesces a un goût
particulier qu'elle communique au pain.

Boulanger, tome 1.   17

Analyse par Einhof.

Substance amère, aigre.	3,54
Gomme.	4,61
Amidon.	34,17
Fibre amylacée.	15,89
Membranes extérieures.	10,05
Gliadine.	10,86
Albumine.	0,81
Phosphate de chaux et de magnésie. . .	0,98
Eau.	15,63
Perte.	3,46
	100,00

Fourcroy et Vauquelin y ont trouvé, en outre, un peu de sucre et beaucoup de tannin. Nous allons faire connaître la substance qui est propre aux fèves, etc., et à laquelle on a donné le nom de *gliadine.* Cette substance a été découverte par Einhof dans les fèves, les pois et les lentilles. Pour l'obtenir, on fait gonfler ces graines dans l'eau, on les broie ensuite dans un mortier avec ce liquide qui dépose de la fécule, et l'on sépare par le filtre la gliadine qui est suspendue dans la liqueur. Cette substance est d'un brun jaunâtre, transparente, semblable à la colle-forte, soluble dans l'alcool, et insoluble dans l'éther et dans l'eau.

La vesce des buissons est très-cultivée en Espagne, en Italie, en Egypte, dans la Turquie d'Asie, dans le midi de la France, etc.

Pois chiches ou garvanços.

Le pois chiche est la graine d'une plante légumineuse qui paraît avoir été connue depuis fort longtemps, puisque les Grecs en ont fait mention sous les noms de *erebinthos* et de *crios;* nos anciens auteurs l'ont désignée sous les noms de *cicer arietinus, cicer sativum*, etc. Diadelphie décandrie, famille des légumineuses.

Berard père a publié, sur cette légumineuse, un article spécial que nous allons faire connaître :

Il paraît certain qu'il doit exister plusieurs espèces ou variétés de cette plante, et M. Dunal croit que son histoire est encore à faire.

Plusieurs agronomes modernes assurent que cette plante

est cultivée dans quelques contrées du Nord pour en obtenir
un fourrage que les bestiaux, et les vaches surtout, mangent
avec beaucoup d'avidité; ils ajoutent même que ce fourrage
fait produire beaucoup de lait à ces dernières. Ils prescrivent
de semer la graine en automne pour en obtenir du fourrage
au printemps suivant, et de la graine en été. Dans nos contrées, on la sème en mai.

Lorsque la plante est en pleine vigueur, elle est hérissée de
vésicules oblongues qui ressemblent à des poils, et qui sont
remplies d'une liqueur acide qui corrode la chaussure des personnes qui traversent les champs où se trouve la plante.
M. Dispan, professeur de chimie à Toulouse, examina et dé-
crivit cette liqueur il y a environ trente-trois ans, et lui
donna d'abord le nom d'*acide cicérique*, mais il fut ensuite
prouvé que c'était de l'acide oxalique. Il paraît que cet acide
est nécessaire à la fructification, puisque l'on a observé que les
plantes foulées ne produisent rien et dépérissent (1).

Revenons à la graine de la plante qui nous occupe : ce légume est un fort bon aliment, quoique peu goûté à Paris et
dans le nord de la France; mais nos habitants des départements méridionaux en font grand cas; il est peu de propriétaires qui n'en cultivent : on attache même des idées reli-
gieuses à en manger à l'époque de la semaine sainte. Le
docteur Chrestien emploie souvent, pour combattre des maladies bilieuses, des décoctions, des purées et du café de pois
chiche.

En Espagne, on fait un grand usage de ce légume, et l'on
m'a assuré, à Barcelonne, que le roi Charles IV en faisait servir tous les jours sur sa table. J'y en ai vu deux espèces bien
distinctes, désignées sous le nom commun de *garbanzos :* l'une
est exactement la même que celle que nous cultivons, et
l'autre est double en volume; celle-ci est plus estimée, et principalement cultivée à Madrid ou aux environs de cette capitale.

Nos agriculteurs, sans s'arrêter aux variétés botaniques des
pois chiches qu'ils cultivent, ne font qu'une seule distinction,
qui porte sur la qualité; de sorte que, suivant eux, il y a des
pois chiches de bonne cuite et des pois chiches de mauvaise

(1) Quand la plante est foulée, les vaisseaux de la sève sont meurtris, il y a alors interruption dans la nutrition, et par conséquent dépérissement. On n'a donc pas besoin
de supposer la nécessité de l'acide oxalique pour expliquer, dans ce cas, la stérilité du
pois chiche.

cuite. La première cuit facilement, pourvu que l'on emploie
de l'eau très-pure de fontaine ou de pluie, soit pour les faire
gonfler la veille, soit pour la cuisson le lendemain. Il n'en est
pas de même de la seconde; les pois restent toujours durs,
malgré la pureté de l'eau et l'ébullition; ce qui a donné lieu
à aider la cuisson par une légère lessive de cendres, par quelques décigrammes de potasse ou de soude, et enfin par l'eau
dans laquelle on a fait cuire des épinards (1). Ces auxiliaires
produisent bien quelque effet; mais les pois restent encore
fermes, et ils ont pris un goût désagréable.

« Le vice de mauvaise cuite, dit M. Julia Fontenelle, est
attribué par les uns à l'espèce particulière de la plante, et
par d'autres à la nature du terrain. Ces opinions ne m'ayant
pas paru fondées, je résolus de faire des expériences dans le
but de découvrir la cause de la mauvaise cuite. J'avais déjà
observé, en parcourant les propriétés rurales de nos environs,
que les agriculteurs, très-occupés à l'époque de la récolte des
grains, laissent leurs pois chiches, déjà mûrs, exposés pendant
trop longtemps à l'ardeur brûlante du soleil d'été, qui blan-
chissait toute la fane de la plante et en rendait les graines
très-dures. Cette observation m'avait fait présumer que la
trop longue exposition de la plante à l'ardeur du soleil pouvait bien être la cause que je cherchais à découvrir.

» Pour m'en assurer, je fis préparer un carré de terre, sur lequel je fis semer séparément des pois chiches de bonne cuite,
et de ceux de mauvaise cuite, bien reconnus pour tels; ils
furent soignés également, et toujours dans les mêmes circonstances. Lorsque la plante fut fanée et le grain bien nourri,
mais l'un et l'autre conservant encore une certaine verdeur,
je fis arracher séparément la moitié de chaque qualité, ce qui
forma deux trousseaux de plantes, l'un de bonne cuite, coté
N° 1, et l'autre de mauvaise cuite, coté N° 2; ils furent déposés dans une remise à l'abri du soleil.

» Les deux autres moitiés de plantes restèrent sur pied huit
jours de plus et exposées à l'ardeur du soleil, elles devinrent
presque blanches. On les arracha, et elles furent mises séparément en deux trousseaux; celui de bonne cuite fut coté
N° 3, et celui de mauvaise cuite N° 4. Les quatre trousseaux
furent séparément dépiqués, et les pois chiches en résul-

_____

(1) L'eau d'épinards contient, d'après M. Braconnot, de l'oxalate de potasse, un peu
d'oxalate de chaux et une matière extractive.

tant furent mis en quatre petits sacs avec les numéros res-
pectifs.

» Je procédai ensuite à la cuisson de chaque numéro, en
ayant soin de faire gonfler, la veille, avec de l'eau pure tiède,
et en faisant cuire le lendemain, en employant pour chaque
numéro la même eau, le même temps, le même degré de feu,
etc.; il en résulta que les Nᵒˢ 1 et 2 furent l'un et l'autre de
très-bonne cuite, et que les Nᵒˢ 3 et 4 furent de mauvaise
cuite. On répéta plusieurs fois les cuissons, et les résultats
furent les mêmes. On peut donc obtenir des pois chiches de
très-bonne cuite en semant ceux de mauvaise cuite : il ne s'a-
git que d'arracher la plante avant qu'elle soit entièrement
fanée. Toutes les personnes à qui j'ai conseillé cette pratique
ont obtenu les mêmes résultats.

»On peut conclure des faits et expériences, que nos propriétaires et cultivateurs, ayant maintenant la certitude d'obtenir
constamment des pois chiches de très-bonne qualité, pourront
donner plus d'étendue à la culture de ce légume et y trouver
un bénéfice; la vente en sera facile lorsque l'acheteur et le
consommateur n'auront pas à redouter la mauvaise cuite. »

Pois cultivés (Pisum sativum de LIN. *Diadelphie décandrie,
famille des légumineuses).*

L'on connaît un grand nombre de variétés de pois : nous
allons les présenter d'après leur précocité :

1º *Pois hâtifs de première saison* ou *de primeur.*

Pois michaux, ou *petit pois de Paris.* Très-hâtif : on le
sème près les murs.

— *de Ruelle.* Sous-variété du précédent.
— *de Francfort,* ou *michaux de Hollande.* Très-hâtif et très-
productif.
— *de Nanterre.* Tendre.
— *baron.* Grain petit.
— *quarantain.* Très-sucré.
— *Petit pois de Blois.* Très-productif.
— *pour châssis,* ou *à bouquet sucré.* Pour bordure.

2º *Pois hâtifs* ou *de seconde saison.*

Pois michaux de Hollande ou *pois de Francfort.* Très-hâtif.
On le sème à commencer du premier jour de mars. Dans le
midi de la France on le sème en février. Petites rames.

Pois à la moelle . A rames; sucré.
— *Laurent.* Sucré.
     en éventail. Sans parchemin.
— *vert nain.* Très-sucré.
— *Prince Albert.* Le plus hâtif de tous ceux encore connus.

On sème tous ces pois en pleine terre, en mars. Ils s'élèvent
peu.

3° Pois tardifs ou de troisième saison.

Pois sans pareil. Très-sucré et très-productif.
— *Marly.* Grain très-gros.
— *carré blanc.* Très-sucré.
— *carré à cul noir.* Bon en vert et en purée.
— *à longue cosse.* Très-productif.
— *vert de Nogent.* Très-tendre et sucré.
— *Clamart* ou *carré fin.* Sucré, très-bon.
— *ridé de Knight.* Très-sucré.
— *sans parchemin.* Demi-ramé; sucré.
— *corne Bélier.* Grande cosse, sans parchemin.
— *œil de perdrix.* Sans parchemin.
— *turc.* Cosse très-tendre. Très-sucré.
— *gros vert normand.* Très-bon en sec. — etc.

Tous les pois tardifs se sèment depuis mai jusqu'en juin.
Après juin on peut encore semer pendant vingt jours les primeurs.

Dutour donne le procédé suivant pour avoir des pois en
hiver : on les écosse encore tendres et verts; on les jette dans
l'eau bouillante, et aussitôt qu'ils ont subi un ou deux bouil-
lons, on les retire pour les jeter dans l'eau fraîche : on décante
l'eau et on les fait sécher à l'ombre, et ensuite au soleil ardent
ou au four. On les conserve dans des vases.

Les pois sont cultivés de temps immémorial; ils offrent
non-seulement une nourriture très-agréable à l'homme, mais
encore un excellent fourrage pour les bestiaux.

Dans tout le midi de la France, on sème principalement
l'espèce qui est connue sous le nom de *pois des champs;* les
grains en sont gros, blanchâtres et très-productifs.

Au bout de deux ans les pois perdent leur vertu germinative. Ils sont ordinairement attaqués par le ver qui ronge les
fèves. L'analyse des pois mûrs a donné à Einhof :

Sucre incristallisable..   2,11
Gomme.   6,37
Amidon.   32,45
Fibre amylacée.   21,88
Gliadine.   14,56
Albumine soluble. :   1,72
Phosphate acide de chaux.   0,29
Eau.   14,06
Perte.   6,56
                                        _____
                                          100,00

Haricot ou *faséole* (*phaseolus vulgaris*, LIN. *Même genre
et même famille*).

Il y a un grand nombre de variétés; on en compte trois
cents. Voici les plus cultivées, qu'on divise en *haricots grimpants* ou *à rames*, qui s'élèvent de 2 mètres à 6 mètres 65
centimètres (6 à 20 pieds), et en *haricots nains* ou *sans rames.*
Ils ne s'élèvent qu'à 4 décimètres (12 à 15 pouces).

1° *Haricots grimpants; ont besoin de tuteurs.*

Haricot de Soissons. Graine plate et blanche. On le mange
sec.

— *prud'homme.* Graine ronde, blanche. On le mange en
vert.

— *de Prague.* Rouge, graine ronde; très-tardif, sans parchemin. Bon en vert et sec.

— *de Prague bicolore.* Aussi sans parchemin. Bon en vert et
sec.

— *Sophie.* Graine blanche; mange-tout. Bon en vert.

— *sabre.* Graine aplatie, blanche. On le mange en vert et
en sec. On le confit aussi en vert.

— *riz.* Grain très-petit, blanc. Bon en vert et en sec.

— *de Lima.* Grain blanchâtre. Bon en sec.

— *d'Espagne.* Forme une espèce qui est le *phaseolus cocci-
neus*, LIN. La graine est violette ou blanche. Bon en sec.

2° *Haricots nains; n'ont pas besoin de tuteurs.*

Haricot de Soissons, nain ou *gros pieds.* Bon en vert et sec.
Haricot nain hâtif de Hollande. On le sème comme très-

hâtif, sous châssis. Très-bon en vert. On le sème aussi en pleine terre.

— *flageolet* ou *nain hâtif de Laon*. Graine cylindrique, blan‑ che. Bon en vert et en sec.

— *nain blanc sans parchemin*. On le mange en vert.

— *sabre nain*. Graine blanche. Très-bon en vert.

— *deux à la touffe*. Bon en vert et en sec.

— *suisse blanc, rouge et ventre de biche, gris et gris bagno‑ let*; sont tous bons en vert. Le ventre de biche, le rouge et le blanc sont aussi bons en sec. On les fait sécher en vert pour l'hiver, surtout le bagnolet.

— *noir* ou *nègre nain*. Très-bon en vert et très-hâtif.

— *rouge d'Orléans*. Bon en sec ; gros rouge.

— *nain jaune du Canada*. Très-hâtif; sans parchemin. Très-bon en vert et en sec.

— *de la Chine*. Bon en vert et en sec. — etc.

Tous les haricots, dans tous les pays, se sèment quand les seigles sont fleuris. A Paris, aux derniers jours d'avril jus‑ qu'en août.

On sème pour *primeurs* les variétés les plus saines, à la fin de mars, sur couches, dans des pots ; et, lorsqu'il y a de bon‑ nes feuilles et que l'air est chaud, on les place en mottes dans des plates-bandes à bon abri.

Si on veut conserver des haricots avant leur maturité en gousses, pour en jouir l'hiver, on les cueille et épluche sans les casser ; on les jette dans l'eau bouillante, et on les retire lorsqu'ils sont tant soit peu cuits. On les place sur des claies étendues pour les sécher au soleil ou à la chaleur du four, à la sortie du pain. On les conserve dans des vases bien bouchés. Les haricots, en cet état, conservent presque la couleur et la saveur qu'ils ont en les cueillant.

Les haricots sont une des légumineuses dont la conservation est la plus facile et la consommation la plus forte : c'est, en un mot, un des aliments les plus précieux.

Analyse des haricots secs, par *Einhof*.

Matière extractive âcre et amère. 3,41
Gomme avec phosphate et hydrochlorate de potasse. . 19,37
Amidon. 35,94
Fibre amylacée. 11,07
Gliadine impure. 20,81

Albumine.   1,35
Membranes extérieures. , ...   7,05
Perte.   0,55

Lentilles (ervum lens, LIN. Diadelphie décandrie, famille
des légumineuses).

On compte plusieurs espèces de lentilles; les principales
sont :

Lentille à la reine ou lentille rouge (ervum lens minor).

Cette variété de l'*ervum lens* est fort cultivée comme fourrage vert et en sec, en mars et avril, en terres sèches et sablonneuses. On la sème souvent avec de l'avoine. On cultive
aussi en grand cette lentille pour sa graine, qu'on mange
cuite.

Lentille d'hiver (ervum lens hyemalis).

Cette variété, plus rustique, se sème en automne, avec
moitié seigle, pour donner en vert aux animaux.

Ers ervillier, Komin. (ervum ervillia, LIN.).

Cette plante, nommée encore *orobe officinale*, est annuelle
et cultivée comme fourrage dans plusieurs provinces de France;
mais on ne la donne pas seule aux animaux, on la mêle avec
d'autres pour prairies vertes ou pâturages.

Lentille à une fleur, ou lentille d'Auvergne (ervum
monanthos, LIN.).

On cultive cette plante pour sa semence, que l'on mange
cuite et comme fourrage : on la sème en automne, en terre
sèche et sablonneuse; on la donne en vert ou en sec.

Les lentilles se conservent assez longtemps, et germent très-
promptement; elles perdent cette faculté en vieillissant. D'a-
près l'analyse de M. Einhof, sèches elles sont composées de :

Extrait doux.   3,12
Gomme.   5,99
Amidon.   32,81
Fibre amylacée, gliadine et membranes.   .   18,75
Gliadine..   37,32
Albumine soluble.   1,15
Phosphate acide de chaux.   0,57
Perte.   0,29

MM. Fourcroy et Vauquelin y ont trouvé une huile épaisse, et dans l'enveloppe du tannin.

Gesse (lathyrus sativus, Lin. *Diadelphie décandrie, famille des légumineuses).*

On compte plusieurs variétés de gesses; les principales sont :

1° La *gesse cultivée, lentille d'Espagne* ou *pois carré, lathyrus sativus.* On cultive cette légumineuse, soit pour sa graine, soit en fourrage; elle s'accommode de toutes les terres. La gesse a la forme d'un carré long; elle est de couleur feuille-morte claire; elle se conserve longtemps, elle est peu cultivée en France.

2° *Gesse chiche, jarosse, gairoutre, pois breton, petite gesse, gessetre, jarat (lathyrus cicera,* Linné).

Cette espèce est plus petite que la précédente et encore moins cultivée. La farine qu'elle donne est très-nutritive.

Lupin blanc (lupinus albus, Lin. *Diadelphie décandrie, famille des légumineuses).*

Cette légumineuse est très-cultivée en Espagne, en Italie et dans le midi de la France; elle croît très-bien dans les terres légères et caillouteuses; elle donne de bons pâturages; la farine de ses graines est recommandée comme émolliente.

La plupart des légumineuses renferment un principe qui leur est particulier, qui les caractérise, et auquel on a donné le nom de *légumine.* Voici son mode de préparation :

On obtient la *légumine,* en pilant les pois et les lavant avec de l'eau chaude, tant que celle-ci est colorée, puis les faisant macérer dans l'eau chaude pour les réduire en une bonne bouillie à laquelle on ajoute quelques gouttes d'ammoniaque; on filtre, puis on laisse clarifier. On précipite ensuite la *légumine* par l'acide acétique et on la lave à l'eau froide. Purifiée, cette substance est blanche, mais jaunit par la dessiccation; elle se laisse facilement réduire en poudre, rougit le tournesol, et est insoluble dans l'acide acétique, mais produit avec la potasse et l'ammoniaque des dissolutions parfaitement claires.

Voici du reste la composition des principales légumineuses qui servent d'aliment.

(Voir le Tableau ci-contre.)

	Fèves. de marais.	Haricots	Pois.	Len- tilles.
Amidon.	34	42.0	42.6	33.0
Légumine.	11	18.2	18.4	37
Matière azotée soluble	»	5.4	8.0	»
Albumine.	1	»	»	1
Dextrine.	4.5	»	»	
Glucose.	»	0.2	2.0	} 9
Pectine.	»	1.5	4.0	
Extrait amer. . . .	3.5	»	»	»
Fibre amylacée. . . .	16	»	»	»
Graisse jaune. . . .	»	0.7	»	»
Fibres.	»	} ·9		
Sels.	1		}	
Son. . . . . }	10	»	} 13.0	»
Tannin. . . . . . . }				
Huile verte.	»	»	}	} 20
Eau.	20	23	12	
	100.0	100.0	100.0	100.0

STATISTIQUE DE LA PRODUCTION CÉRÉALE EN FRANCE.

Le Ministre des travaux publics, de l'agriculture et du commerce, a fait paraître en 1837, sous le titre d'*Archives statistiques*, des documents des plus importants sur la production des céréales en France pendant une longue série d'années, et sur leur prix, ainsi que sur leur poids, depuis une certaine époque où l'administration a commencé à attacher quelque importance aux documents. Nous allons emprunter à ces Archives quelques renseignements pleins d'intérêt pour l'objet qui nous occupe.

Nous commencerons par faire connaître le prix moyen du froment (rapporté à l'hectolitre) pour toute la France, depuis l'année 1756 jusqu'à l'année 1790.

(*Voir le Tableau suivant.*)

Années	PRIX moyen.		Années	PRIX moyen.		Années	PRIX moyen.		Années	PRIX moyen.	
	fr.	c.		fr.	c.		fr.	c.		fr.	c.
1756	9	58	1765	11	18	1774	14	60	1783	15	07
1757	11	91	1766	13	29	1775	15	95	1784	13	55
1758	11	29	1767	14	31	1776	12	94	1785	14	89
1759	11	79	1768	15	55	1777	13	58	1786	14	12
1760	11	79	1769	15	41	1778	14	70	1787	14	18
1761	10	00	1770	18	85	1779	13	61	1788	16	12
1762	9	94	1771	18	19	1780	12	62	1789	21	90
1763	9	55	1772	16	68	1781	13	47	1790	19	48
1764	10	05	1773	16	48	1782	15	29			

Les années 1791 à 1796, pendant lesquelles toute l'administration était bouleversée, ne fournissent aucun document certain sur le prix du froment à cette époque; mais, à dater de 1797, les prix recommencent à être notés régulièrement, et, qui plus est, suivant un groupement de la France par régions qu'il importe de connaître.

La première région, dite du *Nord-Ouest*, embrasse les départements suivants : Finistère, Côtes-du-Nord, Morbihan, Ille-et-Vilaine, Manche, Calvados, Orne, Mayenne et Sarthe.

Deuxième Région. *Nord*. Départements : Nord, Pas-de-Calais, Somme, Seine-Inférieure, Oise, Aisne, Eure, Eure-et-Loir, Seine-et-Oise, Seine et Seine-et-Marne.

Troisième Région. *Nord-Est*. Départements : Ardennes, Marne, Aube, Haute-Marne, Meuse, Moselle, Meurthe, Vosges, Haut-Rhin et Bas-Rhin.

Quatrième Région. *Ouest*. Départements : Loire-Inférieure, Maine-et-Loire, Indre-et-Loire, Vendée, Charente-Inférieure, Deux-Sèvres, Charente, Vienne et Haute-Vienne.

Cinquième Région. *Centre*. Loir-et-Cher, Loiret, Yonne, Indre, Cher, Nièvre, Creuse, Allier et Puy-de-Dôme.

Sixième Région. *Est*. Départements : Côte-d'Or, Haute-Saône, Doubs, Jura, Saône-et-Loire, Loire, Rhône, Ain et Isère.

Septième Région. *Sud-Ouest*. Départements : Gironde, Dordogne; Lot-et-Garonne, Landes, Gers, Basses-Pyrénées, Hautes-Pyrénées, Haute-Garonne et Arriège.

Huitième Région. *Sud.* Départements : Corrèze, Cantal, Lot, Aveyron, Lozère, Tarn-et-Garonne, Tarn, Hérault, Aude et Pyrénées-Orientales.

Neuvième Région. *Sud-Est.* Départements : Haute-Loire, Ardèche, Drôme, Gard, Vaucluse, Hautes-Alpes, Basses-Alpes, Bouches-du-Rhône et Var.

Dixième Région. La Corse.

Cela posé, voici le prix moyen de l'hectolitre de froment par régions depuis 1797 jusqu'en 1835 :

(*Voir les Tableaux suivants.*)

Années	RÉGIONS.																				PRIX moyen pour toute la France.
	1ro Nord-ouest.		2e Nord.		3e Nord-est.		4e Ouest.		5e Centre.		6e Est.		7e Sud-ouest.		8e Sud.		9e Sud-est.		10e Corse.			
	fr.	c.	fr.	c.	fr.	c.	fr.	c.	fr.	c.	fr.	c.	fr.	c.	fr.	c.	fr.	c	fr.	c.	fr.	c.
1797	20	46	15	36	16	20	18	39	16	69	19	13	20	44	22	98	26	91	»		19	48
1798	13	46	12	92	13	43	15	10	13	93	16	78	21	76	22	76	22	80	»		17	07
1799	14	98	12	35	11	56	18	16	12	64	15	61	21	18	19	75	20	90	»		16	20
1800	18	05	13	11	13	80	22	30	13	39	21	63	24	24	24	17	28	96	31	77	20	34
1801	22	93	19	27	15	76	19	64	15	74	22	28	27	13	27	12	30	79	44	18	22	40
1802	20	69	26	78	23	00	19	46	22	03	24	57	23	82	25	63	32	46	»		24	32
1803	22	18	19	79	20	67	18	70	24	00	28	74	21	94	28	00	38	44	»		24	55
1804	21	43	13	74	13	64	15	03	16	27	21	58	18	24	24	64	29	96	»		19	19
1805	17	79	18	33	14	26	14	87	16	31	19	56	20	43	22	90	26	22	30	99	19	04
1806	13	53	16	90	16	07	15	36	15	99	20	14	23	64	23	65	28	36	30	89	19	35
1807	14	88	17	56	15	10	17	34	16	30	19	34	21	39	22	27	25	56	27	29	18	88
1808	14	14	15	35	13	42	14	85	14	35	16	84	17	55	18	97	22	99	25	79	16	54
1809	13	30	12	95	11	95	11	35	13	49	15	97	16	25	17	37	21	04	20	77	14	86
1810	17	85	17	16	15	63	13	33	16	81	21	66	21	01	23	90	29	07	24	85	19	61
1811	20	54	20	99	21	32	20	74	22	58	29	20	28	93	30	91	37	88	56	10	26	13
1812	33	79	33	21	29	24	33	69	33	67	34	25	33	76	36	04	40	34	49	16	34	34

1813	20	77	22	87	19	17	19	91	21	48	23	56	22	64	23	86	27	33	58	55	22	51
1814	14	73	15	27	14	54	14	83	15	42	18	34	21	19	20	18	23	24	33	79	17	73
1815	16	23	16	35	16	50	16	65	16	82	19	37	23	27	23	51	26	04	37	53	19	53
1816	23	91	27	74	29	57	22	72	24	24	30	60	28	98	31	81	33	52	36	96	28	31
1817	30	12	37	11	44	02	29	30	32	81	43	05	32	39	36	02	39	20	39	41	36	16
1818	23	26	22	84	21	45	24	38	21	92	25	45	26	32	27	19	29	35	26	09	24	65
1819	19	40	16	83	14	07	18	09	16	41	18	53	19	13	20	69	23	00	21	27	18	42
1820	19	54	19	82	16	02	17	34	17	44	19	31	18	09	20	87	23	67	19	92	19	13
1821	18	40	18	61	14	22	16	19	16	21	17	67	16	37	18	99	23	03	22	77	17	79
1822	14	70	14	66	13	03	13	50	12	96	13	35	15	90	18	42	20	25	22	93	15	49
1823	15	91	16	99	15	30	16	16	15	00	17	69	19	04	19	63	21	26	24	53	17	52
1824	15	16	15	94	12	73	15	45	14	55	17	21	16	79	18	46	20	80	21	47	16	22
1825	16	11	14	73	12	72	13	76	13	85	17	45	14	53	16	84	20	35	17	44	15	74
1826	16	66	15	94	13	81	13	67	14	66	16	92	14	43	15	88	19	81	16	25	15	85
1827	55	83	16	75	17	20	14	64	18	21	21	02	17	10	18	70	22	84	19	51	18	21
1828	19	22	22	98	20	88	18	29	21	60	24	99	20	51	23	25	26	26	22	97	22	03
1829	23	69	26	10	21	21	21	44	22	41	21	79	19	68	21	68	24	73	22	85	22	59
1830	20	58	21	76	21	13	20	29	21	87	26	47	19	63	22	78	27	21	24	33	22	39
1831	20	30	22	77	21	91	19	93	20	98	23	75	21	12	22	75	24	90	23	13	22	10
1832	20	47	21	57	22	07	19	89	19	25	23	63	21	18	23	33	25	09	21	69	21	85
1833	14	58	13	38	15	04	14	49	15	01	18	63	15	72	18	64	22	00	19	23	16	62
1834	14	29	14	54	12	51	13	71	13	82	15	•32	15	44	17	16	20	16	19	70	15	23
1835	14	59	14	77	12	79	13	67	13	74	15	04	16	58	17	03	19	16	19	51	15	23

Voici maintenant le nombre d'hectares de terres qui ont été ensemencées en grains et en pommes de terre, dans toute la France, pendant les années 1815, 1820, 1825, 1830 et 1835.

Années.	NOMBRE D'HECTARES ENSEMENCÉS EN									TOTAUX par départements.	Nombre d'hectares ensemencés en pommes de terre.
	Froment.	Méteil.	Seigle.	Orge.	Sarrasin.	Millet et maïs.	Avoine.	Légumes secs.	Autres menus grains.		
	hectares.	hect.	hect.	hect.	hect.	hect.	hect.	hect.	hect.	hect.	hectares.
1815	4,591,677	916,288	2,873,920	1,072,987	654,602	541,513	2,498,481	229,387	200,446	13,279,301	»
1820	4,683,788	877,507	2,696,521	1,558,585	644,898	581,910	2,586,075	254.658	206,823	13,857,565	573.764
1825	4,854,169	885,316	2,726,940	1,929,030	625,590	565,508	2,602,452	286,180	245,534	14,021,325	»
1830	5,011,704	870,468	2,696,052	1,295,479	650,282	581,158	2,760,669	300,513	259,065	14,434,370	609,889
1835	5,358,043	874,276	2,638,918	1,309,186	700,890	503,227	2,840,360	317,083	285,522	14,888.385	803,834

A la suite de ce tableau, il convient de donner le nombre d'hectolitres de tous les grains indiqués dans le précédent, ainsi que des pommes de terre, qui ont été récoltés sur la totalité des terres ensemencées dans les mêmes années que celles portées dans ce tableau.

Années.	Nombre d'hectolitres de. grains récoltés sur la totalité des terres ensemencées en									TOTAL de la récolte des grains en France.	RÉCOLTES subsidiaires en	
	Froment.	Méteil.	Seigle.	Orge.	Sarrasin	Millet et maïs.	Avoine.	Légumes secs.	Autres menus grains.		Pommes de terre.	Châtaignes.
	hectol.	hectol.	hectol.	hectol.	hectol.	hectol.	hectol.	hectol.	hectol.	hectol.	hectol.	hectol.
1815	39460971	8752132	19678595	12990751	5314542	5650060	36438171	1876081	1902664	132094470	21597915	5610100
1820	44347720	9228580	25400471	19379157	7745108	5786988	41692509	2594228	2207181	158181942	40670083	2225601
1825	61035177	11351398	26722151	14485070	6126734	6519946	35702863	2262082	2578952	164784573	médiocre	bonne
1830	52782008	9917241	26876157	19901716	7468080	7550701	52480286	3498806	3733597	183990592	54835167	1431744
1835	71007484	12281020	32996950	18184516	5175933	6951179	49460057	3518691	4099564	204165194	71982811	1815540

La répartition de ces divers produits entre nos divers départements et entre les régions que l'administration a établies entre eux, est un élément important du commerce des grains, en ce qu'il fait connaître cel'es de ces régions et ceux de ces départements qui sont le centre d'une plus grande production céréale, et où l'on peut espérer rencontrer le plus de ressources. Pour ne pas donner trop d'étendue au tableau de cette répartition, nous nous bornerons à celui qui concerne l'année 1835.

Un autre élément important du commerce des grains, qu'il importe aussi de connaître, c'est le poids moyen de l'hectolitre de froment. Nous allons donc d'abord présenter le tableau de ce poids, constaté par ordre ministériel, à partir de 1819, sur les principaux marchés des départements. A partir de 1819 jusqu'en 1827, on n'avait constaté que le poids de la première qualité de froment ; mais, à dater de 1828, on a aussi établi celui de la deuxième et de la troisième qualité, dont on peut tirer une moyenne. Nous ferons suivre ce tableau d'un second qui donnera le poids par régions pour l'année 1835.

Années.	POIDS MOYEN DE L'HECTOLITRE DE FROMENT EN FRANCE.			
	1re qualité	2º qualité.	3º qualité.	Moyenne des 5 qualités.
	kilog.	kilog.	kilog.	kilog.
1819	75.51	»	»	»
1820	76.55	»	»	»
1821	75.87	»	»	»
1822	76.25	»	»	»
1823(1)	75.98	»	»	»
1825	77.41	»	»	»
1826	76.20	»	»	»
1827	76.48	»	»	»
1828	75.76	73.47	71.59	73.54
1829	76.16	73.99	71.88	74.01
1850	76.59	74.52	72.43	74 51
1851	76.02	73.82	71.55	73.79
1852	78.25	76.28	74.31	76.28
1853	78.14	76.25	74.35	76.25
1854	77.45	75.51	73.51	75.49
1855	77.82	75.71	73.50	75.68

Le poids de l'hectolitre de froment, en 1835, dans les diverses régions de la France, a été résumé dans le tableau suivant.

(1) L'année 1824 manque dans les *Archives statistiques,* sans qu'on en donne l'explication.

RÉGIONS.	DÉPARTEMENTS.	NOMBRE D'HECTOLITRES RÉCOLTÉS SUR LA TOTALITÉ DES TERRES ENSEMENCÉES EN									TOTAL de la RÉCOLTE.	RÉCOLTES SUBSIDIAIRES EN	
		Froment.	Méteil.	Seigle.	Orge.	Sarrasin.	Maïs et Millet.	Avoine.	Légumes secs.	Autres menus grains.		Pommes de terre.	Châtaignes.
		hectolitres.	hectolitres.	hectolitres.	hectolitres.	hectolitres.	hectolitres.	hectolitres.	hectolitres.	hectolitres.	hectolitres.	hectolitres.	hectolitres.
1re. NORD-OUEST.	Finistère	563.380	94.600	642.060	591.100	343.300	»	906.100	»	»	3.140.540	1.296.000	»
	Côtes-du-Nord	869.523	149.828	587.535	293.442	394.974	»	1.840.197	11.437	»	4.146.936	1.011.615	»
	Morbihan	421.300	1.600	1.049.904	1.040	138.600	22.080	672.000	9.500	600	2.316.624	232.500	»
	Ille-et-Vilaine	1.392.000	288.000	754.400	178.200	368 000	»	918.000	7.770	»	3.906.370	516.000	104.250
	Manche	1.229.268	72.851	151.505	1.206.102	354.822	»	578.075	30.930	16.803	3.640.336	607.598	»
	Calvados	1.556.672	30.374	104.475	467.750	144.067	»	791.950	20.595	55.380	3.171.463	57.600	»
	Orne	798,000	168.300	193.560	489.160	236.250	»	918 680	27.200	19.200	2.850.330	66.160	»
	Mayenne	1.292.760	123.120	556.325	74.100	291.900	»	667.800	»	»	3.006.005	208.800	10.000
	Sarthe	560.140	300.570	427.060	481.293	51.086	53.531	262.900	18.862	26.008	2.181.450	1.149.680	»
	TOTAUX	8.683.043	1.229.443	4.466.824	3.782.187	2.322.999	75.611	7.555.702	126.294	117.991	28.360.094	5.145.753	114.250
2e. NORD.	Nord	2.565.121	305.383	209.758	429.824	6.693	600	1.681.820	445.234	330.536	5.973.029	1.959.750	»
	Pas-de-Calais	1.364.615	1.008.100	260.100	555.000	198	700	1.778.140	63.000	527.800	5.557.653	1.522.500	»
	Somme	1.341.628	1.395.208	262.134	282.339	1.800	»	1.836.160	169.924	468.685	5.757.878	604.350	»
	Seine-Inférieure	2.201.000	185.000	223.000	249.500	»	»	2.430.000	24.500	»	5.313.000	582.000	»
	Oise	1.456.707	750.691	451.590	215.260	»	»	1.563.339	28.984	139.799	4.606.367	518.000	»
	Aisne	1.840.000	644.000	576.000	135.000	30.000	»	2.035.000	63.000	900.000	6.223.000	324.000	»
	Eure	1.975.127	245.834	242.704	92.841	»	»	776.506	106.640	86.460	3.526.112	748.800	»
	Eure-et-Loire	1.543.561	416.728	211.833	347.797	»	»	1.958.864	53.227	»	4.531.910	148.922	»
	Seine-et-Oise	1.728.320	283.962	365.778	200.772	7.470	»	2.092.128	69.976	70.404	4.818.810	455.123	»
	Seine	98.642	2.963	65.418	26.420	300	»	137.268	7.356	5.460	343.827	258.770	»
	Seine-et-Marne	2.173.110	164.340	193.832	203.688	2.904	»	1.938.420	15.365	76.585	4.768.244	547.776	»
	TOTAUX	18.287.731	5.402.209	3.062.147	2.738.441	49.365	1.300	18.227.645	1.047.203	2.605.729	51.421.830	7.667.991	»
3e. NORD-EST.	Ardennes	912.000	201.600	352.000	210.000	6.880	»	795.000	3.900	105.000	2.586.380	258.000	»
	Marne	1.530.000	»	1.020.000	510.000	80.000	»	1.430.000	»	»	4.570.000	300.000	»
	Aube	777.114	45.225	522.591	326.614	29.431	»	963.372	15.858	8.949	2.689.154	459.574	»
	Haute-Marne	1.204.125	99.750	85.000	280.000	2.700	»	913.000	6.720	52.500	2.643.795	1.100.000	»
	Meuse	1.192.608	6.047	58.806	490.050	»	»	655.800	22.266	14.850	2.440.427	1.370.600	»
	Moselle	1.215.500	80.000	112.500	385.000	»	»	929.600	72.000	24.000	2.818.600	1.920.000	»
	Meurthe	1.621.255	36.846	119.935	176.116	288	7.456	1.161.054	59.167	252.437	3.434.554	2.142.633	»
	Vosges	654.810	66.391	229.440	131.278	53.120	818	761.552	11.980	9.040	1.918.629	1.918.800	»
	Bas-Rhin	1.040.616	88.262	151.515	564.526	298	29.841	229.007	37.417	97.366	2.238.848	4.744.903	»
	Haut-Rhin	485.195	160.537	201.507	304.863	8.664	10.816	108.593	12.121	9.828	1.302.124	2.459.361	»
	TOTAUX	10.633.223	784.858	2.853.294	3.378.447	181.381	48.931	7.946.978	241.429	573.970	26.642.511	1[illegible].674.071	»
4e. OUEST.	Loire-Inférieure	689.650	16.680	239.000	31.577	302.530	32.400	131.784	7.000	1.250	1.451.871	»	»
	Maine-et-Loire	1.005.008	126.000	547.680	99.601	31.500	2.125	155.200	160.800	»	2.127.913	994.700	9.000
	Indre-et-Loire	1.109.780	216.489	344.088	217.547	2.345	4.730	845.436	14.104	36.264	2.790.783	»	»
	Vendée	2.025.000	189.000	142 500	405.000	6.750	17.500	73.500	49.000	6.000	2.914.250	»	»
	Charente-Inférieure	664.538	97.350	46.320	294.772	»	300.900	584.400	49.344	114.030	2.151.654	747.000	»
	Deux-Sèvres	806.728	168.188	811.230	468.036	14.145	31.601	363.577	26.886	15.825	2.706.216	979.040	»
	Charente	343.500	109.920	217.120	194.880	16.000	225 400	131.180	63.000	3.000	1.304.000	1.040.000	158.000
	Vienne	881.500	197.670	296.352	297.000	682	17.294	634.100	10.616	2.000	2.337.214	792.000	7.200
	Haute-Vienne	560.500	»	1.040.000	7.000	180.000	40.000	96.000	18.000	»	1.541.500	1.245.000	294.000
	TOTAUX	7.686.204	1.121.297	3.684.290	2.015.412	553.952	671.950	3.015.177	398.750	178.369	19.325.401	[illegible].797.740	468.200
5e. CENTRE.	Loire-et-Cher	495.600	189.000	262.500	164.500	122.000	»	606.298	3.700	18.000	1.861.598	130.000	4.000
	Loiret	606.324	273.660	380.364	271.032	16.310	2.000	1.004.276	13.860	50.657	2.619.083	292.800	»
	Yonne	1.124.295	321.314	351.520	458.286	3.150	»	934.505	33.831	28.737	3.255.638	136.152	»
	Indre	673.200	81.600	327.600	523.200	6.000	»	527.800	9.600	5.400	2.154.400	320.000	4.500
	Cher	664.817	117.128	349.712	378.939	15.981	»	405.613	8.327	8.231	1.948.748	140.673	13.000
	Nièvre	520.020	120.225	254.000	360.180	17.100	»	340.000	10.000	»	1.621.525	360.000	»
	Creuse	12.800	»	1.400.000	13.650	442.500	»	141.000	4.160	»	2.017.110	595.000	15.000
	Allier	609.336	1.400	1.614.600	421.600	16.800	»	619.500	45.600	»	3.328.836	612.000	9.000
	Puy-de-Dôme	458.450	148.824	1.450.250	271.107	41.529	»	465.163	75.156	54.840	2.965.321	1.200.000	»
	TOTAUX	5.164.842	1.253.157	6.391.146	2.862.494	681.370	2.000	5.047.157	204.234	165.865	21.772.259	[illegible].786.625	45.500
6e. EST.	Côte-d'Or	1.297.379	288.926	368.319	524.897	13.142	67.209	1.266.350	95.401	143.986	4.065.309	741.000	»
	Haute-Saône	765.354	113.508	110.679	275.674	23.048	33.396	457.051	25.078	14.451	1.818.239	1.028.384	»
	Doubs	384.000	120.000	48.000	128.812	»	37.500	576.000	31.250	20.000	1.345.562	342.000	»
	Jura	804.902	61.247	47.641	420.615	43.778	359.222	346.787	26.522	47.005	2.157.709	718.931	»
	Saône-et-Loire	930.000	18.200	884.000	97.850	141.000	228.000	195.275	50.750	13.641	2.558.716	2.250.000	8.000
	Loire	161.000	3.000	1.320.000	48.000	5.000	1.000	896.000	45.000	»	1.979.000	1.050.000	2.000
	Rhône	162.000	40.000	271.250	37.500	29.400	3.200	403.000	2.000	2.000	950.350	»	»
	Ain	688.500	128.400	449.550	457.500	237.600	471.000	131.000	117.450	»	2.681.000	896.000	1.800
	Isère	923.520	430.560	848.640	143.520	201.600	14.400	140.880	36.000	»	2 739.120	10.771.200	»
	TOTAUX	6.116.655	1.203.841	4.348.079	2.134.358	694.568	1.214.927	3.912.343	429.151	241.083	20.295.005	17.797.515	11.800
7e. SUD-OUEST.	Gironde	559.862	30.997	175.067	675	2.790	127.635	63.592	54.215	»	1.014.833	367.326	»
	Dordogne	545.700	68.850	214.200	57.230	19.800	231.840	16.600	31.500	12.600	1.178.320	858.000	50.000
	Lot-et-Garonne	1.095.900	»	437.760	5.250	»	93.000	17.325	172.500	»	1.821.735	150.000	30.000
	Landes	259.000	»	300.000	540	»	455.000	5.600	50.000	16.000	1.086.140	28.000	»
	Gers	915.915	3.300	52.067	27.225	»	192.825	86.304	40.500	18.125	1.336.261	58.000	»
	Basses-Pyrénées	560.700	880	7.920	19.800	»	1.036.800	12.000	5.250	»	1.643.350	75.000	13.575
	Hautes-Pyrénées	294.512	126.048	446.160	51.968	32.400	419.250	130.350	10.560	»	1.211.248	325.600	»
	Haute-Garonne	1.208.283	61.946	223.632	20.568	44.928	631.323	263.627	40.224	5.916	2.500.447	29 803	»
	Ariège	229.200	62.288	151.420	5.985	79.688	240.704	80.520	28 096	2.740	880.641	1.697.760	2.000
	TOTAUX	5.669.072	354.309	1.708.226	169.241	179.606	3.428.377	675.918	432.845	55.381	12.672.975	3.589.489	95.575
8e. SUD.	Corrèze	51.435	8.400	753.390	6.075	200 925	7.500	74.520	18.750	»	1.120.695	»	»
	Cantal	55.440	8.800	792.000	24.080	122.400	45	90.480	11.550	650	1.105.445	400.000	30.000
	Lot	644.600	30.600	229.500	59.500	84.000	400.000	135.000	30.000	6.000	1.619.200	360.000	200.000
	Aveyron	364.425	30.375	612.765	115.738	12.950	65.925	410.350	14.455	10.500	1.637.483	3.100.000	52.800
	Lozère	114.750	77.550	325.400	63.000	9.000	»	72.187	4.400	1.620	667.907	465.000	30.000
	Tarn-et-Garonne	1.190.000	60.000	252.000	4.160	»	192.000	176.000	25.200	15.000	1.914.360	60.000	»
	Tarn	941.000	49.970	534.400	9.093	3.420	295.290	219.043	64.440	24.770	2.141.428	337.230	367.500
	Hérault	750.000	12.000	146.400	27.000	600	12.500	240.000	33.600	9.750	1.231.850	256.000	74.000
	Aude	836.000	24.000	154.000	50.400	14.000	384.000	567.000	18.000	9.100	2.056.500	260.000	7.000
	Pyrénées-Orientales	151.200	44.000	105.600	10.500	9.000	100.000	9.800	12.000	»	442.160	312.500	15.000
	TOTAUX	5.098.850	345.395	3.905.455	369.606	456.295	1.457.260	1.994.382	232.395	77.390	13.937.028	5.550.730	776.300
9e. SUD-EST.	Haute-Loire	93.000	173.250	1.197.910	139.150	600	»	129.600	37.200	11.536	1.782.246	2.688.000	»
	Ardèche	62.868	9.999	522.468	122.377	14.532	6.787	90.486	2.856	1.397	833.772	180.000	100.000
	Drôme	885.007	95.378	254.829	42.022	17.321	1.356	190.873	16.667	18.006	1.521.459	1.040.000	»
	Gard	347.436	15.129	69.146	80.304	16.648	4.724	190.700	6.237	3.536	643.860	137.436	50.000
	Vaucluse	451.622	99.361	152.260	15.372	7.296	3.234	84.000	11.715	2.592	827.452	807.320	»
	Basses-Alpes	514.062	88.820	47.527	26.210	»	»	80.304	20.952	13.680	791.555	731.336	4.110
	Hautes-Alpes	342.104	82.401	231.053	58.061	»	»	63.760	5.645	22.600	805.624	522.880	»

RÉGIONS.	Qualités du Froment			POIDS par région.
	1ʳᵉ.	2ᵉ.	3ᵉ.	
	kilog.	kilog.	kilog.	kilog.
1ʳᵉ. Nord-ouest. . .	79.61	77.80	75.60	77.67
2ᵉ. Nord.	78.51	75.95	73.98	76.15
3ᵉ. Nord-est. . . .	77.21	74.97	72.81	74.99
4ᵉ. Ouest.	78.31	76.41	74.53	76.55
5ᵉ. Centre.	77.26	75.10	72.72	75.03
6ᵉ. Est.	77.47	75.26	73.03	75.25
7ᵉ. Sud-Ouest. . .	76.48	74.69	72.74	74.63
8ᵉ. Sud.	77.08	75.02	72.47	74.85
9ᵉ. Sud-est. . . .	78.16	75.91	73.75	75.94
10ᵉ. Corse.	80.00	78.80	75.53	78.11
Poids moyen par qualité.	77.82	75.71	73.51	
Pour toute la France.	75.68			

Enfin, nous croyons devoir donner ici le poids de l'hecto-litre d'avoine, en 1835, pour les trois qualités, dans les diverses régions de la France, comme présentant de l'intérêt pour les négociants en grains.

RÉGIONS.	Qualités de l'Avoine			Moyenne des régions.
	1ʳᵉ.	2ᵉ.	3ᵉ.	
	kilog.	kilog.	kilog.	kilog.
1ʳᵉ. Nord-ouest. . .	51.54	48.64	45.26	48.41
2ᵉ. Nord.	46.83	44.22	41.64	44.23
3ᵉ. Nord-est. . . .	44.44	42.07	39.84	42.12
4ᵉ. Ouest.	46.81	45.00	42.74	44.85
5ᵉ. Centre.	44.65	41.72	38.88	41.75
6ᵉ. Est.	44.13	41.22	37.89	41.08
7ᵉ. Sud-ouest. . .	46.58	44.68	41.10	44.12
8ᵉ. Sud.	43.81	44.66	39.28	41.38
9ᵉ. Sud-est. . . .	45.42	42.80	40.49	42.90
10ᵉ. Corse.	L'avoine n'y est pas cultivée.			
Poids moyen par qualité.	46.00	43.88	40.78	
Pour toute la France.	43.55			

Nous terminerons ici cette statistique céréale officielle de la France, en regrettant que les documents officiels fournis par M. le ministre de l'agriculture et du commerce se soient arrêtés en 1835, et n'aient pas été livrés au public pour les années postérieures ; toutefois, d'après des renseignements qui sont parvenus à notre connaissance, il paraîtrait que la production céréale, dont les tableaux ci-dessus indiquent la marche croissante, aurait continué à augmenter d'année en année jusqu'à l'époque où nous écrivons, sans s'arrêter un seul instant et sans fléchir, surtout dans les céréales les plus précieuses et du prix le plus élevé.

On entend souvent des cultivateurs, ou des personnes intéressées au commerce des grains, demander combien il peut y avoir de grains de froment dans un hectolitre; la réponse est aujourd'hui facile, grâce à quelques expériences faites avec soin par M. Loiseleur-Deslonchamps sur une vingtaine de variétés de cette céréale cultivées par lui-même en 1841 et 1842. Ces expériences, dont nous allons présenter le tableau, démontrent que chaque variété a un poids particulier et un nombre spécial de grains à l'hectolitre; elles ont été faites en prenant le poids exact, en grammes, de 100 grains, et en déduisant le poids et le nombre pour un hectolitre.

NOMS DES ESPÈCES ou variétés.	NOMBRE de grains à l'hectolitre.	POIDS de l'hectolitre.
		kilog.
Blé de la Mongolie chinoise.	1.150.000	83.892
Blé richelle blanche.	1.210.000	79.908
Blé de Bengale.	1.214.000	77.598
Blé de Saumur.	1.346.000	77.527
Blé meunier de Comtat.	1.348.000	81.729
Blé du Caucase à épi blanc, barbu. .	1.562.000	90.464
Blé blanc de mars.	1.526.000	81.9h1
Richelle de mars.	1.602.000	80.116
Marigold Wheat, blé anglais. . . .	1.714.000	81.003
Blé du Cap.	1.557.000	77.430
Mongowells Wheat, blé anglais. . .	1.972.000	83.770
Blé blanc de Brie.	1.997.000	76.545
Blé blanc de Bergues.	2.170.000	81.982
Blé dur d'Odessa.	2.412.000	88.616
Blé dur de Taganroc.	2.552.000	87.657
Blé de Galatz tendre.	2.920.000	90.228
Blé tendre d'Odessa.	2.904.000	78.872
Saissiette barbue, rousse, sans poils.	3.880.000	103.402
Blé d'Irka.	3.945.000	98.467
Blé tendre de Marianopoli.	4.656.000	101.268

DEUXIÈME PARTIE.

DES FARINES

ET DE LEURS PRINCIPES CONSTITUANTS.

———

Des moyens propres à reconnaître leur bonté et à les conserver.

On donne le nom de farine à la poudre des céréales, des légumineuses, etc., obtenue par l'écrasement entre deux meules horizontales. On fait subir ordinairement à ces semences l'opération du lavage, tant pour les débarrasser de la terre qu'elles peuvent contenir que des grains avariés ou piqués qui, étant plus légers, viennent nager sur l'eau. Dès que ces graines sont bien lavées, on les étend sur des toiles au soleil pour les sécher convenablement et les porter ensuite au moulin, ou bien on les fait passer par l'appareil Meaupou, dont nous avons ci-dessus donné la description. On doit avoir grand soin de ne pas y porter le grain humide, parce qu'il empâte la meule et que la farine que l'on obtient contient alors trop d'humidité, ce qui la rend susceptible de s'échauffer. D'un autre côté, le blé ne doit pas être desséché au dernier degré, parce qu'en cet état, si la meule tourne rapidement, la farine peut être brûlée, et conserver le goût dit *de brûlé*. Les grains non lavés et moulus conservent un peu de terre, aussi le pain en contient plus ou moins.

Les farines des céréales diffèrent entre elles, d'après les analyses de Vauquelin,

1° Par la quantité d'amidon qui est, pour le

blé, de. . . . . 56 à 75
Pour le seigle, de. . . . . " 61,07
Pour l'orge. . . . . " 67,18
Pour l'avoine. . . . . " 59

2° Par la quantité de gluten, qui est, pour le

blé, de. 18 35
Seigle. . . . . " 9,48
Orge. . . . . " 3,52
Avoine; matière grisâtre, albumine glutineuse
(non encore déterminé). . . . . » o

3° Matière sucrée.

Blé, de. . . . . 4,20　7,36
Seigle. . . . . »　3,25
Orge. . . . . »　5,21
Avoine, environ. . . . . »　7

4° Humidité.

Blé, de. . . . . 6　12
Seigle, de. . . . . 6　10
Orge. . . . . »　9,37
Avoine, de. . . . . 7　9,50

5° Matière gommo-glutineuse.

Blé, de. . . . . 3,28　8,50
Seigle (gomme). . . . . »　11
Orge (gomme). . . . . »　4
Avoine (gomme). . . . . »　2,5

L'on voit par cet exposé, que la farine du blé diffère moins de celle des autres céréales par les quantités d'amidon et des matières sucrées et gommo-glutineuses que par le gluten. C'est en effet ce principe qui détermine la fermentation panaire. Après le blé, le seigle étant la céréale qui en contient le plus, c'est aussi celle dont la farine se panifie le mieux après le froment. Nous nous sommes livré à un grand nombre d'essais avec les farines de seigle, d'orge et d'avoine, bien soigneusement blutées, et nous sommes parvenu, en y ajoutant de 20 à 25 pour 100 de gluten, à obtenir de fort bonnes qualités de pain.

Les farines du maïs, du sarrasin et du riz, diffèrent de celles des céréales par la quantité d'amidon, qui va à 81 dans le maïs, et de 83 à 96 dans le riz, et par l'absence du gluten. Celle du maïs contient aussi 7,710 d'une substance particulière nommée *hordéine*, que Proust a trouvée faire les 55 de la farine de l'orge : on y trouve encore une autre substance découverte par Bizio, qu'il a nommée *zéine*.

Les farines des légumineuses sont dépourvues de gluten et bien moins riches en amidon, puisqu'elles n'en contiennent que les proportions de 32 à 35 ; aussi sont-elles bien plus difficiles à se panifier que les précédentes.

Dans l'exposé de l'analyse des blés de Vauquelin, nous avons fait connaître les caractères principaux des farines, ainsi que leurs propriétés ; nous y renvoyons nos lecteurs. Nous allons nous borner à reproduire ici le tableau des quantités moyennes d'eau qu'une même quantité donnée de chaque farine absorbe sur 100 parties, pour former une pâte d'une égale consistance :

Farine brute de froment.	50,34
Idem	de méteil.	55,00
Idem	de blé dur d'Odessa. . .	51,20
Idem	de blé tendre d'Odessa. .	54,80
Idem	de blé tendre d'Odessa, 2ᵉ qualité.	37,40
Idem	des boulangers de Paris. .	40,60
Idem	des hospices, 2ᵉ qualité. .	37,80
Idem	des hospices, 3ᵉ qualité. .	37,80

L'on voit qu'il existe une grande différence dans les quantités d'eau absorbée par les diverses espèces de farine; mais on ne peut en rien conclure sur les proportions de gluten contenu dans les farines, tant que l'on n'aura pas un moyen exact pour mesurer la consistance exacte des pâtes. Ainsi, la farine du blé dur d'Odessa, qui contient plus de gluten que les autres, aurait dû absorber beaucoup plus d'eau; le contraire est arrivé. Au reste, plus la farine absorbe de l'eau, plus le boulanger obtient de pain; mais ce pain contient moins de substance alimentaire, parce que le surplus, obtenu dans le poids, est dû à la plus grande quantité d'eau absorbée.

Comme la conservation des farines est la même pour toutes, nous allons en faire l'application à celle du blé.

Farine de Blé.

La qualité de la farine du blé diffère suivant la qualité du blé, sa bonne conservation et sa préparation. Ainsi, plus le blé sera sain, gros et bien nourri, moins il donnera de son; le contraire aura lieu pour les grains mal nourris, cueillis avant leur maturité, ainsi que pour ceux qui auront été mouillés. Ces farines contiennent alors beaucoup plus de son. Nous allons maintenant exposer les propriétés physiques qui caractérisent les diverses qualités de farines blutées.

CARACTÈRES PROPRES AUX DIVERSES FARINES DE BLÉ.

Les premières qualités bien blutées sont sèches, pesantes, d'un blanc qui a une teinte paille, s'attachant aisément aux doigts et prenant une espèce de cohésion quand on les presse.

Celles qui sont parfaitement blutées portent le nom de *fleur de farine*, et, dans le midi de la France, de *farine de minot*.

La deuxième qualité est moins pesante et d'un blanc plus mat.

La troisième qualité, ou *farine bise*, est d'un jaune un peu brun.

La quatrième qualité, ou *farine piquée*, est parsemée de taches grises.

La cinquième qualité se compose des farines dues à des blés altérés; leur odeur annonce leur état.

On connaît aussi des farines grisâtres qu'on nomme *brûlées*, parce qu'elles ont été très-mal moulues.

Il existe, au reste, des caractères auxquels on reconnaît la qualité des farines, et que nous devons faire connaître ici.

« Une bonne farine, dit M. Robine, est d'un blanc jaunâtre, douce, sèche et pesante; elle s'attache aux doigts; pressée dans la main, elle forme une pelote; elle n'a aucune odeur; la saveur qu'elle laisse dans la bouche est celle de la colle fraîche de pâte. La petite quantité de son qu'elle renferme en mélange est tellement ténue, qu'elle n'est pas perceptible à nos organes.

» La farine de moyenne qualité a un œil moins vif, elle est d'un blanc plus mat; elle contient un peu plus de son que la première, mais, quand même la quantité serait la même dans l'une comme dans l'autre, le pain fait avec cette seconde farine n'en serait pas moins bis. Si on la serre entre les mains, elle échappe entièrement, à moins qu'elle ne provienne d'un blé humide.

» Les petits blés, parmi lesquels se trouvent beaucoup de semences étrangères, fournissent des farines qui ont des nuances différentes, et qui se distinguent par la couleur, l'odeur ou la saveur.

» Quant aux farines altérées, elles se reconnaissent facilement à leur odeur et à leur aspect. Elles sont quelquefois aigres, ont parfois subi la fermentation putride, ont alors une odeur infecte, et sont d'un blanc terne ou rougeâtre. Placées dans la bouche, elles y laissent un goût âcre, piquant, plus ou moins prononcé, suivant qu'elles sont plus ou moins gâtées.

» Il ne faut, toutefois, pas confondre cette saveur avec celle que les farines possèdent parfois, et qui est due au terrain ou aux engrais fétides qui ont servi à fumer le sol où l'on a fait végéter les céréales.

» Les blés ne fournissent pas seulement de la farine blanche, l'art a su en tirer celle qui, étant la plus voisine de l'écorce, en conserve l'odeur, la saveur et la couleur. On la caractérise ordinairement par le nom de *farine bise;* sa bonne qualité est marquée par une couleur jaune plus ou moins foncée. Lorsqu'elle n'est pas piquée ou mêlée de petit son, les qualités inférieures de farine bise se connaissent en ce qu'elles sont un peu rudes au toucher, par leur couleur rougeâtre, par du petit son qui s'y trouve mêlé en si grande abondance, qu'elles se rapprochent de très-près du remoulage, c'est-à-dire de l'écorce qui revêt le gruau. »

Les boulangers et les personnes qui achètent des farines doivent examiner si elles ont les caractères qui viennent d'être indiqués, c'est-à-dire consulter l'odeur, la saveur, l'aspect, le toucher, mais en même temps ne pas s'arrêter à ces moyens, et avoir recours à d'autres employés généralement par les boulangers et qui vont être indiqués.

Moyens d'épreuve.

1º On met dans le creux de la main une pincée de farine, dont on unit la surface avec la lame d'un couteau; en la regardant ensuite horizontalement et au grand jour, on reconnaît si elle contient du son, ainsi que sa finesse et sa blancheur. Parmentier assure que plus elle est douce au toucher et plus elle s'allonge, plus l'on doit espérer d'en obtenir une bonne qualité de pain.

2º L'on remplit le creux de la main de farine, et l'on en fait avec de l'eau une boule pas trop ferme. Si cette farine a absorbé le tiers de son poids d'eau, et que la pâte obtenue, lorsqu'on la tire en divers sens, s'allonge bien sans se déchirer, et qu'exposée à l'air elle prenne du corps et s'y affermisse promptement, on peut en conclure que le blé est de bonne qualité, et la farine bien préparée; le contraire a lieu si cette pâte mollit, si elle s'attache aux doigts en la maniant, si elle est courte, ou, si l'on veut, se déchire lorsqu'on la tire en divers sens.

3º On mêle 500 grammes (1 livre) de farine avec 250 grammes (1/2 livre) d'eau froide; on la pétrit bien pour en faire une pâte ferme, sur laquelle on fait tomber ensuite un filet d'eau, en la malaxant sur un tamis jusqu'à ce que l'eau passe claire; ce qui reste est le gluten.

Si la farine, dit Parmentier, appartient à un blé de bonne qualité, elle fournira par kilogramme (par 2 livres) de 120 à 150 grammes (4 à 5 onces) de matière glutineuse, molle, d'un jaune clair, et sans mélange de son. Si elle provient, au contraire, d'un blé humide ou mal moulu, ou tamisé par un bluteau trop ouvert (à mailles trop larges), elle n'en donnera que 90 à 120 grammes (3 ou 4 onces) au plus, dont la couleur sera d'un gris cendré et qui contiendra des particules de son.

« On compte, dit M. Robine dans son intéressant Mémoire sur la falsification des farines, quatre sortes de farines qui ont chacune des propriétés générales et particulières, et qui se distinguent spécialement par la proportion de gluten qu'elles renferment. Ainsi, la *farine blanche de gruau* en contient environ 150 grammes (5 onces) par 500 grammes (1 livre) de farine; la *farine* dite *de blé*, 135 grammes (4 onces 1/2), avec gluten moins blanc et moins beau; la troisième *farine de gruau*, à peu près 96 grammes (3 onces 1 gros); et enfin la dernière, dite *quatrième de gruau*, à peu près 48 grammes (1 once 1/2) d'un gluten gris sale. »

Si la farine provient d'un blé gâté, elle ne contiendra que très-peu ou point de matière glutineuse, qui alors n'est ni aussi tenace, ni aussi élastique, attendu que les altérations qu'éprouve le grain détruisent en partie le gluten.

Cette épreuve est très-bonne pour distinguer aussi la farine du blé de celle des autres céréales qui, ainsi que nous l'avons montré par leur analyse, ne contiennent que très-peu de gluten.

Farine de blé avarié.

Une instruction ministérielle de l'année 1825 annonce qu'on peut obtenir du pain de bonne qualité dès farines de blés rouges et moisis, en les mélangeant avec moitié et plus de bonnes farines. Cette assertion, d'une plume inexpérimentée, est dénuée de tout fondement; malheur à qui s'y fierait! Il est de toute impossibilité de faire un pain passable avec ces farines, même en les additionnant à deux tiers de leur poids de farine choisie. La pâte préparée avec les farines avariées a une saveur désagréable et une odeur souvent cadavéreuse; elle se délite dans le bouillon et cause de grands dérangements dans les estomacs faibles. La santé publique exige que tout grain rongé de vétusté, moisi ou fortement piqué des insectes, soit rejeté de la consommation comme essentiellement insalubre. Nous avons été témoin, en 1802, d'une épidémie désastreuse, à Rome, causée par l'emploi de farines avariées reçues dans le port de Civita-Vecchia, et mises imprudemment dans le commerce.

Les blés légèrement germés donnent un pain d'assez bonne qualité, mais qui ne vaut jamais, comme aliment, celui obtenu de la farine ordinaire. Il existe un procédé pour l'emploi de cette farine, que nous ferons connaître plus bas.

Farine provenant du blé coupé avant sa maturité.

A l'article *Blé*, nous avons fait connaître l'infériorité du blé coupé avant sa maturité, tant sous le rapport de sa conservation que sous celui des semences et de la panification. Il restait à comparer, par l'analyse chimique, les farines provenant du même blé recueilli avant et à son point de maturité. M. le professeur Lavini a publié sur ce sujet un curieux Mémoire dans le tome 37 des *Mémoires de l'Académie royale des Sciences de Turin*. Nous ne suivrons pas l'auteur dans le détail de ses recherches ; nous allons nous borner à en faire connaître les résultats.

1° Les matériaux les plus abondants dans la farine du blé non parvenu à maturité, c'est l'amidon, mais dans des proportions inférieures à celles de la farine mûre ; celle-ci en contient 75 pour 100, et l'autre 60 ;

2° Qu'une des principales substances contenues dans cette dernière est, après l'amidon, une matière extractive muqueuse qui fait environ un quart de son poids ;

3° Que le gluten est, dans cette dernière, dans les proportions d'environ un vingtième, tandis qu'il est près de 25 pour 100 dans la farine du blé mûr ;

4° Que l'albumine ne varie pas beaucoup dans les deux farines ;

5° Que, dans la farine du blé non mûr, existe une résine verte d'environ un vingtième du poids de la farine, qui probablement, pendant la maturité, se convertit en gluten avec une partie de la substance extracto-gommeuse ;

6° Enfin, que la farine des blés non mûrs n'est point exempte des oxides de cuivre, de fer et de manganèse, puisqu'on les y trouve comme dans celle des blés mûrs. M. Lavini fit l'opération sur la farine des blés non mûrs, recueillis·

de 20 à 25 jours avant que les épis eussent acquis cette couleur blonde qui est l'indice de leur maturité. Il recueillit alors,
dans le même champ, de ce blé, et le fit réduire de suite en
farine; il obtint de celle-ci :

Gluten de Beccaria, composé, suivant Berzélius et Einhoff,
de gluten proprement dit. 25
et d'albumine végétale et de substance amylacée. . 75
                                                  ────
                                                  100

Il en résulterait que, dans l'espace de 25 jours au plus, qui
ont précédé la maturité parfaite du grain, il se forme la plus
grande partie du gluten, c'est-à-dire environ 20 pour 100.

Farine de paille de froment.

Plusieurs feuilles publiques ont annoncé, en 1830, qu'un
meunier des environs de Dijon, après avoir repiqué ses meules et manquant de son pour les nettoyer, a mis entre elles
de la paille de froment hachée, et après quelques tours de
meule elle en est sortie en farine grise qui avait quelque rapport avec la farine de froment. Des chevaux l'on mangée avec
appétit; convertie en bouillie, des cochons l'on dévorée;
enfin on en a fait du pain qui n'a pas été trouvé mauvais. M. le
préfet du département de la Côte-d'Or a fait soumettre cette
farine à une analyse rigoureuse pour constater si elle est
réellement nutritive pour l'homme.

Cette découverte n'était ni nouvelle ni due au hasard; elle
était le fruit des raisonnements et des expériences de M. Jo-
seph Maître, fondateur du bel établissement d'agriculture
de Vilote, près Châtillon, qui, depuis longtemps, moulait,
non-seulement de la paille de froment, mais encore du foin,
de la luzerne, du trèfle et du sainfoin pour ses troupeaux,
notamment pour ses brebis et ses agneaux.

Procédé pour faire usage de la farine de blé germé
ou avarié.

Dans tous les temps, principalement lorsque les substances
sont hors de prix, la ménagère use de tous les moyens économiques que l'expérience a justifiés. En voici un qu'elle ac-
cueillera sans doute; son objet est de rendre la farine des
blés germés ou tarés propre à être facilement employée dans
la fabrication du pain. L'essai public a eu lieu à Blois, en
décembre et janvier 1828 et 1829, en présence des commissaires nommés par la Société d'Agriculture de Loir-et-Cher,

et devant plusieurs citoyens, tous intéressés à connaître et à pratiquer un procédé devenu malheureusement nécessaire aujourd'hui.

Première expérience. La farine du grain germé ou taré, rapportée du moulin, est préalablement soumise à l'opération du blutage; avant de l'employer, on la place dans des corbeilles et on la met sécher pendant 4 à 5 heures dans un four, à un degré de chaleur du tiers de celle convenable pour la cuisson du pain. Par cette dessiccation, la farine perd nécessairement un grande partie de son poids; mais elle retrouve les qualités que l'avarie lui avait enlevées. Sortie du four, on la laisse refroidir et on la pétrit comme de coutume. Le pain obtenu est aussi bon que celui provenant des meilleures récoltes.

Deuxième expérience. Trois kilogrammes (6 livres) de farine de blé germé ou avarié, ont été mis dans un plat creux de terre vernissée, et renfermés dans le four pendant cinq heures. Retirés ensuite, la surface de la farine était couverte d'une croûte légère, un peu jaune, ayant une faible consistance de cuisson. Rompue, il en sortit une vapeur considérable et fétide qui s'éleva à plus de soixante-cinq centimètres (2 pieds) de haut durant l'espace de cinq à six minutes. La farine se soulevait par petites masses. Refroidie, elle ne pesait plus qu'un kilogramme 84 grammes (2 livres 3 onces). Le lendemain matin elle fut écrasée avec les mains, le soir on l'a pétrie; la pâte a été un peu plus longue à lever, et le pain qu'elle a donné était très-bon. Il y en avait 2 kilogrammes 60 grammes (4 livres un quart).

CONSERVATION DES FARINES.

Les farines provenant d'un blé ou de toute autre céréale légumineuse, récoltés dans leur état de maturité et de siccité parfaite, se conservent bien mieux que celles qu'on obtient des blés verts ou humides. C'est pour cela que nous avons recommandé, lorsqu'on lave les blés pour les réduire en farine, de les bien faire sécher ensuite : sans ces précautions la farine s'échauffe et ne tarde pas à éprouver les mêmes altérations que le blé. En admettant maintenant que les farines proviennent d'un blé sain et bien préparé, on peut les conserver de six manières différentes : en *rame*, en *garenne*, *étuvées*, en *sacs empilés*, en *sacs isolés*, à *vases clos*.

Farine conservée en rame.

Ce moyen consiste à répandre la farine qui sort du moulin, sur le plancher, et à ne la bluter qu'un mois et demi après : par ce moyen la farine perd de son humidité. Nous blâmerons ce procédé, attendu que la farine reste ainsi exposée à l'action des rats, des chats, ainsi qu'à la poussière, et qu'elle peut contracter ce goût qu'on nomme *du sol*.

Farine en garenne.

Cette méthode diffère de la précédente en ce qu'on blute la farine avant de la répandre sur le plancher, et qu'on la remue plus ou moins souvent, d'après la température atmosphérique. Nous regardons ce mode comme vicieux, d'après les raisons précitées.

Farines étuvées.

Ce procédé consiste à passer les farines à l'étuve, comme nous l'avons dit pour le blé. Mais ce moyen, outre qu'il est long et coûteux, a le grave inconvénient d'altérer la farine.

Farines en sacs empilés.

C'est ainsi qu'on les conserve dans la halle de Paris, et dans les dépôts particuliers. Cette méthode est vicieuse, attendu que les parties de ces sacs superposées les unes sur les autres, n'ayant point le contact de l'air, la farine s'échauffe à la surface et se pelotonne. Cette altération s'étend peu à peu à l'intérieur. M. Delacroix ajoute un fait bien remarquable : dans les grandes chaleurs, dit-il, il suffit d'un orage pour que le fluide électrique les pénètre et les détériore ; c'est quelquefois l'affaire de vingt-quatre heures.

Farines en sacs isolés.

Ce moyen nous paraît préférable à tous ceux que nous venons d'exposer. On doit placer les sacs sur un sol parqueté, ou sur des planches, et les isoler les uns des autres ; par ce moyen l'air circulant autour d'eux, la farine ne s'échauffe pas aussi aisément, et perd même une partie de son humidité. De cette manière on peut les visiter souvent, les changer de place, et les retourner, comme on dit, *cul sur gueule*. Les greniers où l'on dépose ces sacs doivent être bien secs et bien aérés. Dans le midi de la France, principalement dans les départements de l'Aude, de l'Hérault, des Pyrénées-Orientales, etc., où chacun pétrit chez soi son pain, l'on conserve ainsi sa provision de farine pendant un an , et même un an et demi, sans en prendre aucun soin, et, quoique cette farine ne soit blutée qu'au fur et à mesure qu'on veut la pétrir, elle ne prend nullement la couleur, l'odeur et le goût du son, comme le fait pressentir Parmentier. Dans les pays précités, tous ceux qui ont quelque aisance font leur provision de farine pour au moins quinze mois; ils mangent rarement de la farine nouvelle, qui, d'après leur expérience, donne moins de pain que la farine ancienne. Nous avons vu, chez quelques propriétaires, des farines aussi bien conservées, et sans aucun soin, depuis plus de deux ans. Ces farines ont une très-belle apparence, mais le pain qu'elles donnent a une saveur qu'ils nomment de *viellun*, qu'on peut traduire par le mot de vétusté.

La ville de Paris a également adopté cette méthode de conserver les farines en sacs isolés, et dans des greniers disposés de manière à ce que l'air circule tout autour. L'on conserve ainsi celles de première qualité dix-huit mois et même deux ans.

Pour empêcher la fermentation des farines ou leur échauffement, on est dans l'habitude de constater d'abord cet échauffement à l'aide d'un thermomètre; puis d'y pratiquer des cheminées pour permettre la circulation de l'air; mais il arrive souvent, quand on se borne à plonger le thermomètre dans un sac de farine ou dans la cheminée qu'on a pratiquée au moyen d'un arbre pour y donner de l'air, qu'on est exposé à voir cet instrument accuser une température moindre que celle du sac. En conséquence, MM. Chevrier et Ledier viennent, dans ce cas, de proposer un tube de fer-blanc qui entoure le thermomètre en grande partie et l'empêche de se briser; ils introduisent le système dans la cheminée du sac, et l'y laissent pendant quelque temps après avoir fermé l'ouverture. Pour éviter que l'arbre en fer, qui pratique la cheminée dans le sac, ne tasse la farine en masse très-compacte jusqu'à une certaine distance de l'arbre, ce qui arrive ordinairement, ils remplissent le vide avec un long boyau en forte toile rempli de son, et roulent ensuite le sac. La masse qui formait les parois de la cheminée se divise et devient perméable à l'air. On retire d'ailleurs à volonté le boyau de son.

Conservation des Farines dans des vases clos.

L'on peut également conserver les farines dans des vases

clos, comme celui qui a été proposé par M. le comte Dejean, et même dans les silos bâtis et bien confectionnés. M. Delacroix, dans son ouvrage précité, dit avoir conservé dans son grenier clos, pendant un été entier et une partie de l'hiver, de la farine faite avec du blé de Brie de 1823, récolté mouillé. La farine de cette année était regardée, dans tous les magasins de Paris, comme d'une conservation impossible : elle ne s'est nullement gâtée ni altérée dans les greniers clos de M. Delacroix, n'y a également contracté aucun mauvais goût, et a donné de très-bon pain. J'ai conservé, ajoute-t-il, pendant deux ans, pour le compte de M. Hédouin, négociant à Saint-Denis, des farines en très-bon état. Il me reste de cette farine; elle entre dans sa quatrième année de conservation ; elle est encore parfaite, et donne du pain excellent; elle s'est même bonifiée. Elle est, en un mot, dans un état de conservation tellement satisfaisant, qu'elle pourrait voyager et traverser, sans se détériorer, les mers lointaines, beaucoup mieux que ne pourrait le faire de la farine nouvelle; presque entièrement semblable au vin vieux, elle a, comme lui, perdu ses principes fermentescibles. Il serait à désirer que M. Delacroix eût étayé cette opinion de quelques preuves et expériences exactes. Jusqu'alors nous ne pourrons nous empêcher de ranger ces données parmi les hypothèses ; car, ainsi que le fait observer judicieusement Bacon, l'expérience est la démonstration des démonstrations. Nous avons même à opposer à M. Delacroix les recherches de Parmentier. Ce savant, en parlant de la conservation des farines, dit :« Dans le Nouveau-Monde nous n'avons approvisionné nos colonies qu'en farines, et lorsqu'elles se sont gâtées en passant les mers, cet accident a toujours été la faute de ceux qui ont négligé de se servir de blés secs, qui ne les ont pas dépouillés, avant de les passer sur les meules, de leur humidité surabondante; qui n'ont point employé une mouture convenable; qui les ont embarquées dans un état de malpropreté, remplies d'insectes, et déjà sur la voie de la décomposition.» D'après les observations précitées, et celles que nous devons aux navigateurs, il est démontré que les farines bien préparées, et provenant de blés sains et secs, se conservent très-bien pendant les longs voyages nautiques.

Presse à comprimer la farine dans les tonneaux, employée aux États-Unis d'Amérique.

Chaque baril doit contenir 196 livres, poids anglais, de

farine. On commence par placer sur le plateau d'une balance le baril vide surmonté d'un faux baril. On fait la tare, et on charge l'autre plateau d'un poids de 196 livres. On remplit d'un poids égal de farine le baril et le faux baril que l'on place sous la presse, et sur lesquels on fait descendre un refouloir qui entre juste dans le baril; la tige de ce refouloir monte et descend entre deux galets qui lui servent de guide, et porte deux bielles ou tirants fixés en un point déterminé d'une espèce de joue formant l'extrémité d'un grand levier. Cette joue tourne, par son extrémité supérieure, sur un fort boulon traversant deux supports. Quand le levier est baissé, il fait descendre le refouloir sur la farine contenue dans le baril, ce qui procure un degré de pression suffisant. Pour augmenter la puissance de ce levier, le garçon meunier fait glisser en dehors un levier mobile tenant au premier; et, appuyant de tout le poids de son corps sur ce levier, il accroche à son extrémité un poids qui le tient abaissé.

Quand la pression est achevée, on relève le levier, aidé dans ce mouvement par des cordes et un contre-poids; alors le refouloir remonte et dégage le faux baril, qui, se trouvant vide, est enlevé. On ferme alors le baril plein de farine, et on le remplace par un autre pour recommencer l'opération.

Cette presse sans vis est simple, efficace, peu dispendieuse, et peut être construite par un simple charpentier.

COMMERCE ET BLUTAGE DES FARINES.

Dans une grande partie de la France et dans tout le Midi, chacun conserve, sans aucun inconvénient, sa provision de farine non blutée. Parmentier faisait des vœux pour qu'on établît un commerce de farines, comme plus avantageux pour le boulanger et le consommateur que celui du blé. Depuis une quinzaine d'années, les désirs de ce philanthrope ont été exaucés. En effet, l'on trouve maintenant dans tout le midi de la France des marchands de farine où le petit peuple va s'approvisionner.

Ce genre de commerce leur offre les avantages suivants : 1° c'est qu'en achetant un sac ou un demi-sac de blé, on est obligé de le porter au moulin et d'y perdre souvent une journée pour le réduire en farine; 2° d'y éprouver un déchet plus ou moins grand, et quelquefois même d'être volé par le meunier; 3° de prendre un blé de mauvaise qualité; 4° de connaître le poids exact de la farine achetée; 5° enfin, de prendre la plus petite quantité de farine que l'on désire. A côté de ces avantages, nous allons placer les inconvénients qui sont attachés à ce genre d'approvisionnement : 1° c'est qu'on peut vendre de la farine provenant d'un blé de mauvaise qualité ; 2° c'est que cette farine peut être mêlée avec celle de seigle, de fèves, de vesces, etc. ; 3° comme ces marchands de farine la vendent non blutée, il est à craindre aussi qu'ils n'y mêlent du petit son. L'on sent qu'en pareille occasion une telle farine doit éprouver un grand déchet par le blutage, et ne donner que peu de pain. Une telle fraude devrait attirer l'attention de l'autorité sur le coupable. Il nous pàraît qu'on remédierait à ce grave inconvénient, en ne leur permettant de vendre que de la farine blutée ; par ce moyen on courrait moins de risque d'être si grandement volé.

Il y a plusieurs établissements dans le midi de la France où l'on trouve des *bluteries* dites *minoteries*, où l'on tire presque tout le son possible des bonnes farines. Celles-ci portent, dans le commerce, le nom de *farines de minot*ː elles sont expédiées en balles, et se conservent très-bien. Ces farines sont trop chères pour le bas peuple ; elles ont, outre cela, l'inconvénient de donner un pain qui se sèche trop rapidement ; aussi les boulangers les mêlent avec d'autres et ne les emploient que pour rendre leur pain plus blanc. On prépare beaucoup de ces farines à Toulouse, d'où elles sont expédiées ensuite à Marseille et dans tout le Midi. A Narbonne, on a également établi une minoterie qui rivalise avec celle des bords de la Garonne. Ces farines sont très-sèches et prennent plus d'eau, pour former une pâte d'une consistance égale, que les autres. Nous ajouterons ici une remarque, c'est que nous croyons que, quelque soin qu'on prenne pour le blutage des farines, il y reste toujours un peu de terre si le blé n'a pas été lavé, et même un peu de son réduit en poudre très-fine. Il y a quelques années qu'on lavait tous les blés destinés à la fabrication des farines de minot ; cette pratique est maintenant presque entièrement abandonnée : l'on se contente de choisir de bons blés, bien secs, et de les cribler soigneusement.

Description d'un Bluteau à farine.

Les bluteaux sont nécessairement composés de deux pièces principales, le bluteau proprement dit, ou cylindre, et la grande caisse, ou le coffre de bluteau. (Voyez *figure* 10.) La caisse qui renferme le bluteau n'est pas représentée ici, parce

qu'il est aisé de s'imaginer le cadre recouvert de planches ;
quelquefois même on supprime les planches et on recouvre le
tout par de grosses toiles à plusieurs doubles. La caisse du
bluteau à farine est un grand coffre de bois, long de 2 mètres
27 centimètres à 2 mètres 60 centimètres (7 à 8 pieds), large
de 49 ou 54 centimètres (18 ou 20 pouces), d'environ 1 mètre
(3 pieds) de haut, élevé sur quatre, ou six, ou huit soutiens
de bois en forme de pieds. Ces proportions doivent être plus
étendues pour les bluteaux à grains.

Le cylindre A, ici représenté, est pour le grain ; il est alternativement garni de feuilles de tôle percées à jour comme
des râpes CC, et de fil d'archal EEE, posés parallèlement les
uns aux autres.

Dans les bluteaux à farine, il existe trois ou quatre divisions,
suivant l'espèce de pain qu'on veut faire, et le babut est coupé
par autant de divisions faites avec des planches, qu'il y a de
différentes toiles pour recouvrir le cylindre, en sorte que chaque division de planches forme une espèce de coffre séparé qui
renferme une farine relative à l'étamine qui couvre le cylindre dans cette partie, ce qui donne la première, la seconde, la
troisième farine, et le gruau, que quelques personnes appellent *fine fleur de farine*, *farine blanche*, *farine*, et *fins
grains*.

Dans les ménages un peu considérables, la farine telle
qu'elle vient du moulin est transportée dans l'appartement
au-dessus du bluteau : on ménage une ouverture dans le plancher ; on y pratique un couloir, soit avec des planches, soit
avec de la toile, qui laisse tomber la farine dans la trémie B.
Si le couloir est en bois, son extrémité inférieure est bouchée par une coulisse qu'on ouvre et ferme à volonté ; elle
sert à ne laisser couler à la fois que la quantité suffisante de
farine qui doit entrer dans le bluteau. Si, au contraire, le
couloir est de toile, une simple ficelle suffit pour la fermer.
La trémie elle-même peut être garnie d'une tinette à la base.
Lorsque la farine est versée dans la trémie, elle coule dans
le cylindre, qui est un plan incliné ; alors on le fait tourner
avec la manivelle F, et la pente détermine la farine à passer
de l'étamine la plus fine sur l'étamine la plus grossière ; enfin
le son tombe par l'ouverture D, qui quelquefois contient une
cinquième case plus grande que les autres pour le recevoir,
ou bien l'on attache un sac à cette ouverture qui le reçoit.

Bluterie à farine.

Nous avons déjà dit qu'il existait sur les divers points de la
France de grandes bluteries montées diversement; pour l'in-
telligence des lecteurs nous allons transcrire ici un article de
Parmentier:

C'est une partie très-intéressante de l'art du meunier; elle
avait déjà fait des progrès que le boulanger ne connaissait
pas encore; son objet est de mettre à part la farine et l'écorce,
ou le son, deux substances très-distinctes dans toutes les semences céréales.

La bluterie a eu, comme tous les arts, son enfance: il y
avait des hommes qui allaient de maison en maison opérer
cette épuration, et ils étaient connus sous le nom de tamisiers,
parce qu'alors les bluteaux dont on se servait avaient la forme
de tamis.

Les paniers d'osier et de jonc ont été les premiers bluteaux
connus; mais, trop clairs, ils laissaient passer presque la totalité des grains, quoique grossièrement moulus, de manière
que la farine entraînait avec elle presque la totalité du son
que le grain contenait. Tel fut néanmoins pendant des siècles
l'état de la mouture chez les peuples anciens; il y en a encore
qui n'ont rien imaginé de mieux.

L'augmentation du diamètre des meules, broyant les grains
d'une manière moins imparfaite, il fallut tenir les bluteaux
plus serrés pour obtenir une farine moins grossière, plus pure,
et ne pas laisser autant de farine dans le son. Le cuir des
animaux, le fil d'archal, la laine, la soie, le chanvre et le lin,
furent successivement employés à en former le tissu. Aujour-
d'hui ils sont composés de plusieurs lits de diverses grosseurs,
pour tirer à part, spécialement du froment, la farine, les
gruaux blancs, les gruaux bis et les sons; on leur a même
ajouté le *sas* et le *lanturlu*, deux instruments qui ont pour
objet de séparer les rougeurs, c'est-à-dire la pellicule interne
du son, confondues avec les gruaux, et qui ternissent leur
blancheur.

Quelle que soit la perfection que la bluterie ait atteinte, il
lui est impossible de restituer à une farine les qualités qu'un
moulage défectueux lui aurait fait perdre; mais la bluterie
la mieux confectionnée et la plus économique sera celle qui
s'exécutera en même temps que l'on moud, parce que le double transport, les déchets, les frais de main-d'œuvre, etc.,

entraînent toujours dans des embarras et des dépenses que le boulanger qui blute chez lui peut éviter sans aucun inconvénient.

Dans les moulins ordinaires il y a un blutoir ; mais le tournant du moulin fait toute l'opération, et ne sert qu'à séparer la farine d'avec le son. Dans les moulins économiques, au contraire, cette partie de la mouture est bien plus étendue : on y a établi des bluteaux frappants pour séparer la première farine des dodinages pour les gruaux fins, et des bluteaux particuliers pour les sons demi-gras ; les premiers ne sont qu'une espèce de sac formé avec une étamine de laine ; l'orifice du côté de l'anche est mi-plat, soutenu par un palonnier attaché à ses deux bouts par deux accouplés de cuir. C'est par ce bout que le grain moulu entre dans le bluteau, en sortant de l'anche, et un mouvement convulsif que lui communiquent la batte et la baguette, secoue le bluteau d'un bout à l'autre, de manière que la farine s'échappe par les trous de l'étamine, tandis que le son gras va tomber dehors par l'ouverture du bluteau qui, en cet endroit, est rond. Le son se rend dans le dodinage, qui est un bluteau de la même forme que le premier, dont l'étamine est un peu plus grosse, pour séparer le gruau fin d'avec le son, qui porte alors le nom de son demi-gras.

Mais ces bluteaux ont des inconvénients, en ce que le moulin leur est subordonné, et qu'ils ne peuvent exploiter ce que les meules sont dans le cas de broyer : d'où il suit un engorgement qui oblige le meunier de ralentir son moulin, soit en modérant la force de l'eau, soit en lui donnant moins de grains, en sorte qu'il est prouvé par l'expérience que le moulin écrase un quart de moins. Pour éviter cet engorgement, quelques meuniers ont adopté l'usage des bluteaux plus gros ; mais ils sont tombés dans un inconvénient plus considérable ; celui de répandre dans le commerce des farines piquées, c'est-à-dire mêlées de son.

Un des changements que propose M. Dranzy dans le *Mémoire* qui a remporté le prix de l'Académie royale des Sciences, en 1785, relativement à la nouvelle manière de construire les moulins à farine, c'est de substituer aux bluteaux frappants des bluteaux tournants, dont la forme est octogone ; ils sont formés de quatre étoffes différentes : la première est plus fine que celle employée pour les autres bluteaux, en

sorte que la farine dite fleur de farine passe sans mélange
de son, et n'est jamais piquée.

Degré de finesse qui convient le mieux à la farine.

Les meuniers ne sont pas d'accord sur le degré de finesse
que doit avoir la farine; le plus grand nombre, et parmi eux
il s'en trouve de très-expérimentés, s'accordent à dire que si
la farine est trop fine, la pâte qu'on en fait ne fermente pas
et ne lève pas aussi bien en cuisant. D'un autre côté, beaucoup
de meuniers, également expérimentés, disent que la farine ne
peut pas être assez fine, si elle n'est moulue par des meules
bien ardentes et bien propres, pourvu qu'on ne les laisse pas
frotter l'une contre l'autre : quelques-uns d'entre eux réduisent même presque tout leur grain en farine surfine; par ce
moyen, ils n'en obtiennent que de deux espèces, savoir : la
farine surfine et celle nommée *recoupette*, et qui n'est pas
même assez bonne pour faire le pain le plus commun pour
les vaisseaux.

L'auteur a fait l'expérience suivante : ayant ramassé une
quantité suffisante de cette poussière de farine qui se dépose
toujours dans un moulin, il en fit faire un gros pain, dans lequel on mit la même quantité de levain que pour des pains
faits avec la meilleure farine; on les fit cuire ensemble dans
le même four. Le pain de poussière de farine fut aussi léger,
aussi bon et même meilleur que les autres, étant plus frais et
plus agréable au goût; cependant la poussière de farine avait
tant de finesse qu'elle semblait huileuse au toucher. Il a conclu de là que ce n'est pas un grand degré de ténuité donné à
la farine qui détruit en elle le principe de fermentation, mais
bien l'excès de chaleur produit par la trop grande pression
qu'on lui fait subir pendant la fabrication. On peut réduire
cette farine au plus grand degré de finesse, sans en altérer la
qualité, pourvu qu'elle soit moulue avec des meules bien ardentes et très-propres, et à l'aide d'une pression modérée.

Moyens ou signes propres à reconnaître un bon moulage.

L'on prend une poignée de farine entière pendant qu'elle
tombe de la meule, qu'on presse légèrement entre les doigts
et le pouce. Si elle paraît unie et point huileuse ou collante,
et si elle ne s'attache pas trop à la main, c'est une preuve
qu'elle est assez fine et que les meules sont bien repiquées.
Si elle n'offre point de grumelets, cela prouve que les meules
sont bien rhabillées et que les sillons n'ont pas trop d'excen-

tricité, puisque tout a été bien également moulu. Si, au contraire, la farine est très-unie et huileuse au toucher, et qu'elle reste collée aux doigts, cela indique qu'elle est moulue trop en *atterrant*, c'est-à-dire qu'elle a été trop comprimée, ou bien que les meules sont émoussées. Mais si, au toucher, elle paraît huileuse, grosse et grumeleuse, cela indique que les meules sont trop alimentées de grain, ou qu'elles ne sont pas bien rhabillées, ou que quelques-uns des sillons ont trop d'excentricité, ou trop de profondeur, peut-être même que leur arrière-bord est trop épaulé, puisqu'une des parties de blé s'est échappée sans être moulue, et que l'autre est trop pressée.

Si, après avoir reçu plein la main de farine, en en tenant la paume étendue, on la ferme ensuite subitement, et qu'alors la plus grande partie de la farine s'échappe d'entre les doigts, cela prouve qu'elle est dans un bon état, que les meules sont bien rhabillées, que le son est mince, et qu'elle se blutera facilement; car, plus il reste de farine dans la main, moins la qualité en est bonne. Si l'on met une poignée de farine dans un tamis, qu'on en sépare le son, et qu'en le maniant il paraisse doux, élastique, léger sans être collant à l'intérieur, s'il n'y a pas de brins plus gros les uns que les autres, on en conclut que les meules sont bien rhabillées et que le moulage est bien fait (1).

Si, au contraire, le son est large, raide et blanc dans l'intérieur, on peut être certain ou que les meules ne sont pas assez ardentes, ou qu'on leur fournit trop de grain.

Si l'on trouve quelques particules beaucoup plus grosses et plus dures que les autres, telles que des moitiés ou des quarts de grain de blé, cela indique qu'il y a des sillons qui ont ou trop d'excentricité, ou trop de profondeur ou d'escarpement au bord postérieur; ou bien que vous travaillez en fournissant moins de grain que ne le comportent la profondeur du sillon et la vitesse de la meule.

Principes constituants des farines qui jouent le principal rôle dans la panification.

Ces principes sont au nombre de deux : l'amidon ou fécule et le gluten. Nous allons les étudier successivement.

(1) Au lieu d'un tamis, prenez une pelle, et présentez-en le bout près de l'endroit où la farine tombe, vous recevrez ainsi du son très-peu mêlé de farine, que vous pourrez entièrement séparer en le versant, pendant quelques instants, d'une main dans l'autre, et vous essuyant les mains chaque fois qu'elles sont vides.

DE L'AMIDON OU FÉCULE.

Quoique les noms d'amidon et de fécule paraissent syno-
nymes, cependant on donne plus particulièrement le premier
à ce produit immédiat des céréales, et celui de fécule à l'amidon
que l'on extrait des pommes de terre, du sagou, du salep, de
la racine de Bryone, etc.

L'amidon ou fécule existe dans un très-grand nombre de
végétaux, surtout dans les céréales. Voici quelques-unes des
racines et des semences d'où l'on peut l'extraire :

Racines et Plantes.

Arctium lappa.	Maranta indica.
Atropa belladona.	Hyosciamus niger.
Orchis mascula.	Rumex obtusifolius.
Imperatoria ostruthium.	id. acutus.
Polygonum bistorta.	id. aquaticus.
Colchicum autumnale.	Arum maculatum.
Spirea Filipendula.	Iris pseudo-acorus.
Ranunculus bulbosus.	id. fœtidissima.
Scrophularia nodosa.	Orobus tuberosus.
Sambucus ebulus.	Convolvulus batatas.
Sambucus nigra.	(les patates.)
Orchis morio.	Jatropha manioc.
	(le manioc.)

Semences.

L'avoine.	Le millet.
Toutes les espèces de blé.	Les pois.
L'orge.	Les fèves.
La paumelle.	La châtaigne.
Le seigle.	Le marron d'Inde.
Le maïs.	Le gland.
Le riz.	Les pommes de terre.

On trouve également l'amidon dans le lichen d'Islande, le
sagou, le salep, la racine de serpentaine de Virginie, d'aunée,
de salsepareille, du *maranta arundinacca* (l'arrow-root), dans
les choux, les artichauts, etc. ; enfin l'amidon ou fécule est
un des produits immédiats végétaux les plus généralement ré-
pandus dans ces êtres organiques, surtout chez ceux qui sont
plus spécialement destinés à l'alimentation de l'homme et des
animaux. Il est bon cependant de faire observer que toutes les
fécules ne sont point simulaires ; elles ont entre elles cette
même différence qu'on remarque entre les diverses espèces de
gommes, de sucres, d'huiles douces, etc.

Propriétés physiques et chimiques de la Fécule.

La fécule ou amidon joue un si grand rôle dans la panification, que nous croyons devoir entrer dans les plus grands détails sur ce principe immédiat. L'amidon provenant du froment étant censé être le plus pur, ce sera celui que nous allons décrire, en faisant observer que ses propriétés les plus caractéristiques, ou, si l'on veut, celles qui distinguent ce produit de tous les autres, sont communes à toutes ses variétés.

La fécule est blanche, opaque, insipide, inodore, craquant sous le doigt, d'un aspect brillant et comme cristallin, plus pesante que l'eau; son poids spécifique est de 1,53; elle est inaltérable à l'air, insoluble dans l'éther, l'alcool et l'eau froide; très-soluble dans ce liquide bouillant. Nous ferons connaître plus bas ce qui se passe dans cette action. Triturée avec la potasse ou la soude caustique, elle devient très-soluble dans l'eau froide, d'où les acides la précipitent. La fécule, convertie en bouillie ou *empois*, au moyen de l'eau bouillante, se change au bout de quelque temps en une substance sucrée qui fait la moitié de l'amidon employé. Par une légère torréfaction, l'amidon éprouve de tels changements qu'il devient soluble dans l'eau froide et acquiert beaucoup d'analogie avec la gomme, qu'il peut remplacer dans les arts; à une température plus élevée, il se décompose. Une des propriétés caractéristiques de toutes les variétés de l'amidon est de former avec l'iode des combinaisons de différentes couleurs : celle qui contient les quantités les plus minimes d'iode semblerait être blanche ; les autres sont d'un violet pur, d'un beau bleu ou noir, suivant les quantités d'iode. Ces composés sont de véritables iodures d'amidon.

Suivant Théod. de Saussure, l'acide sulfurique peut former avec l'amidon une combinaison cristallisable (1); si l'on étend cet acide d'eau et qu'on aide son action de celle du calorique, l'on obtient une substance sucrée que Kirchoff, chimiste russe, a le premier signalée. Nous reviendrons sur cette propriété. L'acide nitrique convertit la fécule en acide acétique, malique et oxalique; mais il paraît que ce n'est qu'après l'avoir saccharifiée. L'amidon décompose quelques sels métalliques : ainsi, le sous-acétate et le sous-nitrate de plomb, qu'on fait bouillir avec une gelée claire d'amidon, y produisent un précipité qui est composé de 100 de fécule et de 38,89 de protoxide de plomb.

(1) *Annales de Chimie,* tome XI.

ANALYSE DE L'AMIDON OU FÉCULE.

1° De l'amidon du blé.

Oxigène.	49,68 —	48,31
Carbone.	43,55 —	45,39
Hydrogène	6,77 —	5,90
Azote.	0,00 —	0,40
	100,00	100,00
	(G. Lussac et Thénard.)	*(De Saussure.)*

Proust a brûlé l'amidon dans l'oxigène; il a trouvé pour résultats que l'hydrogène et l'oxigène dans l'amidon s'y trouvent dans les proportions nécessaires à former de l'eau; il a donc obtenu :

Carbone.	7 atòmes.
Oxigène.	6
Hydrogène.	65

M. Guerin-Vary donne les nombres suivants :

	Poids.	Atòmes.	Calculé.
Oxigène. . . .	50,10 —	5 —	49,97
Carbone. . . .	43,64 —	6 —	43,91
Hydrogène. . .	6,26 —	10 —	6,12

Analyse de la fécule de pommes de terre.

Carbone.	43,481 —	43,564
Oxigène.	49,453 —	49,668
Hydrogène.	7,066 —	6,768
	100,000	100,000
	(Berzelius.)	*(Collard de Martigny.)*

Terme moyen de ces cinq analyses.

Oxigène.	49,442
Carbone.	43,925
Hydrogène.	6,553

Théorie de la composition immédiate de l'amidon.

Lœwenhoeck fut le premier qui annonça que l'amidon devait être considéré non comme une poudre, mais comme un amas de granules formées d'une substance particulière recouverte d'une enveloppe ou pellicule. Ces travaux étaient restés inaperçus quand M. Raspail les reprit; et, par une série d'observations nouvelles, non-seulement il confirma la découverte de Lœwenhoeck, mais alla beaucoup plus loin que

lui, ainsi qu'on le verra bientôt. MM. Chevreul, de Saussure, Kirchoff, Biot, Payen, Persoz, Dubrunfault, Guérin-
Vary, Couverchel, etc., se livrèrent à de nouveaux travaux
et enrichirent la science d'un grand nombre de faits dont
l'analyse constitue un rapport présenté à l'Académie royale
des Sciences, en 1834, par M. Chevreul ; mais, comme cet
examen serait trop long, nous allons nous borner à présenter
ici les théories de MM. Raspail, Payen et Guerin.

Théorie de M. Raspail.

Dans un premier article, M. Raspail a établi :

1° Que l'amidon, examiné au microscope, se présente
sous forme de grains arrondis, durs, transparents, composés
d'un tégument qui recouvre une substance qui a de l'analogie
avec la gomme;

2° Que la fécule est libre dans les cellules des végétaux;

3° Que la forme des grains est différente dans les divers
végétaux; elle est sphérique dans les céréales, irrégulière
dans les orchis, et beaucoup plus grosse dans les pommes de
terre que dans les autres plantes.

Dans un second travail, l'auteur a annoncé que chaque grain
de fécule qui se développe dans le tissu cellulaire de certains
végétaux, est un organe vésiculaire dont le tégument extérieur
se rompt par l'action du calorique et donne issue à la substance gommeuse qu'il contenait intérieurement. C'est-à-dire
que l'ébullition dans l'eau fait crever l'enveloppe de ces vésicules, et qu'alors ces téguments se trouvent séparés de la partie gommeuse, se rapprochent, et, vu leur insolubilité, donnent à la masse une apparence gélatineuse.

Telle est la théorie de la formation de la bouillie de fécule
ou *empois*. C'est ce qui arrive aussi dans la torréfaction de
l'amidon. Les cellules éclatent, et de là sa conversion en
matière gommeuse, observée, pour la première fois, par
Vauquelin et Bouillon Lagrange. Ce qu'il y a de bien remarquable dans les caractères propres à cette gomme obtenue par l'ébullition de la fécule dans l'eau, c'est qu'elle est
susceptible, ainsi que les téguments, de se colorer en bleu
par l'iode, tandis que la torréfaction lui enlève cette propriété.
M. Raspail en conclut que cette propriété colorante, qui est
propre à ces deux substances de la fécule, pourrait bien être
due à une autre substance volatile qu'il n'entendait classer
ni déterminer. M. Caventou a attaqué la théorie de M. Ras-

pail; celui-ci l'a défendue par de nouvelles observations.
Non content de ces curieuses données, il s'est attaché à étudier et décrire les caractères physiques propres à chacune des principales espèces de fécules ; ce travail ne peut qu'être fort utile au commerce. Nous le transcrirons ici tel qu'il l'a publié.

Théorie de M. Payen.

Ce chimiste regarde les téguments arrondis et extensibles de la fécule comme étant composés d'amidon doué de plus de cohésion que les parties intérieures plus récemment formées. L'huile essentielle et les autres corps étrangers qui adhèrent à leur surface augmentent encore leur résistance à l'action de divers agents, et surtout de la diastase.

Dans la séance du 20 avril 1835, M. Payen a présenté à l'Académie royale des Sciences un nouveau travail dont voici les résultats :

1º L'amidon et la fécule, dépouillés de tous corps étrangers, forment un principe immédiat organique dont les couches extérieures offrent plus de cohésion et de résistance à divers agents que les couches intérieures, secrétées plus récemment sans doute ; cette disposition est conforme aux observations de MM. Ad. Brongniart et Turpin. Ces couches enveloppantes, épaisses, tenaces, spongieuses, constituent les téguments dilatables qui peuvent conserver ainsi des formes arrondies en changeant de dimensions.

2º Les grains de la même fécule se rompent et se détendent successivement dans l'eau à des températures différentes, suivant les degrés de cohésion qu'ils ont graduellement acquis avec l'âge de leur formation.

3º Sans autres agents que l'eau et la chaleur, on peut obtenir de la fécule au *maximum* et au *minimum* d'empois dans le rapport de 150 à 100.

4º L'amidon, insoluble à froid, par conséquent dépourvu du pouvoir d'endosmose, comme l'a démontré M. Dutrochet, peut cependant se gonfler au point de rompre ses couches enveloppantes, même au-dessous des températures observées jusqu'ici, lorsqu'on la met dans les circonstances où plusieurs autres substances insolubles s'hydrateraient rapidement et se dégageraient aussi.

5º L'amidon, considérablement étendu dans l'eau, à la température de 70 à 100°, refroidi et coloré en bleu par l'iode, peut être complètement éliminé par une simple contraction à froid, sous les mêmes formes de flocons organiques, que divers sels et acides font également apparaître.

6° Sans avoir été préalablement bleui, l'amidon peut lui-même se contracter à froid au point d'être en grande partie précipité en un état spongieux ou encore hydraté.

7° Le liquide extrait de l'empois à 0,04 de fécule, ne conserve pas en solution des quantités appréciables d'amidon, après que celui-ci a pu se contracter par le refroidissement et l'évaporation dans le vide.

8° L'amidon tégumentaire, ni l'amidon soluble, ne présentent pas de grandes différences; il n'y a pas entre eux isomerie, mais une identité que dissimulait l'état variable ou accidentel de cohésion entre les parties de l'amidon, son état d'altération et les corps étrangers adhérents.

9° L'amidon ne préexiste pas soluble dans l'eau froide; c'est un produit plus ou moins altéré de la dissolution d'amidon.

10° La fécule de pomme de terre, soumise pendant un quart-d'heure à 140° dans l'eau, n'éprouve pas très-sensiblement cette dernière altération d'amidon.

11° Les fécules d'amidon, débarrassées des substances adhérentes à leur surface, constituent l'amidon, identique dans tous les végétaux; elle ne laisse plus alors de résidu pondérable dans les dissolvants, s'hydrate et se transforme plus complètement en sucre par la diastase.

12° L'amidon insoluble et doué d'une cohésion variable ne s'introduit directement ni indirectement dans les radicules ni dans les germules des plantes.

13° L'amidon coloré en bleu par l'iode est très-extensible encore par la chaleur; sa contractibilité par le refroidissement est plus grande et se manifeste sous l'influence de divers agents.

14° La propriété de la coloration bleue ne réside ni dans un corps volatil, ni dans une pellicule particulière; elle appartient complètement à l'amidon, et dépend de l'action sur la lumière, d'une matière organique qui jouit de la propriété d'agir de la même manière sur les rayons lumineux lorsqu'elle est successivement étendue par l'eau chaude, ou très-divisée par un long broyage; alors elle peut produire une couleur violette ou rougeâtre par l'iode, et ses particules tendent à s'agréger de nouveau dans certaines circonstances.

M. Biot a démontré que le principe immédiat dissous par

divers moyens propres à rompre la disposition organique de ses particules, possède ce pouvoir moléculaire coustant qui assure son identité et qui lui a fait donner, par ce savant, le nom de *dextrine*, qui est synonyme d'*amidon soluble* de M. Payen, d'*amidine* de M. Guérin, et de *substance gommeuse* de M. Raspail.

Théorie de M. Guérin-Vary.

Le 30 juillet 1833, ce chimiste a présenté à l'Académie royale des Sciences un nouveau travail que nous allons analyser. M. Guérin donne les noms de :

Amidine, à la partie soluble à froid de l'amidon ;

Amidin tégumentaire, à la partie insoluble dans l'eau froide ou bouillante;

Amidin soluble, à la partie qui est tenue en dissolution par l'amidiue, partie qui est identique avec l'amidin tégumentaire.

Composition immédiate de l'amidon.

Amidin tégumentaire.   2,96
Partie soluble dans l'eau.   97,04

L'alcool bouillant enlève à l'amidon de la chlorophyle et une matière d'apparence cireuse.

100 parties d'amidon, traitées par 300 d'acide nitrique, d'une densité de 1,34 à 10, ont donné 21,10 parties d'acide oxalique auhydre, ou 36,81, contenant 3 atômes d'eau.

Robiquet, d'après un mode de préparation qui lui est propre, a obtenu une quantité de ce dernier acide qui fait plus de 50 pour 100 du poids de la fécule. 100 autres parties d'amidon, traitées par 250 parties d'acide sulfurique à 66°, ont fourni 91,52 de sucre anhydre, ou 115,79 de sucre hydraté ; d'où il résulte qu'il ne se produit pas autant de sucre anhydre qu'on avait employé d'amidon, tandis qu'on avait dit que 100 parties de fécule donnent 110 de sucre.

L'amidon, exposé pendant quatorze mois dans de l'eau privée d'air, n'a pas subi la moindre altération, tandis qu'avec le contact de l'air il se détériore, et la liqueur devient acide.

L'eau de lavage de l'amidon, évaporée soit avec le contact de l'air, soit dans le vide sec, laisse un résidu contenant de l'amidine et de l'amidin tégumentaire.

Préparation, propriétés et composition de l'amidine.

On tient en ébullition, pendant un quart-d'heure, 1 partie

de fécule de pomme de terre dans 100 d'eau. On verse dans
un vase à précipiter. Quand la plus grande partie des téguments est déposée, on filtre et on fait évaporer la liqueur à
une légère ébullition jusqu'à consistance sirupeuse. On exprime le résidu à travers une toile. Celle-ci retient l'amidin.
On filtre de nouveau, et l'on évapore. On répète quatre fois
ce dernier traitement, après quoi l'on obtient un résidu qui
se dissout complètement dans l'eau froide. Cette nouvelle solution est précipitée par l'alcool ; ce précipité est mis sur un
filtre, lavé par l'alcool à 86°, dissous ensuite dans le moins
d'eau possible et évaporé au bain-marie. L'amidine, ainsi obtenue, est identique avec celle qu'on prépare en faisant évaporer la partie soluble de l'amidon dans le vide.

L'amidine bien desséchée est jaunâtre ; à l'état d'hydrate,
elle est blanche ; elle est inodore, insipide, transparente, en
plaques minces, et facile à pulvériser. M. Biot, ayant examiné
l'action d'une solution aqueuse d'amidine sur les rayons lumineux polarisés, a trouvé que cette substance produit, vers
la droite, une déviation qui est sensible, la même que la *dextrine;* soumise à l'action du calorique, elle se fond, se bour-
souffle sans se volatiliser. Quoiqu'elle soit soluble dans l'eau
froide, elle se dissout cependant bien mieux dans l'eau bouillante ; elle est insoluble dans l'éther et l'alcool. Les acides
nitrique et hydrochlorique donnent à froid, avec l'amidine,
des solutions qui bleuissent fortement par l'iode; l'acide sulfurique la dissout très-bien, et l'iode colore en beau bleu
cette dissolution ; par l'acide nitrique, elle donne d'abord de
l'acide oxalhydrique, puis de l'acide oxalique.

L'amidine diffère beaucoup de la dextrine de MM. Biot et
Persoz, qui lui assignent, comme caractère chimique essentiel, la propriété de fermenter lorsqu'on la met en contact
avec la levure de bière, ce que ne fait pas l'amidine. L'auteur
conclut de ces expériences :

1° Que la dextrine ne doit sa propriété de fermenter qu'au
sucre qu'elle contient.

2° Que cette matière n'est pas la même lorsqu'on la prépare
par les acides, la potasse ou simplement par l'eau, ce qui est
contraire à ce qu'ont avancé MM. Biot et Persoz;

3° Que la dextrine est une substance impure. Il appuie
cette assertion sur le témoignage même de MM. Payen et
Persoz.

Composition élémentaire de l'amidine.

	Poids.		Atômes.		Calculé.
Oxigène. . . .	53,15	—	5	—	52,59
Carbone. . . .	39,75	—	5	—	40,19
Hydrogène. . .	7,10	—	11	—	7,22

Amidin tégumentaire.

Desséché à une température qui n'excède pas 100°, il est inodore, insipide, un peu coloré en jaune, insoluble dans l'eau froide ou bouillante, dans l'alcool et dans l'éther, il est très-élastique; 100 parties, traitées à une légère chaleur par 800 d'acide nitrique, ont donné 25,46 d'acide oxalique anhydre; 100 autres, avec 250 d'acide sulfurique à 66, ont donné 88,92 de sucre anhydre, ou 113,57 de sucre hydraté. La même quantité de liqueur, traitée de la même manière, a donné, par les proportions d'acides précitées, 24,78 d'acide oxalique anhydre et 87,58 de sucre anhydre, ou 111,29 de sucre hydraté. En rapprochant les résultats, il est difficile de ne pas admettre l'isomérie de l'amidin tégumentaire et du ligneux. L'amidin tégumentaire donne une belle couleur bleue aux solutions aqueuses d'acide, que MM. Payen, Persoz et Guérin attribuent à de l'amidine que retient l'amidin, qui, d'après cela, semblerait être de ligneux unis à de l'amidine.

Composition.

	Poids.		Atômes.		Calculé.
Oxigène. . . .	40,67	—	4	—	40,10
Carbone. . . .	52,74	—	7	—	53,64
Hydrogène. . .	6,59	—	10	—	6,26

Il n'y a donc d'autre différence avec le ligneux qu'un atôme d'hydrogène.

Amidin soluble.

Il est identique, d'après M. Guérin, avec l'amidin tégumentaire.

Maintenant nous allons faire connaître la préparation de la dextrine ou amidine impure de M. Guérin.

DE LA DEXTRINE.

Pour obtenir cette matière, il faut d'abord se procurer de l'orge germée et séchée à l'air libre, ou dans une étuve à basse température, puis moulue; telle, en un mot, que les brasseurs l'emploient dans la fabrication bien dirigée de la bière blanche. On peut aussi se servir d'orge fraîche, comme si elle sortait du germoir, en augmentant la dose de 45 centièmes et la broyant au pilon.

Lorsque, dans la germination, la plumule a, le plus régulièrement possible, atteint une longueur égale à celle du grain, 5 parties d'orge sèche suffisent pour obtenir la dextrine de 100 parties de fécule ; il en faudrait davantage si ces conditions étaient incomplètement remplies. Dans ce dernier cas même, il est rare que 10 parties ne soient pas suffisantes (1).

On verse dans une chaudière, chauffant au bain-marie, 2,000 kilogrammes (4,000 livres) d'eau ; dès que la température est portée de 25 à 30° centésimaux, on y délaie le malt d'orge, et l'on continue de chauffer jusqu'à la température de 60° ; on ajoute alors 500 kilogrammes (1000 livres) de fécule, que l'on délaie bien, en agitant avec un râble en bois.

De légères secousses, imprimées de temps à autre, suffisent pour tenir en suspension de 500 à 750 kilogrammes (1000 à 1500 livres) de fécule, dans une masse de 2000 à 3000 kilogrammes (4000 à 6000 livres) d'eau. L'opération en petit se fait très-bien dans un bain-marie d'alambic ; les proportions restant les mêmes, on peut alors employer 20 kilogrammes (40 livres) d'eau, 250 à 500 grammes (une demi-livre à 1 livre) d'orge, et 5 kilogrammes (10 livres) de fécule.

On peut obtenir des produits plus beaux en décolorant d'abord la solution d'orge germée. A cet effet, et pour dissoudre tout l'amidon, en conservant son énergie à la diastase qui s'y trouve contenue, on délaie ce malt en poudre, dans 6 à 7 fois son poids d'eau froide ; on chauffe en agitant, au bain-marie, jusqu'à 65°, on maintient en cette température et celle de 75° pendant environ vingt-cinq minutes ; on projette alors de bon charbon animal, 10 pour 100 du poids de l'orge, puis on filtre et on lave.

La solution filtrée et les eaux de lavage réunies sont remises dans le bain-marie. Le liquide étant à 60° centésimaux, on ajoute la fécule, et l'on achève l'opération comme il est indiqué ci-après.

Lorsque la température du mélange approche de 70°, on

_____

(1) Relativement à la fabrication de la bière, il vaut mieux employer un excès de malt et porter la dose à 15 centièmes, afin d'être plus assuré de dégager les téguments, et de modifier toute la matière amylacée qui pourrait ultérieurement troubler cette boisson en se précipitant.

tâche de la maintenir à peu près constante, et de façon, du moins, à ne pas la laisser s'abaisser au-dessous de 65°, et à ne pas dépasser 75°. Ces conditions sont surtout très-faciles à remplir, si le bain-marie est chauffé par un tube plongeant jusqu'au fond, et y amenant de la vapeur qu'on intercepte à volonté, ou dont on modère le courant par un robinet.

Au bout de vingt à trente-cinq minutes, le liquide, d'abord laiteux, puis un peu plus épais (1), s'est de plus en plus éclairci : de visqueux et filant qu'il semblait, en l'examinant s'écouler de l'agitateur élevé au-dessus de la superficie, il paraît fluide presque comme de l'eau ; on porte alors vivement la température entre 95 et 100°.

On laisse en repos, on soutire à clair, on filtre, puis on fait évaporer très-rapidement, soit à feu nu, et mieux encore à la vapeur, ou dans un bain-marie à pression, chauffant jusqu'à 110° environ sous la pression relative.

Pendant l'évaporation, on enlève les écumes qui rassemblent la plupart des téguments échappés à la première défécation.

Lorsque le rapprochement en est au point où le liquide sirupeux forme, en tombant de l'écumoire, une large nappe, on peut le verser dans des récipients en cuivre, en fer-blanc, en bois ; il se prend en masse par le refroidissement et forme une gelée opaque qui, étendue en couches minces à l'air, dans un séchoir ou une étuve à courant, a fourni la dextrine à l'état de siccité. Dans cet état elle est facile à conserver ; on peut la réduire en farine, la faire entrer dans la composition de toutes les pâtisseries, du chocolat, du pain, des boissons pectorales, stomachiques, etc. M. Serres, membre de l'Institut, l'a déjà fait employer avec un grand succès dans le service de la Pitié, contre les affections entériques ; elle ne présente pas, comme la gomme ordinaire, l'inconvénient de dégoûter les malades par une saveur fade.

La dextrine pure et blanche, solide, a une saveur légèrement sucrée, se rapproche de la gomme arabique par son extrême solubilité dans l'alcool ; mais elle en diffère d'une part en ce qu'elle ne donne point d'acide mucique, de l'autre part, en ce que sa rotation est à droite, tandis que celle de la gomme a lieu à gauche. Une de ses propriétés les plus remarquables, c'est la facilité avec laquelle elle change son état

---

(1) Lorsque l'élévation de la température jusqu'à 65 à 75 degrés est rapide, le mélange devient fort épais, mais s'éclaircit ensuite, quoique plus lentement.

moléculaire et se convertit en sucre par le seul fait d'une légère
élévation de température. Les changements qu'elle subit sous
l'influence de l'eau méritent aussi de fixer l'attention. Après
avoir séjourné dans ce liquide un temps plus ou moins long
(temps qui varie d'après les circonstances non appréciées),
elle cesse en partie d'y être soluble. La portion précipitée, re-
cueillie et lavée convenablement, peut être redissoute dans
l'eau chaude; elle n'y fait pas empois, et en cela elle se rapproche de l'inuline, dont elle diffère pourtant en ce qu'elle
conserve sa rotation à droite, tandis que l'inuline l'a à gauche.

DE LA DIASTASE.

Nous eussions dû parler de la diastase à l'article *Orge;* mais
son histoire se trouve si intimement liée à celle de la dextrine,
que nous avons cru ne pas devoir les séparer. La découverte
de cette substance doit être attribuée à M. Dubrunfault, et
l'étude de la plus grande partie de ses propriétés à M. Payen.

On extrait la diastase de l'orge germée de la manière suivante. L'on réduit en poudre une partie d'orge germée qu'on
délaie dans deux parties et demie d'eau distillée. Après quelques instants de macération, on filtre et l'on fait chauffer la
liqueur dans un bain-marie à 65 degrés. Cette température suffit
pour coaguler la matière azotée, qu'on peut séparer d'ailleurs
par une nouvelle filtration. Le liquide ne renferme alors que
le principe actif et une quantité de sucre en rapport avec les
progrès de la germination. Pour séparer ce dernier, on verse de
l'alcool dans la liqueur; la diastase y étant insoluble, se dépose
sous forme de flocons qu'on peut recueillir et dessécher à une
chaleur douce, afin de ne point l'altérer. Pour l'obtenir plus
pure encore, on peut la dissoudre dans l'eau et la précipiter
de nouveau par l'alcool.

La diastase est solide, blanche, insoluble dans l'alcool, soluble dans l'eau; sa dissolution est neutre et sans saveur marquée; elle n'est point troublée par le sous-acétate de plomb;
abandonnée à elle-même, elle s'altère en peu de temps et
devient acide; chauffée à 65 ou 70 degrés avec de la fécule,
elle possède la propriété remarquable d'en rompre instanta-
nément les enveloppes et de mettre en liberté la dextrine, qui
se dissout facilement dans l'eau, tandis que les téguments
insolubles dans ce liquide surnagent ou se précipitent, suivant
la densité de la liqueur. C'est cette singulière propriété de
séparation que les auteurs ont voulu rappeler, en donnant à
la substance qui en jouit le nom de *diastase*.

Le 4 mai 1835, M. Guérin-Vary a lu un dernier Mémoire
sur l'amidon, qui offre des faits très-intéressants, et qui peuvent devenir un jour du plus haut intérêt pour l'art de la panification.

Ce Mémoire est divisé en trois parties, dans lesquelles
l'auteur examine successivement l'action de la diastase sur l'a-
midon de pommes de terre, à différentes températures ; le
sucre produit par cette action, comparativement à celui qu'on
prépare avec l'acide sulfurique ; enfin, la matière gommeuse
qui naît également de la réaction du même agent sur l'amidon.

Action de la diastase sur l'amidon de pommes de terre à différentes températures.

Le premier point que l'auteur s'est attaché à éclaircir est
celui-ci : déterminer le temps et la quantité de diastase nécessaire pour convertir un poids donné d'amidon en sucre et en
matière gommeuse, à une température connue et avec une
proportion d'eau également connue. Or, voici le résultat de
ses expériences :

1° A une température comprise entre 70 et 75°, 100 parties d'amidon, y compris les téguments, mises avec 1,000
parties d'eau et 1 gramme 7 (32 grains) de diastase, ont donné,
au bout de six heures, 17,58 parties de sucre ;

2° Entre 60 et 65°, 100 parties d'amidon réduites à l'état
d'empois, avec environ 39 fois leur poids d'eau, puis mêlées
avec 6 gr. 13 parties de diastase dissoutes dans 40 parties
d'eau, ont fourni, au bout d'une heure, 86,91 parties de
sucre ;

3° Un empois renfermant 100 parties d'amidon et 1393
parties d'eau, mis en contact avec 12,25 parties de diastase,
dissoutes dans 367 parties d'eau froide, ayant été maintenu à
20° pendant 24 heures, a produit 77,64 parties de sucre.

« Ce résultat, dit l'auteur, me paraît d'une haute importance, parce qu'on peut éviter non-seulement l'emploi d'un
combustible pour saccharifier l'amidon, mais encore une
grande partie des dépenses que nécessite la distillation des
liqueurs alcooliques faibles qu'on obtient par le procédé ordinaire du distillateur d'eau-de-vie de pommes de terre. On
sait en effet qu'après avoir saccharifié l'amidon à une température comprise entre 60 et 65°, on est obligé d'ajouter à la
liqueur sucrée son volume d'eau froide afin d'abaisser la
température entre 15 et 30°, point où commence la fermen-

tation : on obtient aussi des liqueurs très-peu riches en alcool qu'on distille à grands frais. Au contraire, en se basant sur cette dernière expérience, l'eau froide que l'on ajoute à la liqueur sucrée, dans le procédé ordinaire, serait mélangée immédiatement avec l'empois fait à 20°, et tournerait au produit de la saccharification. »

4° L'expérience précédente répétée à la température de la glace fondante a donné, au bout de deux heures, 11,82 parties de sucre.

5° A une température comprise entre — 12 et — 5°, la diastase a fluidifié l'empois, mais il n'y a pas eu la moindre production de sucre.

Le mode d'action de la diastase sur l'empois étant tout-à-fait inconnu, l'auteur a recherché si, pendant cette réaction, il n'y avait pas dégagement ou absorption du gaz. Il n'en a observé aucun. Il a trouvé de plus que cette réaction est la même dans l'air que dans le vide.

Il s'est ensuite attaché à rechercher l'action de l'eau à différentes températures sur la fécule, pour la comparer à celle de la diastase dans les mêmes circonstances. Dans ce but, il a observé au microscope, conjointement avec Turpin, les globules d'amidon soumis à ces diverses influences. Voici ce que nous lisons à ce sujet dans son Mémoire :

1° *Amidon à l'état normal.*

Les plus petits grains sont sphériques ; les plus gros sont oblongs ou le plus souvent trigones avec angles arrondis. Au centre des grains sphériques, ou à l'une des extrémités des oblongs, ou sur l'un des angles des trigones, on distingue le hile ou point ombilical par lequel ce corps organisé adhérait à la paroi antérieure de la vésicule mère. Autour de ce hile sont des zones concentriques semblables à celles que présente la coupe transversale du tronc des végétaux dicotylédons. Cette globuline vésiculaire, que l'on nomme la fécule de la pomme de terre, est lisse à sa surface, transparente, incolore, ou très-légèrement nacrée. On ne voit aucune granulation intérieure ; mise dans l'eau, elle ne lui cède pas la moindre trace de matière bleuissant par l'iode ; elle est neutre aux réactifs colorés ; ces grains s'entregreffent quelquefois par approche, deux-à-deux, trois-à-trois, les hiles étant toujours tournés vers l'extérieur.

2° *Amidon qui a été soumis pendant une heure à l'action de l'eau* à différentes températures (3 parties d'amidon sur 5o d'eau), avec 2 parties de diastase, ou sans diastase.

a. La température étant de 5o à 53°. Les grains de fécule ont la même forme que précédemment, qu'on emploie ou non la diastase. *Sans diastase*, le liquide filtré, diaphane, évaporé presque à siccité, ne développe pas la moindre couleur avec l'iode ; la levure de bière n'y produit pas, à 25°, la moindre bulle d'acide carbonique.

b. Température de 54 à 55°. *Sans diastase*, un très-petit nombre de grains vésiculaires, environ 1 sur 200, paraissent avoir éclaté en partant du hile. On aperçoit de petites fentes rayonnantes, denticulées, et d'une longueur variable ; la liqueur filtrée, transparente, réunie aux eaux de lavage, ayant été rapprochée par la chaleur, a donné une couleur à peine sensible avec l'iode. *Avec diastase*, résultat semblable au précédent ; quelques grains offrent des déchirures à la partie opposée au hile ; le liquide filtré, réuni aux eaux de lavage, a laissé dégager, avec la levure, quelques bulles qui paraissent dues à des traces de sucre.

c. Température de 59 à 60°. *Sans diastase*, on voit beaucoup de grains étoilés ou fendus à partir du hile, quelques-uns brisés avec éclat ; la liqueur filtrée, transparente, bleuit fortement par l'iode. *Avec diastase*, même altération dans les globules ; la liqueur filtrée, claire, a fermenté avec la levure.

d. Température de 6o à 61°. *Sans diastase*, un très-grand nombre de grains sont crevés, d'autres simplement étoilés et plus ou moins déchirés ; quelques-uns sont réduits en chiffons ; le liquide filtré se colore fortement avec l'iode. *Avec diastase*, même état des globules ; la liqueur filtrée ne prend aucune couleur avec l'iode et fermente beaucoup plus que dans l'expérience *c.*

e. Température de 61 à 62°. *Sans diastase*, presque tous les grains sont crevés, réduits à l'état de chiffons ; le liquide filtré prend une couleur d'un bleu intense avec l'iode. En observant l'amidon dans le tube où on le chauffe, on le voit gonfler peu à peu ; il forme avec l'eau un empois tellement consistant, qu'il reste au fond du tube, quand on renverse celui-ci. *Avec diastase*, les grains sont presque tous crevés, mais non réduits en chiffons, comme en l'absence de la diastase ; le liquide filtré ne donne aucune couleur avec l'iode, il a subi la fermentation alcoolique ; lorsqu'il se gonfle comme ci-dessus, son volume diminue.

f. Température de 62 à 63°. Mêmes résultats que dans l'expérience *e*.

g. Température de 63 à 64°. *Sans diastase,* tous les grains sont réduits à des membranes tellement minces et chiffonnées, qu'on les prendrait pour des fibrilles; le liquide filtré se colore fortement en bleu par l'iode. *Avec diastase,* les grains d'amidon sont simplement rompus par une de leurs extrémités; la liqueur filtrée fermente abondamment avec levure.

h. Température de 64 à 65°. *Sans diastase,* on ne voit que des membranes transparentes d'une minceur extrême; le liquide se colore fortement par l'iode. *Avec diastase,* même état que dans l'expérience *g*.

Après l'exposé de ces expériences, M. Guérin termine ainsi la première partie de son Mémoire :

« Parmi toutes les conséquences qu'on pourrait tirer de ces faits, je ne citerai que les suivants :

» 1° L'eau, avec le concours de la chaleur, occasionne la rupture des globules d'amidon à partir de 54°, et la diastase en excès, loin d'aider à cette rupture, préserve, dans certaines circonstances, ces globules d'un déchirement complet;

» 2° La diastase n'a *aucune action sur les globules d'amidon non crevés;* seulement elle liquéfie et saccharifie *l'empois d'amidon;*

» 3° La diastase n'agit pas au travers des téguments; elle ne les fait pas rompre par un effet d'endosmose, ainsi que le pensent MM. Dutrochet et Payen;

» 4° Dans l'acte de germination, la diastase n'élimine pas les téguments de la fécule, et par suite ne transforme pas la partie intérieure, regardée comme insoluble par M. Payen, en deux nouveaux principes immédiats très-solubles, qui peuvent facilement être infiltrés dans les conduits séveux, comme quelques physiologistes le croient aujourd'hui. »

I. *Sucre préparé avec la diastase et l'amidon.*

Dans son dernier Mémoire sur la diastase et l'amidon, M. Payen a dit que ce sucre est incristallisable; qu'il ne se prend pas en masse comme celui que l'on prépare avec l'amidon et l'acide sulfurique; qu'il est insoluble dans l'alcool depuis 95° jusqu'à l'état anhydre, et qu'il se transforme complètement en acide carbonique et en alcool sous l'influence de la levure, de l'eau et d'une température convenable. Les expériences décrites dans cette deuxième partie du Mémoire de M. Guérin contredisent ces assertions.

M. Guérin rappelle d'abord que c'est à M. Dubrunfault que l'on doit d'avoir vu le premier ce sucre à l'état de cristaux, dans un sirop préparé avec l'orge germée et l'amidon qu'il avait abandonnés à une évaporation spontanée. Mais il n'avait pas été donné de suite à cette observation, M. Guérin a fait une étude complète de ce produit. En voici les résultats :

A. *Propriétés de ce sucre.* Il est blanc, inodore, dur, croque sous la dent; se casse facilement; d'une saveur fraîche et peu sucrée comparativement au sucre de canne. Il cristallise en forme de chou-fleur et en prismes à faces rhomboïdales. Sa densité, prise par rapport à l'huile d'olive et rapportée à celle de l'eau, est 1,3861, par conséquent, inférieure à celle du sucre de canne qui est 1,6065. Chauffé à 60°, il se ramollit; à 70°, il devient pâteux; à 90°, il est sirupeux; tenu pendant une heure à 100°, il perd 9,80 p. 100 de son poids d'eau. Diverses expériences ont fait voir que cette température est la plus convenable pour lui enlever son eau de cristallisation sans l'altérer. Lorsqu'on le dissout dans l'alcool à 95° en ébullition, après lui avoir enlevé son eau de cristallisation par la chaleur, et qu'on abandonne la dissolution à elle-même, il se dépose, par le refroidissement, des cristaux incolores ayant la forme de choux-fleurs. Il est soluble en toute proportion dans l'eau bouillante, tandis qu'agité avec 100 parties d'eau à 23°,5, il ne s'en dissout que 63,25. L'alcool en dissout d'autant plus qu'il est plus concentré. Il est insoluble à froid dans l'huile d'olive. Il retient fortement l'alcool. Sa composition est C 12 H 28 O 14, c'est-à-dire, la même du sucre de raisin. Le sucre d'amidon peut donc être représenté par du sucre de canne cristallisé, plus 3 atômes d'eau. Les tentatives que l'auteur a faites pour enlever ces 3 atômes ont été infructueuses.

B. *Préparation.* On délaie 100 parties d'amidon dans 400 parties d'eau froide; on verse le mélange dans 2,000 parties d'eau bouillante, et on agite rapidement. Il en résulte un empois peu consistant dont on abaisse la température à 65°; on y ajoute ensuite 2 parties de diastase dissoutes dans 20 parties d'eau froide, et on remue. On maintient la température entre 60 et 65° pendant deux heures et demie; après quoi la liqueur est évaporée à 60° le plus rapidement possible, et mieux dans le vide, jusqu'à ce qu'elle marque 34° à l'aréomètre de Beaumé. Ce produit, abandonné à l'air, dans des vases peu profonds, se prend au bout de quelques jours en

masse sirupeuse où l'on distingue parfois des cristaux grenus.
Cette masse est traitée par l'alcool à 95 centièmes, dont on
élève la température à 75°; on laisse refroidir la liqueur à
l'abri du contact de l'air, et on la passe au travers d'un filtre
de papier. La liqueur filtrée est distillée au bain-marie jusqu'en consistance sirupeuse. On met ce sirop dans le vide sous
le récipient de la machine pneumatique où il ne tarde pas à
cristalliser. Les cristaux sont comprimés entre des doubles de
papier-joseph, jusqu'à ce qu'ils ne cèdent plus de matière
colorante. Alors on les traite de nouveau par l'alcool. Les nouveaux cristaux sont dissous dans quatre fois leur poids d'eau
à 65°; on ajoute 1/10 de charbon animal purifié, et on tient
la liqueur, pendant une demi-heure, à cette température en
l'agitant continuellement. Le liquide filtré à chaud est évaporé
dans le vide jusqu'à ce qu'il cristallise. Pour être certain de
priver ces cristaux de l'alcool qu'ils retiennent fortement, on
les dissout encore dans quatre fois leur poids d'eau à 65°, on
les fait cristalliser, et on répète encore une fois ce traitement.

II. *Sucre préparé avec l'acide sulfurique et l'amidon.*

Ce sucre a déjà été étudié par M. Th. de Saussure. Sa densité est 1,391; ses formes cristallines et sa composition sont
les mêmes que pour le précédent. Tout ce qui a été dit du
premier peut s'appliquer à celui-ci. Nous dirons seulement
que ce sucre, auquel on n'avait pas enlevé une couleur jaunâtre, a été obtenu par M. Guérin à un état de blancheur
qui égale celle du plus beau sucre de canne. Voici le procédé
de purification qu'il a employé :

Après avoir préparé ce sucre par le procédé ordinaire, on
comprime les cristaux, encore humides, entre des feuilles de
papier non collé jusqu'à ce qu'elles n'enlèvent plus de matière
colorante. Alors on dissout le produit dans 4 parties d'eau à
65°, on l'agite pendant une demi-heure avec 1/10 de son
poids de charbon animal purifié, et on jette le tout sur un
filtre de papier. Le liquide filtré est évaporé jusqu'à siccité
dans le vide. Les cristaux légèrement colorés en jaune sont
de nouveau dissous et traités par le charbon animal; la dissolution est évaporée dans le vide; lorsqu'elle a acquis la consistance d'un sirop fort épais, on achève la cristallisation à
l'air libre, à la température ordinaire. La compression a pour
but d'enlever aux cristaux humides une substance sirupeuse
qui paraît s'opposer à leur décoloration.

*Matière gommeuse produite par l'action de la diastase
sur l'empois d'amidon.*

Propriétés. Cette matière est blanche, insipide, inodore,
transparente quand elle est en plaques minces; desséchée, elle
est friable, sa cassure est vitreuse; elle rougit à peine le papier du tournesol faiblement coloré en bleu; l'iode ne manifeste pas la moindre couleur avec elle. Elle n'éprouve pas de
ramollissement à 100°; entre 125 et 130° elle laisse dégager de
l'eau, prend une teinte jaunâtre, et acquiert la saveur du pain
grillé. Entre 195 et 200° elle passe au rougeâtre; à 235 elle
fond, se boursoufle considérablement, prend une couleur
jaune-brun en dégageant de l'acide carbonique, de l'hydrogène carboné, de l'acide acétique, etc. Elle est inaltérable à
l'air sec. Elle est insoluble dans l'alcool absolu, dans l'éther
sulfurique, se dissout en petite proportion dans l'alcool à 88°,
est très-soluble dans l'eau, soit à froid, soit à chaud. Elle ne
fermente pas avec de la levure de bière et de l'eau. Traitée
par l'acide nitrique, elle ne donne pas d'acide mucique.

La diastase, même en excès, ne saccharifie pas la matière
gommeuse en dissolution dans l'eau-mère du sucre d'amidon;
mais lorsque cette matière est isolée, elle la convertit presque
complètement en sucre. Ce fait, qui a été nié par M. Payen
dans son dernier Mémoire sur la diastase et sur l'amidon, est
constaté par l'expérience suivante :

On a dissous 5 grammes (1 gros 22 gr.) de matière gommeuse
avec 5 décigrammes (9 grains) de diastase dans 60 grammes
(2 onces) d'eau à la température ordinaire; la dissolution a
été tenue entre 60 et 65° pendant cinq heures, après quoi elle
fut mise avec 1 gramme (18 grains) de levure; il se dégagea
un volume d'acide carbonique correspondant à 3 grammes
0729668 de sucre. D'après ce résultat, 100 parties de matière
gommeuse fournissent 61,459 parties de sucre. En isolant ce
sucre de la matière gommeuse et recommençant l'expérience,
on est parvenu à convertir cette dernière presque complètement en sucre, à l'exception seulement de un centième et demi.

De ce qui précède, il résulte que cette matière dite gommeuse ne peut pas être considérée comme une gomme.

Préparation. Quand, par le procédé indiqué pour préparer
du sucre à l'aide de la diastase et de l'amidon, on a obtenu un
résidu composé en grande partie de matière gommeuse et d'un
peu de sucre, ce dernier est enlevé par de l'alcool à 95° cen-

tièmes à la température de 75°. Arrivé à ce terme, on dissout la matière dans huit fois son poids d'eau à 75°, et on y ajoute 1/20 de charbon animal purifié qu'on agite pendant une demi-heure, après quoi le tout est jeté sur un filtre de papier. Le liquide filtré doit être incolore et évaporé à siccité dans le vide.

CARACTÈRES PROPRES AUX DIVERSES FÉCULES.

1° *Fécule de pomme de terre.*

Grains en général très-bien conservés, acquérant les plus grandes dimensions des fécules connues, ayant l'aspect de belles perles de nacre, très-irréguliers dans leurs dimensions; en général, les plus gros sont gibleux, triangulaires, ovoïdes, et les plus petits sphériques. Le *diamètre* des plus gros est de 1/8 de millimètre: celui des plus petits de 1/200.

2° *Fécule d'igname.*

Même aspect que ceux de la pomme de terre. Grains presque tous oblongs, comprimés aux deux bouts et offrant, quand on approche la lentille, une tache de même forme, que l'on prendrait pour un grain noir enchâssé dans un grain blanc. *Diamètre :* les plus gros de 1/17 de millimètre; les plus petits de 1/150.

3° *Sagou.*

Fécule torréfiée en boulettes sur une platine, et versée sous cette forme dans le commerce.

Ces boulettes ne se colorent pas extérieurement par l'iode, à cause de la torréfaction qu'elles ont subie. En les délayant dans l'eau, il est facile de s'apercevoir que tous les grains du pourtour ont éclaté, et que la couche extérieure se compose de téguments et de gomme. Les grains intacts sont au centre des boulettes. Ces grains sont ovales, irréguliers ou ronds, cunéiformes : ils ont l'aspect nacré de grains de pomme de terre. Les plus gros de ces grains, non endommagés par la torréfaction, sont de 1/10 de millimètre; les plus petits de 1/120.

Fécule de patate.

Grains sphériques, très-inégaux et se colorant fortement sur les bords. Les plus gros ont 1/75 de millimètre; les plus petits 1/140.

Fécule de fèves de marais.

Grains irréguliers, lisses, ayant l'aspect de ceux de pommes

de terre. Les plus gros ont 1/20 de millimètre; les plus petits 1/130.

Fécule de tulipe.

Quelques grains endommagés; les autres en cônes obtus,
en sphères plus ou moins tronquées, même aspect des grains
de fécule de pomme de terre. Les plus gros sont de 1/20 de
millimètre; les plus petis de 1/150.

Fécule de marron d'Inde.

Les grains varient en grosseur, selon la grosseur et l'âge du
marron; ils sont très-irréguliers; étranglés dans le milieu de
leur longueur, en forme de reins, de larmes bavatiques, etc.;
ils se colorent très-fortement en noir sur les bords. Les plus
gros ont 1/35, et les plus petits 1/100 de millimètre.

Fécule de châtaigne.

Ces grains ont beaucoup d'analogie, par leur aspect et leur
dimension, avec les précédents, mais s'en éloignent par la
forme qui imite, en général, deux ou trois formes de ceux de
la pomme de terre; ils se colorent fortement sur les bords :
oblongs, triangulaires, arrondis, sphériques, rarement réniformes ou réniformes peu prononcés; diamètre de 1/20 à
1/200 de millimètre.

Fécule de froment, etc.

En général, les grains sont sphériques ou oblongs; beaucoup sont endommagés par la meule et se présentent comme
des vésicules déchirées, de 1/20 à 1/300 de millimètre; ceux
d'orge et les autres.céréales ont les mêmes caractères. Il est
bon de faire observer que, plus les graines sont petites, moins
les grains de fécule sont gros.

Fécule de maïs.

Presque tous les grains sont endommagés par la meule; la
plupart restent agglutinés entre eux et présentent l'aspect d'un
tissu cellulaire à petites mailles, tous plissés plus ou moins,
et plus ou moins arrondis. Si, au lieu de prendre la fécule
dans la farine, on la prend dans la graine encore jaune et
non desséchée, les grains sont arrondis et lisses, de 1/40 à
1/200 de millimètre.

Dalhine ou Inuline.

Elle a été extraite, par M. Payen, des topinambours de
France. Tous les grains froissés, parce qu'ils n'ont été obte-

nus qu'après l'ébullition des tubercules, arrondis, mélangés avec beaucoup de débris des tissus cellulaires, de 1/100 à 1/150 de millimètre.

La *fécule de topinambours*, envoyée de la Martinique, est en grains ronds et irréguliers; peu de grains altérés, peu d'ovales; aspect de la pomme de terre; de 1/23 à 1/200 de millimètre.

Fécule de tapioka.

Grains sphériques un peu irréguliers; plusieurs annoncent une altération; de 1/35 à 1/130 de millimètre.

Fécule de bryone.

Grains sphériques, tous très-petits, de 1/70 à 1/300 de millimètre.

Fécule d'orchis ou salep.

Tous les grains sphériques, de 1/200 à 1/300 de millimètre.

Falsifications de la fécule et moyens de les découvrir.

M. Payen s'est beaucoup occupé de cet intéressant objet; nous allons faire connaître les résultats de ses recherches.

« Depuis quelque temps les falsifications de la fécule se sont multipliées; elles ont occasioné des pertes importantes à plusieurs fabricants de sirop et de sucre de fécule; elles pourraient compromettre gravement la salubrité publique, si les fécules ainsi altérées venaient à être mélangées aux farines.

» Heureusement rien n'est plus facile que de déceler ces fraudes, et il suffira sans doute d'en publier les moyens, pour engager les principaux consommateurs à vérifier fréquemment ainsi la qualité des produits qui leur sont livrés.

» Nous rappellerons d'abord le procédé que nous avons précédemment indiqué : il consiste à incinérer dans une capsule en platine ou dans un creuset, chauffé au rouge, 20 grammes (5 gros) de fécule.

» Les fécules non altérées à dessein, et le plus mal lavées, laissent moins d'un décigramme (2 grains), c'est-à-dire d'un demi-centième de leur poids en un résidu de sable et de cendres; les plus pures ne donnent pas un demi-millième du même résidu.

» Dans cette opération, la combustion très-lente du charbon de fécule peut être activée, et rendue plus facile dans le vase en platine par l'addition d'un peu d'acide nitrique.

» Un autre procédé plus général d'essai, et qui permet de

Boulanger, tome I.   22

mieux apprécier la nature et les proportions de la substance
étrangère insoluble, lors même qu'elle serait de matière organique combustible, consiste dans la dissolution de *toute* la
substance utile de la fécule.

» Voici comment on peut opérer :

» On pèse 25 grammes (6 gros) de malt pâle (orge germée,
séchée, moulue), tel que les *brasseurs* l'emploient *pour* fabriquer la bière blanche, ou tel encore qu'on doit l'employer
pour préparer la *dextrine*; on l'épuise à l'eau tiède (de 40 à
60° centésimaux), en l'humectant d'abord, le versant sur un
léger tampon d'étoupes placé au fond d'un entonnoir, puis en
ajoutant environ, en cinq ou six fois, 200 grammes (6 onces
4 gros) ou 2 décilitres.

»Le liquide, passé sous l'entonnoir, est ensuite chauffé de 72
à 75° dans un bain-marie; filtré alors au papier, il constitue
la liqueur d'épreuve.

» On replace celle-ci dans le bain-marie nettoyé; on y délaie
25 grammes (7 gros) de fécule, et l'on chauffe en agitant le mélange jusqu'à 72 ou 75°; on entretient cette *température* pendant 30 ou 50 minutes, puis on recueille, et on lave à l'eau
froide ou chaude la partie insoluble sur un filtre, ou par dépôt
et décantation. On la fait dessécher sur un vase plat dans une
étuve ou sur la table d'un poéle, au même degré, ou au moins
dans les mêmes circonstances que la fécule soumise à l'essai.

» Le poids de ce résidu donne très-approximativement la
proportion des corps étrangers introduits dans la fécule. Si
celle-ci eût été sans mélange, elle aurait laissé, au plus, un
demi-centième de son poids de résidu ; si elle était très-pure,
elle n'aurait donné en matière non dissoute que 4 à 5 millié-
mes de son poids.

» En examinant le résidu par différents moyens, on reconnaît en général facilement sa nature. Ainsi, parmi les échantillons que plusieurs fabricants de sirop de fécule et des
brasseurs m'ont demandé d'analyser, 3 substances fraudu-
leusement ajoutées jusqu'ici se sont rencontrées en fortes proportions.

» La *craie* ou carbonate de chaux, le *plâtre* et la sciure
d'*albâtre* gypseux ou sulfate de chaux, enfin une *argile* blanchâtre.

»Voici les caractères les plus simples que décèle la nature du
résidu occasioné par chacune de ces matières mélangées, et

dont les proportions ont d'ailleurs varié entre 15 et 30 pour 100 de la fécule.

» La craie, dans l'acide hydrochlorique étendu de quatre parties d'eau, formait une très-vive effervescence, se dissolvait en grande partie, laissant un résidu argileux en poudre fine, qui, décanté, découvrait 1 à 2 centièmes du sable.

» Les deux autres sortes de résidus ne donnaient pas avec les acides d'effervescence sensible.

» Le sulfate de chaux, tenu pendant deux ou trois minutes dans un creuset chauffé à peine au rouge-brun, un instant refroidi, puis délayé dans l'eau en bouillie épaisse, a fait, au bout de 15 minutes, une prise solide.

» Chauffé dans le même creuset au rouge clair, pendant une heure, avec environ un quart de son volume de fécule, puis délayé dans l'eau, il n'a plus fait prise ; l'addition de quelques gouttes d'acide en dégageait alors le gaz acide hydrosulfurique, qui décelait une forte odeur d'œufs pourris.

» Le troisième résidu mis en pâte, réuni en petites boules séchées, chauffé au rouge clair dans un creuset, est resté fortement aggloméré sous la même forme, en consistance d'une brique peu cuite, ne se délayant pas dans l'eau, ne donnant ni effervescence, ni odeur sensible d'hydrogène sulfuré par les acides.

» Le même mode d'essai, pour la diastase brute, s'appliquerait, sans aucun changement, aux essais de l'amidon commercial.

» Il pourrait servir à mettre en évidence, comme nous l'avons dit, M. Persoz et moi, les proportions de gluten, de débris ligneux et de divers mélanges dans les farines, le son, les recoupes et même les pains cuits ; quelques autres manipulations, dans ces différents cas, seraient indispensables : elles seront aisément devinées par les chimistes exercés aux analyses organiques.

» Nous rappellerons, en terminant, le plus simple et le plus expéditif des moyens d'essai des fécules altérées par les mélanges en question.

» Il consiste à placer, sur une petite lame de verre, une très-petite pincée de la fécule sèche, en couche si mince qu'elle ne soit pas opaque par son épaisseur, puis à placer cette lame sur la tablette, éclairée par-dessous, d'un microscope ; enfin, de regarder au point de vue (1).

_____

(1) On trouve chez M. Charles Chevalier, opticien au Palais-Royal, au zèle infati-

» Si la fécule est exempte de mélange, elle n'offrira que des grains arrondis, diaphanes, blancs, ombrés parallèlement aux bords ; si elle contient une des trois substances que la fraude y fait entrer si fréquemment aujourd'hui, on verra distinctement, interposés entre ces grains, des corps opaques, bruns ou nuageux, anguleux, irréguliers. Dans ce dernier cas, peu importe la proportion du mélange, il faut refuser toute livraison d'un produit altéré, c'est le meilleur moyen de mettre fin à des fraudes aussi scandaleuses. . »

DU GLUTEN.

Découvert par Beccaria, le gluten existe dans presque toutes les céréales en diverses proportions, ainsi que dans les fèves, les pois, le riz, les pommes, les coings, les châtaignes, etc. C'est à ce principe que nous devons la panification des farines, qui sont d'autant plus propres à la fabrication du pain qu'elles sont plus riches en gluten.

On le prépare en lavant la pâte de farine de blé jusqu'à ce que l'eau passe claire. L'eau lui enlève ainsi la fécule, qu'elle dépose au fond du vase, et l'on obtient le gluten en une pâte ferme, grisâtre, très-élastique, n'ayant presque pas de saveur, et conservant l'odeur du sperme. En le tirant de toutes parts, il s'étend beaucoup, et ressemble à une membrane. Quand il est sec, il est brunâtre, transparent, dur, cassant, inodore, insipide et insoluble dans l'eau, l'alcool, l'éther et les huiles. Il se saponifie avec la potasse, se dissout dans les acides minéraux affaiblis, ainsi que dans l'acide acétique, d'où les alcalis le précipitent sans altération. L'acide sulfurique le dissout en le noircissant ; si l'on y ajoute de l'eau, il se précipite en flocons jaunâtres. L'acide nitrique, aidé de l'action de la chaleur, le décompose et le convertit en acides acétique, malique, oxalique, et en une substance amère.

Quoiqu'il soit insoluble dans l'eau, si on le fait bouillir dans ce liquide, il perd, avec sa tenacité, sa propriété collante. S'il est humide, et qu'on le laisse exposé au contact de l'air, il s'altère, devient très-gluant, et en partie soluble dans l'alcool. Cette dissolution forme un assez bon vernis.

Composition. — Taddey, chimiste italien, a annoncé que

fable duquel la science doit de si bons instruments, des microscopes d'un prix peu élevé, montés solidement, qui mettent à la portée de tous les commerçants ces sortes d'observations.

le gluten de froment était composé de deux substances, qu'on pouvait isoler en le pétrissant avec de l'alcool, jusqu'à ce qu'il ne devînt plus laiteux. Au bout de quelque temps, l'alcool dépose un peu de gluten, et reprend sa transparence. En l'abandonnant à l'évaporation spontanée, il dépose une substance particulière, qu'il nomme *gliadine*. La partie du gluten non attaquée par l'alcool est la zimome de Taddey.

Zimome, découverte par Taddey dans le gluten de froment. On l'obtient en le traitant par l'alcool, qui dissout la gliadine et s'unit à l'eau, tandis que le résidu, qui fait le tiers du gluten, est la zimome, qu'on obtient ·pure en la faisant bouillir dans l'alcool.

Cette substance est en petits globules ou en masse informe, d'un blanc cendré, dure, ayant peu de cohésion; plus pesante que l'eau, brûlant avec flamme, et exhalant, lorsqu'on la jette sur les charbons, une odeur analogue à celle du sabot de cheval quand on le brûle; elle est insoluble dans l'alcool, soluble dans l'acide acétique, nitrique, sulfurique et hydrochlorique; formant un savonule avec la potasse caustique, insoluble dans l'eau de chaux et les solutions des carbonates alcalins, s'y durcissant même; devenant visqueuse lorsqu'on la lave avec de l'eau, et prenant alors une couleur brune lorsqu'on l'expose à l'air; très-putrescible, et répandant une odeur d'urine pourrie.

Préparation et récolte du gluten pendant la fabrication de l'amidon.

Le gluten, ce principe primitif des farines de froment, joue aujourd'hui un rôle trop important dans la boulangerie et la fabrication du pain, pour que nous ne nous empressions pas de faire connaître les moyens mis depuis peu en pratique pour procéder en grand à son extraction.

A cet égard, nous allons d'abord emprunter la description d'un mode de fabrication de l'amidon, en recueillant le gluten, qu'on doit à M. Emile Martin de Vervins (Aisne), parce qu'il renferme des données précieuses sur cette industrie nouvelle. Nous rappellerons seulement qu'avant on fabriquait tout l'amidon qui est employé dans les arts et dans l'économie domestique par voie de fermentation, et que c'est à M. Martin qu'on en doit l'extraction par voie de lavage, ainsi que nous allons l'indiquer:

« C'est généralement du froment, dit M. E. Martin dans

son Mémoire, ou des résidus de moutures qui en proviennent, que s'extrait l'amidon versé dans le commerce.

» Les froments avariés peuvent être employés avantageusement dans cette fabrication, ainsi que ceux qui sont salis par des graines étrangères non colorantes, telles que la nielle, l'ivraie, etc. Cependant, ceux qui ont été bien récoltés, dont le grain est plein, l'écorce fine, qui ne sont mêlés ni de terre ni de poussière, donneront des produits plus beaux et plus abondants.

» A qualité égale, on doit aussi préférer ceux qui proviennent des pays froids, des terres argileuses, et les variétés dites blés blancs ; ils donneront plus d'amidon, mais, par conséquent, moins de gluten.

» Le froment renferme encore deux substances qui peuvent être utilisées, c'est le gluten et la matière sucrée ; ces deux substances, outre une quantité notable d'amidon, étaient perdues par l'ancien procédé.

» Toutes les parties de froment qui contiennent de l'amidon peuvent être traitées par mon procédé ; ainsi, l'on pourra opérer :

» 1° Sur les farines de toutes qualités (de pur froment) ;

» 2° Sur la farine non blutée ;

» 3° Sur les gruaux mêlés au son, ou purs ;

» 4° Sur les remoulages ;

» 5° Sur les sons gras.

» Mais il ne faudrait pas opérer le mélange de ces diverses matières, au contraire, elles devront être séparées par grosseur. Ainsi, le froment moulu pour cet emploi devra passer dans un bluteau qui en séparera la fine farine ; cette farine sera, si l'on veut, employée au même usage, mais séparément et avec quelques modifications que j'expliquerai plus loin.

» *Procédé*. — Il est simple et d'une facile exécution ; voici en quoi il consiste : Faire une pâte de la matière dont on veut extraire l'amidon ; soumettre cette pâte à un lavage continu sur un grand tamis ovale, en toile métallique n° 130, doublé d'une même toile n° 15 ; le rebord au-dessus de la toile de 22 centimètres (8 pouces) environ.

» On obtient, d'une part, l'amidon et la matière sucrée, de l'autre, sur le tamis, le gluten pur, si l'on opère sur de la farine ou des gruaux purs ; le gluten mêlé de son, si c'est sur toute autre matière.

» Je vais entrer dans quelques détails sur ces diverses opérations.

» *De la pâte.* — La pâte se fait avec de l'eau froide, versée au milieu de la matière à traiter, dans un grand pétrin ou de toute autre manière ; elle ne doit point contenir de grumeaux et doit avoir la consistance de la pâte à faire du pain, de manière qu'on puisse en tenir dans les mains un morceau de 4 à 5 kilogrammes (8 à 10 livres), sans qu'elle s'en échappe ou y adhère trop.

» Toutes les pâtes ne sont pas bonnes à laver en même temps, il faut que le gluten soit humecté dans toutes ses parties, sans cependant qu'aucune fermentation puisse se développer. La pâte de farine blutée (farine à faire le pain) pourra être lavée vingt minutes après sa fabrication, et ne devra pas attendre plus de douze heures, terme moyen, plus en hiver, moins en été.

» Celles de gruau et son, de gruau pur, de remoulages et de son gras, six heures après leur fabrication, et jusqu'à vingt heures.

» Si le gruau était très-gros, il serait même bon de faire la pâte dix heures à l'avance ; il sera d'ailleurs facile de juger quand la pâte demandera à être lavée, si la matière est un peu riche en amidon. En appuyant la main dessus de temps en temps, on verra qu'elle commence par se durcir pendant un temps plus ou moins long, qu'elle reste ensuite stationnaire pendant un autre intervalle, puis finit par se ramollir ; c'est quand elle n'épaissit plus que le moment le plus favorable pour le lavage est arrivé.

» *Du lavage de la pâte.* — Une cuve à eau, proportionnée à la quantité de laveurs qu'on veut employer, est placée sur un massif de maçonnerie de la hauteur d'un mètre (3 pieds) environ. A 16 centimètres (6 pouces) de son fond sont placés des robinets espacés convenablement. Ces robinets sont longs de 49 centimètres (1 pied 6 pouces), ou si ce sont des robinets ordinaires à tirer le vin, on les allonge d'un tube en bois ou en métal, qui leur donne cette longueur ; ils sont garnis en tête d'un tube cylindrique en forme de T, percé en-dessus d'une quarantaine de petits trous jetant l'eau sur les deux tiers de la surface du grand tamis dont il a été parlé plus haut.

» Sous cet ajustage, on place une petite cuve avec deux barres de champ s'enclavant sur ses bords, sur lesquelles repose le tamis qui doit être suffisamment éloigné du robinet,

pour que les bras du laveur aient toute la liberté d'agir. Tout
étant ainsi disposé, et la cuve remplie d'eau claire et fraîche
(en été, il ne faut pas la tirer trop à l'avance), le laveur, ou
la laveuse, car une femme peut aussi faire ce travail, prend
un morceau de pâte de 5 kilogrammes (10 livres) environ, et le
présente sous le robinet ouvert ; ensuite, le posant sur le tamis,
il le malaxe avec les deux mains, d'abord doucement, puis, à
mesure que le gluten se forme en filaments, avec plus de vi-
vacité, jusqu'à ce que l'eau qui sort de la pâte cesse d'être
d'un blanc de lait.

» Cette opération demande ordinairement de huit à dix minutes, et il reste sur le tamis, selon la matière employée
pour faire la pâte, du gluten pur ou mêlé de son.

» Si la matière employée n'est pas assez riche pour former
une pâte liée qui résiste à la gerbe d'eau et à la malaxation,
telle que celle faite avec les remoulages et le son gras, aussitôt
qu'elle est délayée sur le tamis, ce qu'il faut retarder le plus
possible, afin de laisser former le gluten, l'ouvrier prend une
brosse molle et la promène dans le tamis de manière à faire
passer l'eau à mesure qu'elle arrive ; l'opération faite, il ferme
le robinet, fait égoutter la matière en la pressant légèrement
avec la main, la jette dans un baquet et recommence une nouvelle opération.

» *Des dépôts d'amidon.* — L'eau qui tombe sous le tamis entraîne tout l'amidon que contient la pâte ; elle est d'un blanc
de lait parfait, si la matière est riche.

» Chaque fois que le tonneau du laveur est plein, on en
transporte le contenu, à l'état laiteux, dans les bernes qui sont
disposées pour cela ; mais cette eau ne tarde pas à s'éclaircir
par la séparation de l'amidon qui tombe au fond du vase.

» Quand cette séparation est à peu près complète, ce qui
demande environ vingt-quatre heures, on soutire au siphon
ou par des cannelles toute l'eau claire, qu'on met de côté pour
l'utiliser, comme nous l'indiquerons plus tard. Le produit de
deux bernes est remis en une, sans essayer d'en rien séparer
encore, et l'on verse dessus, en été, de l'eau chauffée par la
température de l'air ou le soleil ; il suffira de la tirer vingt-
quatre heures à l'avance ; en hiver, de l'eau rendue tiède au
moyen d'un seau d'eau bouillante sur cinq à six d'eau froide ;
ou par tout autre moyen. Jusqu'à ce que la berne soit presque pleine, on opère le démêlage avec une pelle de bois ou

rame, en ayant le soin d'arrêter le liquide par un tour en sens contraire au moment de retirer la rame.

» Vingt-quatre ou vingt-six heures après, on écoule tout le liquide clair, et si l'on a bien opéré, il reste dans la berne : 1° une eau blanche ; 2° un premier dépôt d'un blanc sale à demi-liquide ; 3° un dépôt bien blanc et ferme composé d'amidon.

« Avec une brosse molle, ou un gros pinceau, on délaie le premier dépôt dans l'eau blanche, ayant le soin de soulever de temps en temps un côté de la berne pour voir si l'on arrive au dépôt blanc ; quand on l'aperçoit, on s'arrête, puis, inclinant et soulevant brusquement la berne, on verse toute la partie liquide dans un baquet, sans donner le temps au pain d'amidon de glisser.

» L'amidon retiré, on remet dans la berne ce qu'on a versé dans le baquet, et de l'eau fraîche par-dessus, dans la proportion de quatre à cinq fois son volume.

» On mélange bien le tout, pour, vingt-quatre heures après, en retirer un second dépôt en opérant comme la première fois. Après ce second dépôt, on réunit deux tonneaux en un, pour avoir encore un troisième dépôt : c'est ordinairement le dernier.

» Cependant, en passant au tamis de soie N° 96 ou 100 les gras et les eaux blanches qui restent après le troisième dépôt, on obtient encore de bel amidon, surtout si l'on a opéré sur de la farine ; car il est à remarquer que la grosse mouture, les gruaux, les rebulets, donnent plus promptement leurs dépôts que la farine la plus fine.

» Les dépôts sont réunis à mesure qu'on les retire du fond des bernes, délayés dans de l'eau claire et passés au tamis de soie N₀ 96 ou 100.

» La meilleure manière de tamiser consiste à mettre le liquide par petites portions sur le tamis, auquel on imprime un mouvement de va-et-vient sur deux douves de tonneau assemblées par les bouts, et au-dessus d'une petite cuve trèspropre.

» Le surlendemain, l'amidon est déposé en pains bien fermes et parfaitement blancs, quand la surface en a été convenablement rincée.

« C'est alors qu'on le met dans les formes, caisses percées de trous dans le fond, ou paniers garnis d'une toile mobile, afin qu'il s'égoutte.

» Le lendemain, on renverse les formes sur une aire de plâtre ou sur des tables en bois blanc, où le pain d'amidon est découpé et rompu en morceaux réguliers de 81 millimètres (3 pouces) d'épaisseur environ, sur 22 à 27 centimètres (8 à 10 pouces) de hauteur et de largeur, qui sont portés sur les rayons du séchoir, où on les laisse jusqu'à ce que la surface commence à s'écailler légèrement.

» Si l'on veut de l'amidon en aiguilles, c'est le moment de le mettre à l'étuve après en avoir râclé la surface.

» Mais, si l'on ne tient pas à la forme, et que ce soit dans la belle saison, l'on se contentera, après avoir râclé le pain, de le diviser en morceaux un peu moindres que le poing, qu'on laissera sur les rayons du séchoir ou sur des tables de bois blanc, dans un endroit bien aéré, ayant soin de le retourner une fois ou deux, jusqu'à ce qu'il paraisse bien sec ; alors seulement on le fera passer une journée à l'étuve pour achever sa parfaite dessiccation. Si l'on veut de l'amidon en aiguilles, il faudra attendre, pour passer les blancs au tamis de soie, qu'on en ait une quantité suffisante pour garnir l'étuve.

» La chaleur de l'étuve devra être, les premiers jours, de 33 à 40 degrés centigrades, et augmenter progressivement pour qu'il y ait, le dernier jour, un bon coup de feu.

» Si les pains sont enveloppés de papier avant de les mettre à l'étuve, ils conserveront mieux leur blancheur.

» Le froment de bonne qualité donnera, s'il est bien traité, 50 pour 100 de bel amidon, la belle farine 55.

» Il restera, en outre, à utiliser l'amidon gras, dépôt qui ne peut plus laisser séparer d'amidon, quoiqu'il en contienne encore une partie notable. Après l'avoir laissé déposer deux ou trois jours, on le mettra égoutter sur des claies garnies de toiles, dans un endroit très-aéré. Ayant peu d'épaisseur, 54 millimètres (2 pouces) environ, il a bientôt pris assez de consistance pour être découpé en morceaux, puis séché soit à l'étuve, soit à l'air libre. On en obtiendra 10 kilogrammes (20 livres) environ pour 100 kilogrammes (200 livres) de matière traitée.

» Cet amidon sera d'un blanc un peu grisâtre, mais d'un fort bon emploi pour apprêter les étoffes de couleur, surtout les nuances foncées et grises.

» Dans cet état, il est propre aussi à faire des sirops pour les brasseurs et les distillateurs, au moyen de l'orge germée ; mais si dans l'établissement même on distillait les eaux du lavage, ou si l'on en faisait de la bière, comme nous l'indiquerons plus loin, ce serait à l'état pâteux ou de bouillie qu'on utiliserait cette matière, aussi en la saccharifiant au moyen de l'orge germée.

» *Du gluten.* — Le gluten frais, obtenu par le lavage de la pâte de farine blutée, forme d'ordinaire un peu plus que le quart du poids de la farine employée. Cette proportion varie selon le pays et la qualité du froment ; dans le midi de la France, elle est un peu plus forte ; en Sicile et en Barbarie, elle s'élève souvent au tiers.

» Ce gluten, en sortant du tamis métallique, a besoin d'être nettoyé par un second lavage sur un tamis de crin clair, pour enlever le petit son et quelques impuretés, si toutefois l'usage auquel on le destine exige qu'il soit tout-à-fait pur. Séché, il perd 3 parties sur 5.

» Celui que l'on obtient de la farine non blutée est entièrement mêlé au son, et ne peut guère en être séparé ; on distingue cependant facilement ses filaments blancs qui forment mille réseaux.

» On emploie ce dernier tel qu'il sort du tamis. Il en est de même du gluten obtenu par le lavage des gruaux impurs, rebulets ou son gras.

» *Propriétés et emploi du gluten.* — Le gluten est, sans contredit, la substance alimentaire végétale la plus nourrissante que nous connaissions ; l'azote, étant un de ses éléments, le fait participer de la nature animale, et lui donne une supériorité immense, pour l'alimentation, sur les gommes, la fécule, les sucres et les autres substances végétales qui n'en contiennent point. Il est, de plus, indispensable à la panification. A l'état frais, il peut être ajouté à la pâte de farine de froment dans la proportion d'un sixième de la farine employée, et même d'un cinquième, si l'on veut avoir un pain qui se conserve bien frais et plein de saveur, même pendant les chaleurs de l'été ; pour la farine de méteil, contenant un tiers de froment, d'un quart ; pour la farine de seigle ou d'orge, d'un tiers, ainsi que pour la farine d'avoine, de maïs et de sarrasin ou blé noir.

» Joint à la fécule de pomme de terre seule, le pain est fade et lève difficilement ; mais, si l'on ajoute une assez forte proportion de pommes de terre cuites à la vapeur et écrasées, on obtient un pain magnifique, se conservant bien, et dont le seul défaut est d'avoir le goût de pomme de terre cuite, qui, d'ailleurs, n'aurait rien de désagréable si on y était habitué. L'addition de farine de seigle à la fécule, avec l'aide du gluten, donne aussi un bon résultat.

» La moindre quantité de ferment, levain de pâte ou levure de bière, rendant le gluten très-mou, il sera toujours facile de l'ajouter à la pâte ; seulement il faudra tenir compte du refroidissement qu'il devra opérer.

» La quantité de pain qu'il donne est égale à son poids.

» Le gluten frais, pur, est encore propre à faire du vermicelle, en y ajoutant assez de farine, ou un mélange de farine et de fécule, pour le durcir convenablement ; on pourra faire aussi du vermicelle de riz, de maïs, etc., en employant, pour durcir le gluten, les farines de ces végétaux.

» Le gluten frais se conserve sans altération vingt-quatre ou trente-six heures pendant l'été, et deux ou trois jours l'hiver ; passé ce temps, il s'aigrit et se liquéfie. En cet état, il est encore très-bon pour la nourriture des animaux ; il suffit de le pétrir avec du son pour en former des pains, qu'on cuit au four, et qu'on fait tremper quelques jours à l'avance quand on veut les employer. On en obtient 200 kilogrammes (400 livres) avec le gluten de 500 kilogrammes (1000 livres) de farine ; le son y entre pour 75 kilogrammes (150 livres). Il se conserve de 10 à 15 jours sans moisir, selon la saison et le degré de cuisson. S'il est destiné à être conservé plus longtemps, on le coupe par tranches qui sèchent bien au four, à l'étuve et même à l'air libre.

» Les cochons, les volailles, les moutons, les bœufs et les chevaux le mangent avec plaisir ; on y ajoute, si l'on veut, un peu de sel ou de mélasse de betterave pour les affrioler. Ceux de ces animaux qui en font un usage suffisant ne tardent pas à engraisser, s'ils sont d'ailleurs dans l'âge et les conditions nécessaires pour l'engrais.

» Le gluten obtenu des farines non blutées ou des rebulets, et, par conséquent, mélangé de son, peut se donner aux animaux à l'état frais ; mais on fera mieux de lui donner aussi une légère cuisson, soit qu'on en fasse des pains comme nous l'avons dit plus haut, ou qu'on le fasse bouillir dans une chaudière.

» Le seul moyen possible pour conserver longtemps le gluten propre à la panification, ou même à la nourriture des hommes et des animaux, est la dessiccation. Pour le premier cas, il ne faut pas que la chaleur employée soit supérieure à

45 ou 50o centigrades. La seule manière facile d'opérer cette dessiccation est de pétrir le gluten frais dans une bassine chaude, avec partie égale de fécule parfaitement sèche.

» On laisse ensuite refroidir le mélange, qui, de mou, devient ferme; alors on l'émiette sur les rayons d'une étuve ou dans un grenier chaud et bien aéré. Du matin au soir, la pâte est sèche, blanche, d'un goût franc sans aucune acidité; pour éviter l'adhérence de la pâte aux rayons, on les saupoudre légèrement de fécule; cette pâte sera facilement réduite en farine.

» 200 kilog. (400 livres) de cette farine pourront servir à panifier 300 kilog. (600 livres) de farine de pomme de terre, de maïs, d'avoine et de toute autre farine privée de gluten.

» Une provision de ce gluten ne serait donc pas à dédaigner pour un temps de disette ou pour exporter dans les pays qui ne produisent pas de froment.

» S'il n'est pas destiné à la panification, la meilleure manière de le préparer, est de le faire cuire dans une chaudière sans aucune addition d'eau, de l'étendre ensuite sur des plaques de tôle qu'on porte au four légèrement échauffé, et qu'on y met après le pain.

» Si on le réduit alors en farine et qu'on le mêle à une fécule quelconque ou à des purées de légumes, il donnera du potage agréable et très-nourrissant.

» Mis dans un four un peu plus chaud que pour la dessiccation simple, il prend une belle couleur dorée et peut alors être employé aux mêmes usages que la chapelure, quand il a été mis en poudre grossière.

» *Emploi du gluten dans les arts.* — Sec ou frais, le gluten peut être employé par les distillateurs avec beaucoup d'avantage, non-seulement pour saccharifier les fécules, mais pour obtenir avec les sirops de fécules, les mélasses, etc., des fermentations plus promptes et plus riches en alcool. Fabroni a démontré que le gluten est, par-dessus tout, le principe essentiel de la fermentation.

» Le gluten abandonné à lui-même pendant huit jours, à une chaleur de sept à huit degrés, devient aigre et perd son élasticité; il s'unit à l'eau, s'étend au pinceau, forme une véritable colle sans mauvaise odeur, qui peut se conserver huit à dix jours ; dans cet état, il colle parfaitement le papier, les cartes, le parchemin sur carton, le bois, la porcelaine, etc.

Boulanger, tome 1.   23

» Cette colle peut être séchée sur des assiettes, dans une étuve et conservée pour l'usage.

» *Emploi des eaux de lavage.* — La farine de froment contenant, d'après les analyses de Vauquelin, environ 5 pour 100 de matière sucrée, l'eau de lavage s'en trouvera chargée; il suffira, pour utiliser ce sucre, d'ajouter dans cette eau chauffée à un degré convenable, une quantité de mélasse de betterave suffisante pour amener le liquide à 7 ou 8°, au pèse-sirop, ou l'amidon gras saccharifié au moyen de l'orge germée dans la même proportion; de mettre en fermentation par l'addition de levure et de gluten, et de distiller quand le liquide aura cessé de fermenter, pour en retirer tout l'alcool qui se sera produit.

» Un autre emploi de cette eau de lavage, c'est d'en faire de la bière.

» Voici une formule simple qui m'a bien réussi : dans 8 hectolitres d'eau de lavage, marquant au pèse-sirop un peu moins de 2°, ajoutez : sirop de dextrine coloré, mêlé d'un tiers de bonne mélasse de raffinerie, quantité suffisante pour amener le liquide à 6, 7 ou 8°, selon que l'on veut la bière forte ou légère.

» Mettez 2 hectolitres de cette eau dans une chaudière, avec 2 kilog. (4 livres) de bon houblon nouveau; portez à l'ébullition, pendant un quart-d'heure, la chaudière couverte, ajoutez encore quelques poignées de coriandre et d'anis; puis, au bout d'un quart-d'heure d'infusion, filtrez ce liquide à travers une toile placée dans un panier au-dessus de la cuve où se trouve le liquide froid, et opérez le mélange. Quand la température sera de 20 à 25°, selon la saison (si le degré était moindre, on ferait chauffer une partie du liquide pour l'amener à ce point), on ajoutera 2 kilog. (4 livres) de bonne levure, autant de gluten frais, et l'on favorisera la fermentation par les moyens ordinaires, c'est-à-dire en couvrant la cuve et en tenant la pièce chaude. Après 4 à 5 heures, quand la fermentation commencera à baisser, on entonnera, ayant le soin de mettre la bonde des tonneaux un peu de côté et de remplir souvent, afin de faire écouler la levure et de clarifier la bière.

» Au lieu de sirop de dextrine du commerce, on peut employer celui qu'on obtient de l'amidon gras saccharifié comme pour la distillation.

» Cette saccharification se fait en mettant l'amidon gras, délayé avec de l'eau, dans une chaudière chauffant à 70° centigrades, ajoutant 10 à 15 kilog. (20 à 30 livres) d'orge germée, moulue fin, pour 100 kilog. (200 livres) de matière sèche à saccharifier, arrêtant le feu, couvrant et remuant de temps en temps pendant deux heures. La chaleur du foyer suffit ordinairement pour maintenir le liquide entre 62 et 70°; s'il tombait plus bas, un peu de feu y remédierait; au bout de deux heures, le liquide étant devenu gris et transparent, de blanc qu'il était, on le filtre, et il est propre à faire soit de l'alcool, soit de la bière; si ce sirop était destiné à être conservé, il faudrait le rapprocher par l'ébullition, dans une chaudière plate et ouverte, jusqu'à 32° bouillant.

» Cette eau contenant, outre le sucre, de l'albumine et de la gomme, peut aussi être donnée comme breuvage nourrissant aux vaches et aux chevaux. »

MM. Brehon et Rinette, à Paris, sont inventeurs d'un appareil propre à l'extraction domestique du gluten, et pour lequel ils ont pris un brevet en 1841. Voici la description de leur appareil :

Fig. 126 et 127 *a*, massif circulaire en briques servant de base à la machine.

b, plate-forme circulaire en bois, à plan incliné, sur laquelle on dépose la pâte dont on veut extraire le gluten.

c, *c*, deux cylindres en bois en forme de cônes tronqués et cannelés dans leur longueur, et deux autres cylindres cannelés circulairement, servant à malaxer la pâte (*voir* le plan, *fig.* 2, *c c c c*).

d, *d*, roue dentée (*voir* le plan, *fig.* 128) placée horizontalement à la hauteur des axes des cylindres.

e, roue verticale engrenant avec la roue horizontale *d*.

f, *f*, axe et manivelle servant à faire mouvoir la roue *e*.

g, *g*, montants en fer servant à supporter le réservoir.

h, réservoir en zinc formant la croix et percé de plusieurs trous servant à arroser la pâte sur la plate-forme *b*.

i, arbre en bois autour duquel tourne la roue *d d*.

j, *j*, toile métallique en cuivre, attachée circulairement à la plate-forme *b*, et servant à tamiser les eaux chargées d'amidon pour les décharger dans les cuves *l*, *l*, par les dégorgeoirs *m*, *m*.

Pour mettre la machine en mouvement, la pâte étant placée sur la plate-forme *b*, on applique un moteur à la manivelle *f*, et en lui donnant un mouvement circulaire, on la force à s'engrener avec la roue horizontale *d*, qui, à son tour, met en jeu quatre cylindres cannelés, lesquels prennent alors

un mouvement de rotation sur eux-mêmes et un mouvement
de translation autour de la plate-forme *b*; alors ils pressent et
malaxent la pâte qui, se trouvant arrosée par l'eau du réservoir *h*, laisse dégager son amidon et met à nu le gluten; l'eau
amylacée passe à travers la toile métallique *j* et vient tomber
dans la gouttière en zinc *k*, qui la dégorge dans les cuviers
par les conduits *m*, *m*.

Depuis la publication de ces procédés d'extraction du gluten, la Société d'encouragement a eu l'occasion de récompenser,
en 1844, les succès obtenus par MM. Véron frères, de Ligugé
près Poitiers, pour l'établissement d'une fabrication de gluten
granulé. Nous ne saurions donner une idée plus exacte de
cette importante industrie, qu'en reproduisant un extrait du
rapport fait par M. Payen, à ce sujet, devant le conseil de cette
savante Société.

« Parmi les industries, dit M. le rapporteur, dignes de fixer
l'attention, nous plaçons au premier rang, sans hésiter, celles dont la création doit avoir pour résultat non-seulement le
progrès des arts industriels, mais encore l'amélioration de la
nourriture des hommes.

» La fabrication nouvelle, établie par MM. Véron, s'offre à
nous sous ce double aspect.

» Il y a quelques années, on perfectionna l'épuration des
produits amylacés en extrayant d'abord le gluten à froid:
ainsi on assainissait cette industrie, on en augmentait les
produits et réservait, comme substance alimentaire, la portion la plus nourrissante du froment, au lieu de l'éliminer,
comme autrefois, par la putréfaction.

» Le gluten, dans les premiers temps, fut employé à la
nourriture des animaux; bientôt ses propriétés alimentaires,
mieux appréciées, le firent admettre dans la confection des
plus beaux pains de la boulangerie de Paris: de son côté,
M. Robine en confectionnait des pains légers pour les conva-
lescents.

» Il semblait difficile de lui trouver des applications plus
convenables, les amidonneries nouvelles s'en contentaient, et
MM. Véron frères introduisaient, sur ces données, ces procédés dans leur vaste établissement de minoterie sis à Ligugé, près de Poitiers.

» Cependant la difficulté d'écouler, à l'état frais, tout le
gluten, au fur et à mesure de son extraction, entravait leurs
travaux; ils cherchaient les moyens de conserver cet impor-

tant produit en le desséchant, puis le réduisant en poudre ;
mais, lors même qu'on y fût parvenu d'une façon économique, on n'eût encore obtenu qu'une sorte de farine propre à
la fabrication du pain.

» Une idée heureuse, venue à MM. Véron, a tranché la difficulté, en simplifiant toute l'opération, diminuant les frais,
et donnant, au lieu d'une matière première, un produit d'une
valeur plus grande.et vendable directement.aux consommateurs.

» L'invention consiste :

1° A granuler et dessécher le gluten : dès-lors la réduction
en poudre est inutile, et la difficulté cesse ;

2° A séparer en trois ou quatre sortes, suivant leur grosseur, les grains tout formés ;

3° Enfin à livrer le gluten ainsi préparé pour être employé
surtout à la confection des potages.

» Nous devons faire remarquer que ce produit nouveau
réunit les conditions les plus avantageuses pour l'emploi de
l'un des meilleurs aliments connus.

» Il renferme, en effet, plus de gluten que les pâtes d'Italie les plus estimées.

» Or, les propriétés éminemment nutritives du gluten sont
admises depuis longtemps par les chimistes, les agronomes et
les physiologistes. On attribue généralement à sa présence et
à ses proportions, la supériorité du froment sur les autres
céréales, et la qualité meilleure des préparations alimentaires obtenues des blés durs récoltés dans les contrées méridionales.

» Ces propriétés importantes du gluten ont été mises hors
de doute par des expériences décisives sur les animaux, et
ceux-ci, même parmi les plus exigeants pour leur nourriture,
le mangent avec avidité, avertis, sans doute, de sa qualité
nutritive par l'instinct de leur conservation, qui les trompe
rarement.

» Sous l'influence exclusive du gluten, des chiens, des
porcs, des bœufs ont pu être nourris complètement. MM. Véron ont engraissé des bœufs avec du gluten, dont ils donnaient, par jour, à chacun 12 kilogrammes (24 livres),
divisés dans environ 6 kilogrammes (12 livres) de gros son :
l'engraissement fut rapide ; le tissu adipeux des animaux
offrit la coloration et plusieurs caractères des matières grasses du blé.

» Ces faits, remarquables à plusieurs égards, seraient-ils en opposition avec les nombreuses expériences qui ont montré que chaque substance organique, isolément, est dépourvue de la faculté d'entretenir la vie des animaux? Non, sans doute; on reconnaît, au contraire, que la propriété nutritive du gluten s'accorde avec toutes les notions de la science, lorsque l'on se rappelle que cette substance renferme, avec la plus grande partie des principes immédiats azotés du froment (glutine, albumine, caséine, fibrine), des matières grasses, en proportion double au moins des farines blanches; qu'il contient, en outre, de l'amidon, des phosphates, etc.

» De telle sorte, que l'on pourrait définir la nature de cet aliment réellement complet, en le comparant à la viande qui serait unie avec du pain.

» Nous allons démontrer comment, par suite des procédés en usage chez MM. Véron, les qualités du gluten sont mieux ménagées que dans toutes les autres préparations connues de pâtes de froment.

» *Préparation du gluten granulé.* — Le gluten est d'abord extrait suivant les procédés indiqués plus haut; on l'étire tout frais dans la farine, employée à poids égal et de façon à profiter de sa ductilité, pour le diviser en menues lanières, que sépare la farine interposée : alors on porte le tout dans une sorte de pétrin, où la division s'achève mécaniquement entre deux cylindres concentriques tournant dans le même sens, mais animés de vitesses très-différentes, et dont l'un, le plus petit, qui tourne rapidement, est armé d'un grand nombre de chevilles saillantes.

» Le produit de cette trituration se présente sous la forme de granules oblongs composés de gluten renfermant de la farine interposée ; on le dessèche dans une étuve à courant d'air, chauffée de 40 à 50° et garnie de tiroirs qui facilitent les chargements et déchargements à l'extérieur.

» Des tamisages au travers de canevas métalliques à mailles offrent des ouvertures graduées donnant directement des grains de quatre grosseurs différentes, mais d'une qualité identique.

» Voici comment on peut se rendre compte de leur composition :

100 kilog. de gluten frais, contenant 38 de gluten sec, divisé par 200 kilog. de farine contenant 24 de gluten, en

tout 300 kilog., se réduisent, par la dessiccation, à 228, contenant 62 kilog. de gluten.

» Donc, 100 kilog. de ce produit granulé renferment 27,2 de gluten sec, c'est-à-dire plus du double de la quantité contenue dans la farine employée.

» Cette richesse en matière fort nutritive n'est pas le seul avantage que présente le produit nouveau, si on le compare avec des pâtes dites vermicelle, semoule, etc. Dans celles-ci, les préparations, qui consistent à pétrir avec de l'eau bouillante, puis à étirer à chaud, ont coagulé le gluten et soudé les grains d'amidon. Les pâtes sèches ainsi obtenues acquièrent par suite une cohésion et une dureté telles, qu'une ébullition plus ou moins soutenue devient nécessaire pour les hydrater à point dans les potages, tandis que le gluten granulé à froid et séché sous l'influence d'une douce température restant perméable, s'hydrate en deux minutes dans un liquide à 100° et permet ainsi de conserver au bouillon tout son arôme : 40 à 45 grammes (1 once 3 gros à 1 once 4 gros) suffisent pour un litre de liquide. On conçoit que, le gluten étant toujours ainsi uniformément hydraté, sans qu'on ait prolongé l'ébullition, le potage obtenu soit plus agréable, plus nourrissant et plus léger.

» L'état normal sous lequel se présente le gluten dans les produits de MM. Véron, tel, en un mot, qu'il était dans le froment, permet à chaque consommateur de vérifier et sa qualité et ses proportions; il suffit, en effet, d'en humecter une petite quantité entre les dents pour retirer la substance élastique; on peut aussi en malaxer à froid, dans l'eau, un poids déterminé, peser le gluten frais que l'on obtient, le faire gonfler au four, ou, mieux encore, dans l'aleuromètre de M. Boland, et constater ainsi sa proportion et sa qualité : ce sont autant de garanties contre les altérations ultérieures, accidentelles ou frauduleuses; garanties précieuses que ne sauraient offrir les pâtes commerciales ordinaires.

» La comparaison serait bien plus favorable encore si on l'établissait avec les diverses préparations féculentes, irrégulières dans leurs qualités, qui ne laissent pas de contrôle aux acheteurs, et, par leur nature, semblent plutôt destinées à tromper l'appétit qu'à satisfaire les besoins d'une alimentation réelle, légère et salubre.

» Les données que nous venons d'exposer, et les avis très-favorables et unanimes de toutes les personnes que nous avons consultées après leur avoir envoyé des échantillons de gluten granulé, démontrent de la manière la plus évidente les qualités du nouvel aliment, et nous autorisent à considérer d'un point de vue plus élevé la question qui nous est soumise.

» Que l'on considère, en effet, cette partie de la population qui compose les équipages de nos vaisseaux, remplit les cadres de nos armées, ou séjourne dans les asiles de détention, et chacun comprendra combien il importe de lui fournir des aliments très-nutritifs, sous un volume donné, faciles à conserver, à transporter, à employer, sans embarras et sans déperdition.

» Tous ces avantages nous semblent les attributs du gluten granulé.

» Si on le compare avec les farines, les blés, les riz, les biscuits d'embarquement, il n'est pas improbable que sa faculté nutritive puisse s'élever, en un grand nombre de circonstances, au double pour un poids égal.

» On doit présumer qu'à l'aide de plusieurs précautions faciles, en l'enfermant en barils ou autres vases bien clos au moment même de sa dessiccation, son transport à toutes distances, par toutes les températures, s'effectuerait sans la moindre altération, comme on l'a constaté depuis longtemps, en Amérique, à l'égard des farines de blés durs, bien desséchées.

» Pourrait-on douter de la préférence qu'accorderaient nos marins à cette substance alimentaire bien conservée, lorsqu'on connaît les inconvénients attachés à l'emploi du biscuit? On sait que ces inconvénients se manifestent surtout au moment de le concasser, afin de le faire tremper; lorsqu'on s'aperçoit qu'il faut d'abord essayer d'éliminer, au moins en partie, les vers qui, d'avance, en ont dévoré la meilleure substance, laissant à sa place les résidus rebutants de leur digestion et des diverses altérations auxquelles ils ont donné naissance.

» Non-seulement l'emploi d'un aliment plus nutritif, occupant moins de volume, même à poids égal, allégerait les transports et occasionerait moins d'encombrement, mais encore il permettrait d'améliorer certaines farines, de rendre beaucoup plus nourrissantes les pommes de terre ou d'autres produits qu'on trouverait en route, mais insuffisants par eux-mêmes pour bien nourrir les hommes.

» En fournissant ainsi aux hommes de mer et aux troupes de terre un aliment sain et très-nutritif, ne mettrait-on pas un puissant obstacle à la principale cause des maladies, et n'accroîtrait-on pas en même temps les forces effectives et la puissance de nos troupes, en diminuant les dépenses de leur entretien.

» Telle est, du moins, notre conviction intime ; aussi ne s'étonnera-t-on pas que nous ayons cherché par quelles mesures il serait possible d'atteindre un but aussi élevé.

» Sans doute, dans leur établissement, où déjà deux machines à démêler et les étuves suffisent à une production journalière dépassant 1,000 kilogrammes, MM. Véron, par le travail actuellement perfectionné de leur minoterie et la force hydraulique existante dans leur usine, subviendraient à une production d'environ 4,600 kilogr. par jour, ou 1,380,000 kilogrammes par an.

» Cette production, quelque considérable qu'elle parût, serait encore insuffisante pour les grandes applications que nous avons en vue.

» Le prix de 1 franc le kilogramme, avantageux pour les consommateurs habituels des pâtes d'Italie, ne permettrait pas d'appliquer le gluten aux approvisionnements de la guerre, de la marine, des hôpitaux, etc.; mais, dès aujourd'hui, MM. Véron réduiraient à 70 cent. le prix du kilogramme pour ces fournitures et celles des grands établissements en général. ·

» Il y aurait encore un grand intérêt à étendre ces utiles applications par des économies réalisables dans la fabrication et par l'accroissement des quantités des matières premières.

» On parviendrait sans doute à ce but par des mesures administratives que nous croyons devoir soumettre à la sollicitude éclairée du gouvernement.

» Elles consisteraient à autoriser en France, et dans nos possessions d'Alger, l'importation des blés et farines les plus convenables pour l'extraction du gluten granulé, à la charge de réexporter soit l'amidon qui en proviendrait, soit une quantité équivalente de fécule, soit tout autre produit farineux, de manière à ce que toute notre industrie manufacturière en profitât sans que notre agriculture en souffrît.

» Il serait d'ailleurs facile d'enrichir encore le gluten obtenu, en appliquant à sa première division de la farine préalablement desséchée, et dont on réduirait ainsi sans

peine, des 25 ou 30 centièmes, la quantité utile à cette opération.

» Si l'on ajoutait à ces puissants moyens d'extension de
l'industrie nouvelle l'emploi des meilleurs moyens de conservation des blés dans leur état normal, à l'abri des insectes et
des causes nombreuses et variables d'altération, on aurait,
nous n'en doutons pas, résolu plusieurs problèmes de la plus
haute portée dans l'intérêt de l'alimentation, de la santé des
hommes et du développement des forces de la population.

» De tels résultats sont bien dignes de fixer l'attention de
hauts fonctionnaires de l'Etat préoccupés d'améliorer le ré-
gime alimentaire des classes nombreuses. »

A ces détails, nous ajouterons l'extrait d'un mémoire de
M. Bourgnon de Layre, conseiller à la Cour royale de Poitiers, sur les usines de MM. Véron frères, à Ligugé (Vienne),
pour la fabrication des farines, de l'amidon et du gluten.

« Les moulins que MM. Véron frères ont fait construire
dans une île de la rivière de Clain, à 6 kilomètres de Poitiers,
sont établis dans un vaste bâtiment à cinq étages. Le moteur
consiste en plusieurs roues hydrauliques de la force de 140
chevaux, dont le mouvement ne peut être interrompu ni par
la baisse des eaux, ni par des crues subites.

» Le système de mouture adopté par ces fabricants est celui dit à *l'anglaise*. Douze paires de meules, qui fonctionnent
constamment, réduisent en farine 14 à 15,000 kilogrammes de
blé par 24 heures, rendant 60 à 70 pour 100 de farines premières et 75 à 76 pour 100 de bonnes farines secondes.

» MM. Véron ont ajouté à la mouture du blé la fabrication de l'amidon, dont ils séparent le gluten, d'après les procédés de M. Martin, décrits *page 56 du Bulletin* de la Société
de l'année 1837, en employant, pour cet usage, le pétrin
Fontaine. »

Voici comment ils opèrent :

« On verse dans le pétrin environ 75 kilogrammes de farines premières, avec une médiocre quantité d'eau sans aucun
levain ; le mélange réduit en pâte est retiré du pétrin et placé
en deux parties égales dans deux amidonnières contiguës, espèces d'auges allongées dans lesquelles tourne un cylindre en
bois cannelé ; ce cylindre, par le frottement sur la pâte et un
arrosage continu et réglé à volonté, opère en peu de temps la
séparation de l'amidon, qui est entraîné par divers conduits

dans des récipients disposés exprès. L'amidon étant ainsi extrait de la pâte, il ne reste plus dans l'amidonnière que le gluten vert, formant un corps tendineux et élastique.

» Pour conserver le gluten ainsi obtenu et le rendre propre à être employé comme substance alimentaire, MM. Véron l'étirent, à sa sortie de l'amidonnière, dans deux fois son poids de farine de froment de première qualité, et le portent ensuite à une machine appelée *démêleur*, composée de deux cylindres concentriques, dont celui intérieur, armé de chevilles saillantes, tourne avec une grande vitesse, et le cylindre extérieur beaucoup plus lentement; le gluten est promptement divisé dans cette machine, et forme un tout homogène qui est réduit ensuite en petites parcelles qu'on place dans une étuve à tiroirs, montée à cet effet à côté des étuves à amidon. Le gluten y est desséché en une heure et demie, puis tamisé pour obtenir des grosseurs différentes. Les grumeaux restants sont concassés par un moulin à noix et tamisés de nouveau.

» L'amidonnière de MM. Véron consomme, en 12 heures de travail, 800 kilogrammes de farines premières, lesquelles, après séparation de l'amidon, donnent 250 kilogrammes de gluten vert.

» Cette quantité, réunie à 500 kilogrammes de farine de froment, fournit, déduction faite de 24 pour 100 perdus par la dessiccation, 570 kilogrammes de produit sec.

» Le gluten sec est préparé sans aucun mélange de substance nuisible; on n'emploie à cette fabrication que de la farine pure et du gluten vert; il conserve toutes ses propriétés alimentaires et a l'avantage de présenter, sous un petit volume, plus de parties nutritives qu'aucun autre. Il est d'une digestion facile et nourrit sans fatiguer l'estomac. La dessiccation qu'il a subie assure sa conservation sans altération. Il peut être employé, non-seulement aux usages de la cuisine, mais la boulangerie peut en tirer un grand parti en le mêlant aux farines de qualités inférieures, et à diverses substances amylacées, telles que les fécules, le riz, etc. »

Moyen de reconnaître la farine de froment, frelatée par la fécule de pomme de terre.

M. Henry père avait déjà indiqué un moyen d'apprécier cette fraude; mais ce travail ne pouvait servir qu'à déterminer la présence d'une fécule quelconque, sans en indiquer l'es-

pèce; nous fûmes obligés de recourir à des essais nombreux
pour parvenir à résoudre la question que la justice nous avait
fait l'honneur de nous adresser. Quelques mois après, M. Rodriguez avait aussi publié, dans le 45ᵉ volume des *Annales de
Chimie et de Physique*, une note sur le moyen de reconnaître
le mélange de la farine du froment avec d'autres farines; l'auteur de ce dernier Mémoire avait employé l'analyse mécanique
et l'analyse par le feu. Le premier de ces moyens, tout en
étant propre à faire connaître la quantité de fécule qu'on a
introduite dans la farine de froment, par une moindre proportion de gluten, n'indiquait point l'espèce de fécule qui
avait été employée.

Le second moyen mis en pratique par M. Rodriguez, est
l'analyse par le feu, mais il n'est pas plus propre que le précédent à indiquer l'origine de la fécule. Le procédé analytique
de M. Rodriguez est fondé sur la propriété que posséderait la
farine de froment, de donner à la distillation un liquide constamment neutre, tandis qu'il est acide si la farine renferme
une fécule.

Nous avons rejeté ce moyen, qui a été loin de nous offrir
les résultats qu'a obtenus ce chimiste; ainsi nous avons introduit de la farine de blé, exempte de mélange, dans une cornue
de verre, et nous avons chauffé de manière à rompre l'équilibre de ces éléments; au lieu d'obtenir un produit neutre
comme l'avait annoncé ce chimiste, nous n'avons obtenu
qu'un produit acide. Cette expérience, répétée plusieurs fois,
nous a constamment donné les mêmes résultats. De la farine
de froment mêlée à de la fécule de pomme de terre nous a
fourni un produit également acide.

L'analyse par le feu ne pouvait donc nous être d'aucune
utilité dans le travail qui nous était demandé; de là la nécessité pour nous de recourir à d'autres moyens; en conséquence,
nous mîmes à profit l'action qu'exerce l'acide sulfurique concentré sur plusieurs substances animales ou en dégageant une
odeur caractéristique.

Après avoir employé l'analyse mécanique, nous avons
obtenu des quantités de gluten variables, suivant la proportion de fécule qui avait été introduite dans la farine, ayant
toujours eu la précaution de peser le gluten après la dessiccation, car nous avions remarqué qu'une quantité donnée de
gluten retenait plus ou moins d'eau d'hydratation, après avoir
été malaxé. L'analyse mécanique ne peut alors servir à éta-

blir rigoureusement la proportion de fécule qui existe dans la farine de blé, puisque les quantités de gluten sont variables dans les farines réputées de bonne qualité, de même aussi, elle ne peut faire connaître l'espèce de fécule employée pour la sophistication.

Un procédé dû à M. Gay-Lussac est devenu plus exact et plus sensible à l'aide des modifications suivantes, qui y ont été introduites récemment par un boulanger instruit, M. Boland, qui a reconnu qu'il fallait d'abord séparer le gluten de la farine.

On traite 20 grammes (5 gros) de farine, comme pour en extraire le gluten, mais en ayant soin de recueillir tout le liquide amylacé dans un grand verre conique à pied; on laisse déposer pendant deux heures et demie ou trois heures, puis on décante tout le liquide surnageant le dépôt.

On enlève, à l'aide d'une cuiller à café, toute la couche supérieure, molle, grisâtre, qui contient de l'amidon, de l'albumine et du gluten sans cohésion.

La petite masse tassée au fond du verre offre cette consistance caractéristique des dépôts d'amidon pur ou de fécule; on laisse dessécher en repos jusqu'à ce qu'elle soit devenue assez solide pour être enlevée d'un bloc en la poussant du doigt vers la paroi du verre. La portion arrondie qui forme le sommet du petit pain conique, contenant les premières parties déposées, sera la plus riche en fécule, s'il y a mélange de celle-ci dans l'échantillon essayé. On sépare avec le tranchant du couteau environ 1 gramme (18 grains) de cette partie, puis, après l'avoir broyée dans un mortier d'agate, avec un peu d'eau, on l'étend, on filtre, et le liquide filtré clair se colorera en bleu, par une solution d'iode s'il y a de la fécule. Suivant que ce phénomène se reproduit sur une deuxième couche d'un gramme (18 grains), enlevée parallèlement à la première couche, puis une troisième, etc., on en conclut que la farine contenait à peu près un, deux ou trois vingtièmes de son poids de fécule.

Si la première couche enlevée au sommet du petit cône donnait, après la trituration, un liquide qui, filtré, ne fût pas coloré sensiblement en bleu par l'iode, ou qui prît une légère teinte violacée rougeâtre, disparaissant bientôt spontanément, on en conclurait que la farine n'est pas mélangée de fécule.

Les moyens qui viennent d'être indiqués, et quelques autres encore, permettent bien de constater la présence de la fécule de pommes de terre dans la farine; mais, quant aux proportions de ce mélange, l'on n'a encore trouvé aucun procédé tout-à-fait sûr pour l'indiquer avec précision.

Relativement au gluten, le mode d'essai proposé par M. Boland permet d'examiner facilement et sûrement sa proportion et ses qualités principales, ce qui lui donne un grand intérêt.

On pèse exactement 50 grammes (13 gros) de chacune des farines, que l'on place dans une capsule. On verse dans le milieu du tas de farine, environ 20 centimètres cubes ou 20 grammes d'eau, on délaie avec une cuiller ou une spatule de façon à faire absorber par la pâte toute la farine et à obtenir ainsi une masse plastique presque consistante. On la pétrit entre les doigts pendant dix minutes, puis on laisse l'hydratation s'achever en repos pendant quinze minutes en été, et une heure en hiver.

Alors ayant immergé dans cinq ou six litres d'eau froide, un tamis métallique fin, on plonge un instant la pâte, avec précaution et à diverses reprises, dans l'eau du tamis, en la malaxant sans cesse, lentement d'abord, puis graduellement plus vite. On parvient ainsi, avec un peu d'habitude, à dégager dans l'eau la plus grande partie de l'amidon et des matières solubles, tandis que les particules adhérentes du gluten restent agglomérées dans la masse souple et élastique tenue dans la main. On examine, en levant le tamis, s'il ne s'est pas échappé quelques lambeaux de gluten qu'on puisse réunir à la masse, et l'on achève le lavage de celle-ci, en la malaxant fortement durant dix minutes sous un courant d'eau froide.

Le gluten obtenu est fortement pressé, puis essuyé légèrement; on le pèse alors, on le porte au four, où il se dessèche promptement, et avant qu'il ne se colore, on le retire pour en prendre aussitôt le poids. On trouve donc ainsi la proportion du gluten humide et du gluten sec, qui se contrôlent mutuellement; on conçoit que l'addition de 10 à 15 de fécule p. 100 de farine pourrait être indiquée par cet essai, car elle diminuerait dans le même rapport les quantités de gluten.

MM. Robine, boulanger à Paris, et M. V. Parisot, pharmacien, ont, dans un ouvrage publié en 1840 sur les falsifications qu'on fait subir aux farines et sur les moyens de les reconnaître, proposé un autre mode d'essai des farines dont nous allons dire un mot.

S'appuyant sur la connaissance qu'on a de la solubilité du

gluten dans l'acide acétique, MM. Robine et Parisot ont construit un instrument, qui n'est autre chose qu'un aréomètre, pour déterminer le nombre de pains qu'une farine doit fournir. Un sac de farine pesant 159 kilog. (318 livres) doit fournir de 101 à 104 pains de 2 kilog. (4 livres). L'aréomètre dont il s'agit marque le nombre de pains au-dessus ou au-dessous de ce terme. On opère à 15 degrés centigrades avec de l'eau chargée d'acide acétique distillée jusqu'à marquer 93° à l'aréomètre spécial. Si la farine est belle, on en prend 24 grammes (6 gros) et 6/32 de litre du liquide acétique, on délaie et on laisse déposer dans un vase conique. Si elle est pauvre, on opère sur 32 grammes (1 once) de farine et 8/32 de litre d'eau vinaigrée.

Au bout d'une heure, la fécule s'est réunie au fond du vase ; le son produit une couche par-dessus. Le liquide laiteux qui surnage contient le gluten. Il est lui-même recouvert de quelques écumes qu'on enlève avec une cuiller.

En plongeant l'aréomètre de MM. Robine et Parisot, auquel les auteurs ont donné le nom d'*appréciateur des farines*, dans le liquide décanté et maintenu à 15°, l'instrument indiquera le nombre de pains que le sac de farine devra fournir.

Ce procédé offre quelques chances d'erreur provenant de la présence de sels ou de matières solubles, telles que la dextrine qu'on aurait ajoutée dans la farine, ou de l'altération du gluten.

« Tous les moyens indiqués précédemment seraient en tous cas insuffisants, dit M. Dumas, pour déterminer la valeur ou la pureté d'une farine, essayée sans objet de comparaison, car dans les différentes espèces de blés ou variétés de blés *blancs* ou *tendres*, *demi-durs* et *durs* ou *cornés*, le gluten varie de 0,08 à 0,20 et au-delà.

» Mais la nature du gluten peut, dans tous les cas, fournir d'utiles indications sur la qualité de la farine ; plus il est souple, élastique, tenace, extensible, homogène, exempt de mauvaise odeur et de coloration brune, plus il se soulève par la dessiccation rapide au four, et plus il est probable que la farine dont il provient est de bonne qualité.

» C'est qu'effectivement, plusieurs altérations des blés et des farines, notamment celles qui ont lieu par suite de la germination dans les gerbes, de la fermentation du grain humide ou de celle de la farine elle-même, changent les caractères du gluten. Sans que sa composition chimique soit changée à peine, il est devenu moins élastique, en partie soluble ; il se soulève alors bien moins par le dégagement de la vapeur; sa couleur est ou paraît plus brune; son odeur est souvent désagréable.

» Dans les farines avariées, le gluten a pu disparaître, et se trouve remplacé par des sels ammoniacaux. Dans un état d'altération moins avancé, le gluten est seulement dépourvu d'élasticité; sa mollesse est plus ou moins grande.

» Il importe donc beaucoup d'exécuter l'essai du gluten indiqué par M. Boland, et qui consiste à placer le gluten au fond d'un tube de cuivre qu'on porte au four. La longueur du cylindre de gluten boursoufflé qui se développe, en détermine la qualité. A défaut d'un four, on peut faire cet essai au moyen d'un bain d'huile à 140°.

» Cet essai est de la plus grande utilité, car il démontre à la fois la proportion du gluten et sa valeur réelle comme aliment et comme agent de panification.

» Le moyen le plus direct pour apprécier la qualité des farines, consisterait à les soumettre à la panification régulière, et en quelque sorte mécanique, à laquelle on est parvenu aujourd'hui, et qui est assez constante pour faciliter la comparaison entre les résultats obtenus de différentes matières premières. On jugerait ainsi leur rendement et la qualité du pain produit; mais on conçoit qu'il faudrait faire plusieurs fournées, tant pour diminuer l'influence des levains, que pour obtenir une moyenne suffisamment exacte.

» Peut-être parviendrait-on à des résultats aussi sûrs, plus prompts et avec de plus petites quantités, en prenant bien égales les doses d'eau et de farine, les pétrissant au même point et à la même température, dans un petit pétrisseur mécanique, déterminant le soulèvement de la pâte par d'égales quantités de bi-carbonate de soude dissous dans l'eau, et décomposé, au moment de mettre au four, par une addition déterminée d'alun, rapidement mélangé dans la pâte; enfin, soumettant celle-ci à la cuisson dans un petit four, à la température constante d'un bain d'huile.

» Voici, comme exemple, les résultats des essais de quelques farines :

(*Voir le Tableau ci-contre.*)

NOMS DES BLÉS.	Poids de la farine employée.	Equivalent sec.	Gluten humide.	Gluten sec.
Taganrock. .	100	87.56	45.00	22.67
Odessa. . . .	100	86.90	35.55	15.00
Saissette. . .	100	84.92	30.00	12.66
Rochelle. . .	100	87.15	27.55	11.17
Brie.	100	86.55	26.00	10.66
Rousselle. . .	100	87.01	22.06	8.05

» Toutes ces farines converties en pains dans les mêmes circonstances, ont présenté des rendements assez rapprochés. On en jugera par le produit de deux farines très-différentes entre elles (la première et l'avant-dernière du tableau), sous le rapport des proportions de gluten. La farine de blé de Taganrock a donné 1,430 de pain, pesé deux heures après la cuisson, tandis que la farine de Brie a donné 1,415 ; mais, le premier pain, dans lequel le gluten avait augmenté bien peu le rendement, contenait à peu près, dans le même rapport, une plus grande quantité d'eau, ainsi qu'on le verra dans le tableau suivant, où l'on a, du reste, compris plusieurs résultats obtenus sur d'autres pains.

(*Voir le Tableau suivant, page 282*).

» Ce tableau montre que la quantité d'eau ajoutée dans la farine par le pétrissage de la pâte à pain de munition, a dû être en moyenne de 105 pour 100 (sauf une faible quantité évaporée avant l'enfournement), qu'en conséquence 100 de farine sèche représenteraient 205 de pâte. Cette grande quantité d'eau rend le travail de la pâte beaucoup plus facile, mais elle ralentit la cuisson, et augmente l'épaisseur de la croûte, et laisse la mie plus hydratée, en quelque sorte pâteuse, puisqu'elle contient en moyenne 0,5114 d'eau.

» Dans les pains blancs ordinaires de Paris, et ceux des collèges, cuits au four aérotherme, la proportion d'eau ajoutée pour confectionner la pâte avait dû être 52,27 pour 100, et la farine parfaitement desséchée représentait, pour 100 parties employées, 181 de pâte obtenue.

DÉSIGNATION DES PAINS.	Poids des pains essayés	Temps écoulé depuis leur sortie du four.	Équivalent en substance sèche.	Proportion d'eau.
	kilog.	heures.		
Pain de munition.	1.5	2	48.50	51.50
———	1.5	6	48.93	51.07
———	1.5	10	48.89	51.11
———	1.5	18	49.14	50.86
Moyenne. . . .	1.5	9	48.86	51.14
Pain de ménage avec farine de blé de Tagaurock. . .	5	12	52.02	47.08
— farine de blé de Brie. .	5	12	52.56	47.44
Moyenne. . . .	5	12	52.27	47.71
Pain blanc ordinaire de Paris	2	12	54.50	45.42
———	2	6	55.10	44.90
———	»	»	»	»
— cuit au four aérotherme.	1	2	54 04	45.69
———	1	4.5	55.65	45.35
———	1	10	55.97	43.03
———	1	24	56.55	43.45
Moyenne. . . .	1	9.6	55.00	45 00
Pâte du pain de munition. .	»	»	49.10	50.90
Pâte du pain aérotherme. .	»	»	54.64	45.40
Farine du pain de munition.	»	»	84.10	15.90
Farine du pain au four aérotherme.	»	»	83.45	16.55

» En comparant entre eux les nombres qui précèdent, on reconnaîtra que pour un poids égal de la mie du pain de munition, la substance réelle se trouve moindre que dans les pains au four aérotherme, et que la différence s'élève à 14 pour 100.

» Le rendement de la farine blanche ordinaire varie assez habituellement à Paris entre les limites de 102 à 106 pains de 2 kilogrammes (4 livres) par sac pour 159 kilogrammes (325.

livres). Il est porté en général à 104 pains. On peut déduire, de ces données, le tableau suivant :

POIDS du sac de farine.	NOMBRE de pains.	POIDS du pain.	Augmentation, le poids de la farine ordinaire étant 1.	Rapport du poids de la farine sèche au poids du pain.
kilog.		kilog.		
159	102	202	1.285	
159	104	208	1.300	:: 1 : 1.60
159	106	212	1 333	

» Ainsi l'on voit que le rendement moyen de la farine correspondrait à 130 kilogrammes (265 livres) de pain p. 100 de farine employée; or, admettant que celle-ci contînt 0,17 d'eau, le produit équivaudrait à 150 de pain obtenu, p. 100 de farine réelle ou privée d'eau.

» Il en résulterait encore que ce pain tout entier, contenant 0,53 de substance sèche, et la mie 0,44, le rapport du poids de la croûte à la mie serait 25 à 75 dans les pains longs de Paris qui ont été essayés. »

Voici un moyen que nous avons employé pour déceler la fécule de pomme de terre dans la farine de froment :

Nous avons trituré dans un mortier de verre un gramme (18 grains) environ de la farine frelatée, avec quelques gouttes d'acide sulfurique pur; bientôt il s'est dégagé une odeur qui rappelle celle qu'exhale la fécule de pomme de terre placée sous l'influence de cet acide, et qu'on peut rapporter à l'odeur de la pomme de terre cuite sous la cendre. Quelles que soient les quantités de fécule dans la farine de froment, il est impossible que le nez le moins exercé ne puisse parvenir à en reconnaître la présence. Par ce moyen, nous avons reconnu la fécule de pomme de terre dans plus de dix-huit cents échantillons de farine, qui nous ont été soumis par la plus grande partie des boulangers de Rouen. On peut encore reconnaître la présence de la fécule de pomme de terre à l'aide d'une légère torréfaction de la farine frelatée. Le mélange, après avoir subi cette modification, présente tout-à-fait la saveur de ce tubercule cuit sous la cen—

dre, tandis que la farine pure, soumise à la même expérience, ne laisse dégager aucune odeur.

Les farines de riz, de maïs, de pois, de lentilles, ne donnent point d'odeur qui puisse être comparée à celle que fournit ce mélange placé sous l'influence de l'acide sulfurique.

Similamètre de M. Legrip, *pour reconnaître les falsifications des farines de froment.*

De fréquentes falsifications de la farine de froment, entre autres celle par la fécule de pomme de terre, qu'à cause de son prix moins élevé on y introduit en plus ou moins grande quantité, ont été reconnues ou soupçonnées.

Selon plusieurs observateurs qui se sont occupés de cette fraude, on n'a pu jusqu'alors assurer que telle farine fût falsifiée par la fécule, à moins qu'elle n'en contînt 0,20 de son poids; encore n'a-t-on pu le prouver d'une manière suffisamment évidente, pour qu'un différend né d'une telle fraude ne fût toujours terminé à l'avantage du vendeur.

C'est pour y obvier que nous avons construit un instrument auquel nous avons donné le nom de *similamètre*. On pourra, en s'en servant avec toute la précision qu'il réclame, reconnaître la falsification qu'aurait subie une farine pure de froment par 001 ou 002 de fécule de pomme de terre.

Description et construction de l'instrument.

Cet instrument consiste en un tube de verre long de 1 mètre 65 centimètres (5 pieds) et d'un diamètre de 18 à 20 millimètres (8 à 9 lignes); il est ouvert des deux bouts, mais disposé à recevoir par chacun d'eux un bouchon. Pour le haut, c'est un bouchon ordinaire; pour le bas, c'est également un bouchon de liège, mais percé dans sa longueur d'un large trou. Ce bouchon est enveloppé d'un linge fin faisant fonction de filtre, et dont les bords sont réunis et noués en dehors.

Le tube est fixé sur une planche de 80 millimètres (3 pouces) de large, et d'une longueur qui lui est proportionnée. Le bas de ce tube repose dans un flacon pouvant contenir environ 250 grammes (8 onces) d'eau, et également fixé sur la planche, de manière à pouvoir être enlevé au besoin et sans peine; des fils de fer, cintrés et à crochets, facilitent cette condition.

Sur la planche sont tracées trois échelles : une dont chaque degré indique l'élévation d'un gramme (18 grains) d'eau dans le tube ; la seconde, chaque degré indique un millième de la capacité du tube. La graduation de ces deux échelles est établie entre la partie supérieure du bouchon-filtre ou d'en bas, et la partie de pure farine contenue dans un échantillon soumis à l'essai ; cette échelle, que nous ne donnons à consulter que pour des farines sophistiquées seulement avec la fécule de pomme de terre, s'établit naturellement entre les degrés de la seconde échelle, indiquant 61 et 72, de la capacité du tube, comme on va le voir.

Tout, à l'exception de la troisième échelle, étant ainsi disposé, on a pris 3 parties de fécule de pomme de terre (du commerce, mais belle) et 4 parties d'alcool à 33 degrés. A l'aide du mortier et du pilon, on en a formé une bouillie bien délayée, et on en a immédiatement et promptement empli le tube élevé de la planche, par l'ouverture du bas, en ne réservant que la place du bouchon (il est bon de n'avoir dans le mortier qu'une quantité de ce mélange nécessaire pour emplir le tube, et de réserver un cinquième de l'alcool pour laver le mortier, afin qu'il n'en reste point de fécule) ; le tube plein a été bouché du bouchon-filtre, et ce bout renversé dans le vase disposé à cet effet, comme nous avons dit, au bas de la planche, et retenu par les crochets, puis on l'a débouché du haut ; alors l'appareil a été abandonné à lui-même, suspendu au plancher par une spirale en fil de fer, jusqu'à ce que le dépôt soit établi d'une manière fixe. Pendant ce temps, une partie de l'alcool, environ la moitié du poids employé, s'est écoulée et s'est rendue dans le flacon destiné à cette fin. C'est alors qu'un trait a été tiré pour marquer le plus grand abaissement de la fécule seule ; c'est la partie la plus basse de notre échelle ou o farine.

Cette remarque faite sur la fécule, le tube et le vase ont été enlevés de dessus la planche pour être vidés et lavés ; on est parvenu à vider facilement le tube à l'aide d'une longue verge en fil de fer, tournée d'un bout en spirale ; on l'a lavé ensuite avec l'alcool reçu par le flacon, puis on a procédé au traitement de la farine pure que nous avons obtenue de froment de première qualité. Lorsqu'après avoir agi pour celle-ci comme pour la fécule, on a reconnu que le dépôt cessait de s'abaisser, ce qui demanda environ vingt-deux heures, on a de nouveau tracé une ligne, mais indiquant le plus grand abaissement de la farine pure, et qui est devenue le haut de notre troisième échelle ou 100 farine.

Ces deux points de l'échelle trouvés, celui du bas, comme nous l'avons dit plus haut, répond à 61 de l'échelle de capacité, et celui du haut à 72 de la même échelle. Elle a été ensuite divisée en cent parties, dont la cinquantième, ou milieu de l'échelle, devait nécessairement répondre à 66 1/2 de celle de capacité, et indiquer, selon notre prévision, le plus grand abaissement d'un mélange exact, à parties égales en poids, de farine pure et de fécule de pomme de terre. C'est ce que l'expérience nous a confirmé, non-seulement pour ce point de l'échelle, mais pour tous les autres, de dix en dix degrés, savoir : pour farine, 90 ; fécule, 10 ; farine, 80 ; fécule, 20 ; et ainsi des autres.

En agissant avc tout le soin et toute la précision possibles, il est permis de croire, d'après ces données obtenues, qu'on pourra répondre à la question de savoir combien existerait de fécule de pomme de terre dans telle ou telle farine ; mais nous dirons, par exemple, que la réponse ne pourra être considérée comme vraie et pouvoir faire autorité, qu'autant que la recherche aura été faite par un observateur scrupuleux, et accoutumé d'ailleurs aux plus délicates recherches.

Remarques essentielles.

Comme un tube de verre, surtout de la dimension indiquée, ne peut se trouver être de même calibre ou de même diamètre dans toute sa longueur, il faut, pour établir l'échelle centigrade, dite *de capacité*, en établir un, comme il a été dit, indiquant chaque gramme d'eau introduit successivement dans le tube jusqu'à en être rempli. Ainsi, en supposant chaque gramme d'eau indiqué par un trait, si on en introduit dans le tube 400 grammes (13 onces), ils seront représentés par 400 traits ; celui du bas servira à établir 0 de l'échelle centigrade. Celui du haut répondra à 100 ou 1000, si on le divise ainsi, et il est évident que celui marquant 200 grammes (6 onces 4 gros) d'eau indiquera 50 de capacité ; mais, comme le tube sera plus large du bas que du haut, on trouvera que 50 de capacité sera loin d'être à la moitié de la longueur du tube, ce qui prouve la nécessité d'y introduire l'eau gramme à gramme, pour compter sur l'exactitude de la deuxième échelle.

L'échelle de capacité est d'autant plus importante que, quelle que soit d'ailleurs la dimension d'un tube, on pourra toujours, du 61 au 72 1/2 de sa capacité, établir notre troisième échelle, vraie échelle similamètre, en tant qu'on emploiera l'alcool et la farine dans les proportions respectives qui ont été indiquées. Il sera toujours bon que chaque degré, ou centième de l'échelle de capacité, soit lui-même divisé en dix petites divisions qui représentent chacune un millième.

La spirale en fil de fer, qui sert à suspendre notre instrument, n'est point sans utilité, elle sert à éviter toute cause accidentelle de tassement du dépôt qui pourrait avoir lieu plus dans un temps que dans un autre, et induirait en erreur par un plus grand abaissement de la masse, effet que nous avons remarqué par le seul tremblement imprimé aux habitations par le passage sur le pavé d'une lourde voiture.

Pour avoir un échantillon fidèle, on devra se le procurer de toutes les parties de la masse soupçonnées, c'est-à-dire, comme le dessus, le fond et le milieu; on réunira et mêlera parfaitement ces divers échantillons pour n'en former qu'une masse de qualité moyenne, et c'est de cette masse qu'on prendra la quantité nécessaire pour l'essai.

Lorsqu'on se sera servi d'alcool à 33 degrés, comme nous l'avons recommandé pour établir notre instrument, on devra s'en servir à cette même densité dans toutes les recherches qu'on fera par suite avec le même instrument; on devra aussi opérer dans un lieu où la température puisse être toujours à peu près la même.

L'alcool est l'excipient qui nous a paru le plus convenable; l'éther, plus coûteux et d'ailleurs trop volatile pour ne pas incommoder très-grièvement certains opérateurs, ne nous a point produit des données aussi exactes. Les résultats obtenus avec l'eau n'ont point été plus satisfaisants.

Nous dirons, en parlant de l'eau, que, chargée de matière colorante, l'indigo, par exemple, il se pourrait qu'elle pût servir à la construction d'un similamètre fondé sur le pouvoir décolorant de la farine pure, effet entièrement nul par la fécule de pomme de terre, et qui se trouve modifié dans la farine, juste en raison des proportions de fécule qu'on y ajoute. La différence, à cet égard, est telle entre ces deux substances, qu'une eau tenant en dissolution 000,05 d'indigo, traitée par le quart de son poids de pure farine, a perdu les 09 de l'intensité de sa couleur. A une égale quantité de la même liqueur qui, traitée par la fécule, n'avait nullement été altérée, il a fallu neuf fois son volume d'eau pour être réduite au même degré de coloration de celle traitée par la farine.

Explication de la figure de similamètre (Pl. III, fig. 36).

A, le plus grand abaissement de la farine pure de froment, ou farine 100.

a, le plus grand abaissement de la fécule de pomme de terre seule, ou farine o.

B, abaissement de l'alcool considéré au moment où, opérant sur de la farine pure, le dépôt de celle-ci cesse de descendre davantage qu'en A.

C, élévation de l'alcool dans le vase récipient, après être sorti du tube en traversant le bouchon-filtre.

D, bouchon de la partie supérieure.

D', autre bouchon percé d'un large trou, et enveloppé d'un linge fin qui le rend propre aux fonctions de filtre.

E, tige en fil de fer, servant à débourrer le tube du dépôt durci par son affaissement.

F, spirale servant à suspendre le similamètre.

Falsification de la farine de froment par la farine de fèveroles, haricots, pois, lentilles, et moyens de la reconnaître.

Cette adultération, mise en pratique depuis peu de temps, a pris une telle extension en 1839, où le prix du blé était très-élevé, que presque toutes les farines qui se trouvaient sur la place de Paris étaient fraudées, et qu'aujourd'hui une grande quantité le sont encore.

On ne peut, au moyen des propriétés physiques, reconnaître cette falsification, car une farine bien travaillée, des mélanges bien faits, mettent l'œil en défaut.

La farine de fèveroles, celle bien préparée, est d'un blanc jaunâtre, douce au toucher; elle se pelotonne, colle moins dans la bouche que celle de froment, et a une saveur âcre, particulière, qui rappelle celle de haricots crus. Elle ne renferme pas de gluten.

Les moyens de reconnaître la falsification des farines de froment par celle de fèveroles sont assez nombreux; mais nous nous contenterons d'indiquer quelques-uns d'entre eux.

Suivant M. Rodriguez, on distille dans une cornue de grès de la farine de fèveroles, et on recueille le produit de la distillation dans un vase contenant de l'eau. Si on examine le produit de la distillation, on remarque qu'il a une réaction alcaline, tandis qu'avec une farine pure il serait parfaitement neutre.

Cette alcalinité se fait remarquer aussi si on opère sur des farines mélangées de farines de haricots, pois et lentilles.

L'autre moyen est d'une exécution plus facile, et consiste à prendre :

Farine. . . . . . . 16 gram. (1/2 once).
Grès en poudre. . . . . 16 gram. (1/2 once).
Eau. . . . . 1/16 de litre.

On triture, dans un mortier de biscuit ou de porcelaine, la farine avec le grès pendant cinq minutes; au bout de ce temps, on ajoute l'eau par petites portions, de manière à former d'abord une pâte bien homogène, que l'on délaie ensuite dans le reste de l'eau; on jette sur un filtre. Lorsque l'eau est filtrée, on prend 1/32 de la liqueur qui a passé, et on la met dans un verre à expérience; puis on y ajoute 1/32 d'eau iodée ou solution aqueuse d'iode, qu'on a préparée, sur 8 grammes (2 gros) d'iode et 500 grammes (1 livre) ou un demi-litre d'eau, agitant pendant dix minutes et laissant reposer.

. Si on agit comparativement sur de la farine pure et sur de la farine mêlée de fèveroles (10 p. 100), on voit : 1° que l'eau provenant de la farine pure est colorée en rose tirant sur le rouge; 2° que, si l'on agit sur de la farine mélangée de fèveroles, la liqueur fournit un liquide qui prend la couleur de *chair* (rose), laquelle est plus ou moins prononcée, et qui disparaît d'autant plus vite qu'il y a plus ou moins de farine de fèveroles dans le mélange. Avec la farine de fèveroles pure, on obtient un liquide qui, par l'iode, prend une coloration ardoise.

Voici un procédé encore plus simple :

On prend 8 grammes (2 gros) de farine suspecte, on délaie dans un verre à pied, avec 1/32 de litre d'eau ordinaire, de manière à former une pâte homogène, sans grumeaux. On verse ensuite 1/32 de litre d'eau iodée. Si on agit sur de la farine pure, la liqueur se colore en rose tirant sur le rouge, tandis que, si on opère sur de la farine additionnée de farine de fèveroles, elle se colore en couleur de chair, qui persiste moins longtemps que celle de la farine, et disparaît d'autant plus vite que la farine de féveroles y est mélangée en plus grande quantité.

Lorsque les farines de froment ont été mélangées de farines de fèveroles, haricots, pois, lentilles, etc., on pourrait, pour reconnaître la fraude, les traiter peut-être par le moyen

Boulanger, tome 1.   25

que nous avons indiqué, et y constater la présence de la *légu-mine*, substance caractéristique dans la farine de ces plantes de la famille des légumineuses.

Substances introduites dans les farines de qualité inférieure, pour obtenir du pain plus blanc.

Nous allons consacrer un chapitre spécial à l'examen de ces fraudes, non pour les conseiller, mais pour les proscrire et pour donner les moyens propres à les reconnaître. En Angleterre, M. le docteur Markham, MM. Ed. Davy, Accum, Brande, Jeffrey, Lesly, Playfair, Stewart, etc., se sont livrés, sur ce sujet, à des recherches intéressantes. Nous allons les faire connaître littéralement.

Emploi de l'alun.

M. Accum (1) dit que la qualité inférieure de fleur de farine, dont les boulangers de Londres font généralement usage pour la fabrication de leur pain, rend nécessaire l'addition de l'alun, afin de lui donner le coup-d'œil blanc du pain fait avec de la belle farine.

La farine des boulangers provient souvent de mauvaises espèces de froment avarié venant de l'Etranger, et d'autres graines céréales mêlées avec le froment quand on le fait moudre. On porte au marché de Londres cinq qualités de fleur de farine de froment, que l'on nomme ainsi : *fine fleur*, *fleur seconde*, *fleur moyenne*, *fleur grossière*, et *fleur à vingt sous*. On fait aussi moudre fréquemment des fèves de marais et des pois, pour en mêler la farine avec celle du blé (2). J'ai établi, d'après mon boulanger, que la plus petite quantité d'alun qu'on puisse employer pour obtenir un pain blanc, léger et poreux, est d'environ 113 grammes (3 onces et demie) par sac de fleur de farine pesant 240 *pounds avoir du pois* (environ 109 kilogrammes). C'est donc un peu plus de 1 gramme (environ 18 grains) par kilogramme. Le docteur P. Markham (3) dit que, pour la fabrication en pain d'un sac, ou cinq boisseaux de fleur de farine, l'on emploie :

(1) *Traité sur les Poisons culinaires.*

(2) Dans le midi de la France, les paysans, quand ils vont moudre un sac de blé, portent un panier de fèves qu'ils font moudre après le blé, afin, disent-ils, de bien nettoyer la meule. Cette farine de fèves donne un léger goût au pain ; et la farine de celui qui vient moudre ensuite contient un peu de cette farine de fèves qui était restée entre les meules.

(3) *Considérations sur les ingrédients employés pour frauder la fleur de farine et le pain.*

Un sac de farine-fleur pesant 220 livres. . 109 kilog.

Alun, 8 onces, ou. . . . . 240 gram.

Sel marin (chlorure de sodium), 4 livres, ou. 1814 id.

Levure, demi-gallon (environ 2 litres), mêlée avec environ 3 gallons, ou 12 litres d'eau.

Dans le *Traité chimique sur l'art de la fabrication du pain* de M. Accum, on y trouve établi, comme procédé de boulangerie, celui qui suit : l'on fait dissoudre dans un seau d'eau chaude 2 kilogrammes (4 livres) de sel marin et 30 grammes (1 once) d'alun, qu'on verse dans une grande cuve nommée d'*assaisonnement*. Plus loin, il ajoute : A Londres, où la bonté du pain s'estime entièrement d'après la blancheur, ceux des boulangers qui emploient une farine de qualité inférieure sont dans l'habitude d'ajouter à la pâte autant d'alun que de sel, ou bien on diminue la quantité de sel de moitié, et l'on remplace cette moitié retranchée par un poids égal d'alun qui le rend plus blanc et plus ferme.

Il paraît que les boulangers de Londres ne se piquent pas beaucoup d'acheter de bonnes farines, et qu'ils trouvent plus économique de les frauder : aussi M. Accum dit qu'ils semblent avoir formé une espèce de conspiration pour fournir de mauvais pain aux citoyens. Nous pouvons donc inférer des proportions de sel et d'alun établies ci-dessus, qu'on adoptera celles qu'il assigne, d'un kilogramme (2 livres) d'alun et d'un kilogramme (2 livres) de sel, pour la conversion en pain d'un sac de farine ; mais ce sac pèse 127 kilogrammes (254 livres), et fournit, terme moyen, 80 pains de 2 kilogrammes (4 livres) ; or, d'après l'auteur, chacun de ces pains contiendrait 12,4 grammes, ou 3 gros 7 grains et demi ; ce qui fait 3 grammes par 500 grammes (55 grains deux tiers par livre). Or, comme on mange ordinairement 750 grammes (1 livre et demie) de pain par jour, il résulte qu'on prendrait de cette matière, journellement, 4,7 grammes (1 gros 11 grains deux tiers) d'alun. L'on sent tous les dangers qu'une telle fraude peut produire. Il est cependant des boulangeries en Angleterre, et notamment à Edimbourg et à Glascow, particulièrement celle de M. Harley de Willowbank, qui convertissent chaque semaine 20,000 kilogrammes de fleur de farine en pain, et n'emploient pas un atôme d'alun, parce qu'on y fait usage de farine de première qualité. Ce dernier emploie pour la panification :

Fleur de farine, un sac : Sel, environ 2 kilog. 7 grammes (4 livres 7 gros).

Il en obtient de 83 à 84 pains de 2 kilog. 12 grammes
(4 livres 5 onces 2 gros).

Les pains perdent environ 275 grammes (9 onces) à leur
cuisson.

Dangers de l'introduction de l'alun dans la farine et le pain.

L'introduction habituelle de l'alun dans l'estomac de
l'homme, quelque petite qu'elle soit, doit nécessairement
troubler l'exercice des fonctions de cet organe, principalement
chez les personnes d'une constitution bilieuse ou faible et con-
stipée par tempérament, et surtout chez les individus menant
une vie sédentaire. Ajoutez à cela que cette dose quotidienne
pouvant s'élever à 4 grammes (1 gros 12 grains) par jour,
peut aggraver considérablement la dyspepsie, troubler les
fonctions digestives, et donner lieu à des affections calcu-
leuses, et même faire naître des gastrites et des gastro-en-
térites. Une telle fraude devrait donc être sévèrement réprimée
par la police.

Moyens propres à reconnaître l'existence de l'alun dans
le pain.

On prend le pain soupçonné contenir de l'alun; on l'é-
miette, et, pour mieux opérer et avoir une liqueur moins
trouble, on le laisse sécher; on le met ensuite à infuser pendant une demi-heure dans de l'eau distillée; on le presse ensuite légèrement entre un linge, et l'on filtre la liqueur, qu'on
divise en deux parties. On verse, dans l'une, de l'hydrochlorate de barite, jusqu'à ce qu'il ne se fasse plus de précipité blanc; l'on filtre et l'on fait sécher le précipité, qui est
du sulfate de barite : d'après la composition de ce sel, et en
prenant le double de son poids, l'on a celui de l'acide sulfurique, l'un des constituants de l'alun. On verse dans l'autre
moitié de la liqueur une solution de potasse caustique, qui y
détermine un précipité blanc, qui est l'alumine, autre constituant de l'alun. Ce précipité séché, et son poids doublé,
donne, avec celui de l'acide sulfurique, celui de l'alun, non
compris son eau de cristallisation.

Si le pain ne contient pas d'alun, la liqueur n'éprouve aucun changement bien sensible de la part de ces deux réactifs.

Voici le procédé employé par M. Kuhlmann pour reconnaître la présence de l'alun dans le pain.

Il fait incinérer 200 grammes (7 onces) de pain, et il traite
les cendres, après les avoir porphyrisées par l'acide nitrique.

Il fait évaporer le mélange jusqu'à siccité, il délaie le produit de l'évaporation dans 10 grammes (5 gros) environ d'eau distillée, de la même manière que s'il s'agissait de reconnaître du cuivre, puis il ajoute à la liqueur, qu'il n'est pas nécessaire de filtrer, de la potasse caustique en excès; il filtre après avoir chauffé un peu, et il précipite l'alumine de la dissolution filtrée au moyen de l'hydrochlorate d'ammoniaque. La séparation totale de l'alumine n'a lieu qu'à la faveur de l'ébullition à laquelle il est convenable de soumettre le liquide pendant quelques minutes.

Il recueille ensuite l'alumine sur un filtre, et il détermine, d'après le poids de l'alumine obtenue, la quantité d'alun contenue dans le pain.

Fraude par le sous-carbonate de magnésie.

En Angleterre, les farines des blés récoltés en 1817 étaient de si mauvaise qualité, que le pain en était non-seulement de qualité très-inférieure, mais encore qu'il s'affaissait considérablement dans le four. Ces graves inconvénients engagèrent M. Edmond Davy, professeur de chimie à l'institution de Cork, à faire une série d'expériences pour obtenir une meilleure panification par l'addition du sous-carbonate de magnésie; il en résulta que de 11 à 21 décigrammes (20 à 40 grains) de ce sel, intimement mêlés avec chaque demi-kilog. (1 livre) de fleur de farine, et suivant sa qualité plus ou moins mauvaise, amélioraient considérablement la qualité du pain.

Voici l'expérience comparative qui eut lieu avec les farines les plus mauvaises de seconde qualité, avec et sans addition de carbonate de magnésie. On fit cinq petits pains, contenant chacun un demi-kilog. (1 livre) de farine, 50 décigrammes (100 grains) de sel et une bonne cuillerée de levure:

Le premier pain ne contenait rien.

Le deuxième, 11 centigrammes (2 grains) de carbonate de magnésie.

Le troisième, 11 décigrammes (20 grains) de carbonate de magnésie.

Le quatrième, 16 décigrammes (30 grains)   id.

Le cinquième, 21 décigrammes (40 grains)   id.

Après leur cuisson, les pains furent examinés.

Le premier semblait une galette; il était mou et pâteux.
Le deuxième était amélioré.

Le troisième était supérieur, léger et poreux.

Le quatrième était encore mieux.

Le cinquième était supérieur par sa belle couleur et sa légèreté.

Cette fraude est moins dangereuse que la précédente ; mais elle n'en a pas moins l'inconvénient d'introduire dans le corps un absorbant puissant qui, dans certaines circonstances, peut également troubler les fonctions digestives.

Voici un moyen propre à reconnaître le sous-carbonate de magnésie dans le pain :

On émiette le pain, après qu'on l'a fait sécher pendant deux ou trois jours ; on le fait ensuite infuser dans de l'eau distillée, acidulée par l'acide sulfurique ou hydrochlorique ; on le presse ensuite légèrement dans une toile, on filtre, et l'on précipite par le sous-carbonate de potasse. Le précipité blanc obtenu et bien séché est, à peu de chose près, le sous-carbonate de magnésie additionné à la farine qui a servi à faire ce pain.

Fraude par le sous-carbonate d'ammoniaque de potasse.

En Angleterre, et peut-être même en France, quelques boulangers incorporent dans la farine de mauvaise qualité, dite *fleur-sure*, au moment de la pétrir, du sous-carbonate d'ammoniaque. Par la chaleur du four, ce sel est décomposé, et le gaz acide carbonique, ainsi que le gaz ammoniacal, et peut-être même ceux qui proviennent de sa décomposition, se dégagent en bulles, et, par ce moyen, soulèvent et boursoufflent beaucoup la pâte, ce qui rend alors le pain léger et très-poreux. Comme il est démontré que le sous-carbonate d'ammoniaque est volatilisé pendant la cuisson du pain, cette fraude n'offre donc aucun inconvénient.

D'autres carbonates alcalins, ceux de potasse et de soude, semblent aussi avoir été mis en usage, probablement dans le but de retenir plus longtemps l'humidité dans le pain, ou d'en augmenter la légèreté par le dégagement de l'acide carbonique.

Fraude par le plâtre, la craie, la terre de pipe, etc.

Ces fraudes sont heureusement très-rares. Les marchands de farine peuvent cependant se les permettre pour en augmenter le poids. On peut reconnaître la première fraude en brûlant le pain dans un creuset, et examinant les cendres qui en proviennent. La deuxième est facile à reconnaître, en traitant les miettes de ce pain par l'eau distillée, acidulée par l'acide hydrochlorique qui dissout la chaux, l'un des constituants de la craie : on filtre la liqueur, et l'on y verse de l'oxalate d'ammoniaque, qui la rend aussitôt laiteuse, et y forme un précipité d'oxalate de chaux, dont le poids sert à déterminer celui de la craie mêlée à la farine.

Fraude par le sulfate de cuivre.

La consternation dans laquelle venaient d'être plongés les habitants de plusieurs villes des départements septentrionaux en apprenant, il y a quelques années, que l'ignorance, ou plutôt la cupidité, avait porté beaucoup de boulangers à introduire du *vitriol bleu* dans le pain qu'ils fabriquaient, ayant éveillé de toutes parts l'attention des autorités, M. J. Derheims fut invité par elles à vouloir bien faire quelques expériences tendant à découvrir la substance malfaisante dans plusieurs pains saisis par la police.

Voici le rapport que ce pharmacien a rédigé, après plusieurs expériences, et tel qu'il fut transmis au ministre de l'intérieur (1) :

« Dans ce travail, qui est loin sans doute d'être complet, j'ai, dit M. Derheims, recherché d'abord le *mode d'agir* du deuto-sulfate de cuivre dans la panification ; j'ai tâché ensuite de déterminer quelle est la quantité (en *proportions décroissantes*) que les investigations chimiques permettent de découvrir de ce sel dans le pain, ou, en d'autres termes, jusqu'à quel chiffre de *décroissance* on peut apprécier la présence du deuto-sulfate de cuivre dans la pâte cuite, après avoir subi la fermentation panaire.

» Il est facile de reconnaître, quelque minime qu'en soit la quantité, la présence du deuto-sulfate de cuivre en solution ; mais ici il ne s'agit pas d'opérer directement sur une solution saline cuivreuse ; en effet, on ne sait pas encore au juste ce que devient le deuto-sulfate de cuivre dans la panification, et bien que nous nous soyons assurés qu'on retrouve encore du cuivre dans le pain, à l'état de sulfate, quand on a employé ce sel en quantité un peu notable, nous n'ignorons pas moins encore s'il subit ou non une décomposition totale quand il est employé en petite quantité.

» D'après la déposition de plusieurs boulangers prévenus d'avoir employé le deuto-sulfate de cuivre, on ne fait usage de

---

(1) On a cru devoir s'abstenir cependant de transcrire quelques détails sur les dangers de l'usage du pain dans lequel on fait entrer le sulfate de cuivre.

ce sel que dans le but de prolonger la durée, ou de provoquer cette sorte de gonflement intestin qu'éprouve la pâte fraîchement préparée, effet d'une véritable réaction physique, que plusieurs chimistes de nos jours qualifient encore de réaction chimique en le nommant fermentation panaire, ou, pour me servir de l'expression des boulangers eux-mêmes, ils emploient le vitriol bleu pour faire *lever la pâte* et l'empêcher de retomber.

» Certes, si la pâte que fabriquent certains boulangers n'était formée que de *fécule, de gluten, de sucre-gommeux* et de ligneux, dans les proportions qui constituent le bon froment, ou, ce qui revient au même, si la farine employée par eux était de froment sain et pur, il est évident qu'il serait inutile d'y ajouter rien d'étranger, la réaction panaire devant, dans cette circonstance, s'opérer naturellement au moyen du peu de ferment qu'on y ajoute toujours. Ici il n'en est pas de même; la plupart des farines dans lesquelles on ajoute du sulfate, de l'aveu même des boulangers, ne sont que des mélanges, en proportions variées, de froment, de fèves, de pois, de haricots, peut-être de fécule de pomme de terre; ce qui fait concevoir que l'agent principal de la réaction panaire, le gluten, étant, dans ces mélanges, très-éloigné des proportions qu'il apporte à la somme des farines pures, il faut nécessairement quelqu'autre principe pour le remplacer, ce qui établit la raison pour laquelle des boulangers indélicats et cupides emploient le deuto-sulfate de cuivre.

» Le pain, dans les temps de disette, a souvent été l'objet de dangereuses falsifications; le sable, le plâtre, la craie, la céruse, sont quelquefois entrés dans cet aliment de tous les jours; mais comme l'intention des fabricants n'était là que d'augmenter le poids du pain, ces diverses substances y étaient ajoutées en grande quantité, et ne pouvaient par conséquent échapper aux investigations de la science. Le sous-carbonate de potase a encore été ajouté à la farine, dans le dessein de favoriser le gonflement de la pâte; l'hydrochlorate de soude y est constamment mis dans le même but. L'alun enfin y a été mélangé afin de rendre le pain plus blanc; et, à cette occasion, j'ai ouï dire quelque part, par M. Orfila, je pense, qu'un boulanger de la capitale qui employait ce sel, y ajoutait une certaine quantité de jalap pour en mitiger les propriétés astringentes.

» Je reviens à mon sujet. Diverses hypothèses peuvent être

hasardées pour la résolution de cette question. *Quel est le mode d'agir du deuto-sulfate de cuivre sur la pâte panaire?* L'hypothèse la plus naturelle est celle qui a pour principe la réduction du métal et le dégagement, à travers la masse, des fluides aériformes résultant de la décomposition de l'acide sulfurique du sulfate; toute satisfaisante qu'elle paraisse, elle n'est pas moins peu soutenable, si l'on s'en rapporte aux propriétés des sulfates de la 4ᵉ section; on sait en effet que l'affinité réciproque de l'*oxide base* et *de l'acide* des sulfates de cette section, ne peut être vaincue par la chaleur.

» La seconde hypothèse a pour objet la réaction du sulfate de cuivre sur les fécules. Les solutions salines poussent en effet à un degré plus ou moins élevé, de la propriété de favoriser la combinaison du gluten avec l'eau et la fécule, de donner par conséquent du *liant* à la pâte et une certaine consistance. L'on conçoit alors que l'acide carbonique, produit du ferment essentiel à la réaction panaire, soulèvera d'autant plus cette pâte, que celle-ci sera *liée*, sera consistante et homogène en raison des obstacles apportés à l'issue du gaz, par cette consistance, par ce *liant*.

Quoique plus rationnelle que la précédente, cette théorie n'est pas moins susceptible de controverse; car il faut bien faire cette observation, que la combinaison du gluten et de la fécule, favorisée par les solutions salines, ne s'opère qu'après un contact longuement prolongé. Dans la circonstance actuelle, au contraire, le soulèvement de la masse a lieu, comme on le verra dans l'exposé de mes expériences, immédiatement après l'addition du sulfate de cuivre dans la pâte, et c'est sans doute là le plus puissant motif de l'emploi de ce sel, le boulanger n'a presque pas à pétrir sa pâte, et s'épargne ainsi du temps, de la fatigue, en économisant, qui plus est, son *ferment*, ou levure, fort rare et fort cher dans certaine saison.

» Mais l'explication la plus raisonnable, la plus en harmonie avec les lois chimiques, nous la tirerons d'une observation de M. Vogel de Munich. Ce chimiste, dans un Mémoire qu'il a lu en 1828 à la Société d'Histoire naturelle de Berlin, a prouvé que les corps organiques, en contact avec les sulfates, décomposent constamment ces sels, c'est-à-dire dans la circonstance favorable (*corpora non agunt nisi sint soluta*). Déjà, comme on le sait, M. Doebreyner à l'Etranger, MM. Longchamp et Chevreul en France, s'étaient occupés de ces objets et avaient fait des remarques essentielles sur la réaction de *certains sul-*

fates avec les corps organiques. Je sais bien cependant que la
décomposition des sulfates, dans les circonstances rapportées
par ces chimistes, ne s'est effectuée qu'après un contact longtemps prolongé; mais il n'est point paradoxal non plus d'admettre en faveur de mon hypothèse, que les sulfates peuvent
se décomposer avec plus de facilité quand ils sont mis en contact avec des corps organiques au moment précis où ceux-ci
se décomposant, leurs éléments ultimes se dissocient. Mon hypothèse est donc fondée là-dessus, je vais la corroborer en me
servant de mes propres expériences.

  » J'ai fait dissoudre 1 décigramme (2 grains) de deuto-
sulfate de cuivre dans une quantité d'eau convenable pour
former avec de la farine 500 grammes (1 livre) de pâte qui fût, ·
à la manière ordinaire, préparée avec le ferment. Je pesai ensuite 100 autres grammes (3 onces 2 gros) d'une pâte semblable, sans addition de deuto-sulfate. Enfin, 500 grammes
(1 livre) encore de même pâte, contenant aussi 1 décigramme
(2 grains) de sulfate, fut pétrie avec quelques gouttes de gaz
ammoniaque dissous.

  » Trois capsules ou moules en fer-blanc furent exactement
remplis avec ces différentes pâtes préparées avec la même farine, simultanément, dans le même lieu, par conséquent à la
même influence des agents extérieurs. Ces capsules, d'égale capacité, contenaient donc chacune le même volume de masse;
pesées, ces masses n'offraient que de légères fractions de
gramme dans leurs poids comparatifs.

  » L'on va voir par le tableau suivant comment ces différentes masses panaires, parfaitement azymes qu'elles étaient,
se sont comportées comparativement, après avoir été placées
dans un temps égal, rigoureusement chronométrique, dans
les mêmes circonstances, c'est-à-dire exposées à une température de 220°, sous la même pression barométrique et la même
influence hygrométrique.

(Voir le Tableau ci-contre.)

  » L'on voit par ce tableau, que le soulèvement de la masse
panaire s'est manifesté plus vivement dans la pâte sulfatée
que dans celle qui ne l'était pas.

  » M. Vogel a établi, d'après ses recherches, que constamment les sulfates se décomposent par leur contact avec des substances organiques; que, constamment, dans cette décomposi-

1° PATE FRANCHE de FROMENT.	2° PATE contenant le deuto-sulfate DE CUIVRE.	3° PATE contenant le deuto-sulfate de cuivre et L'AMMONIAQUE.
1° Au bout de 10 minutes, soulè-vement de la masse dont la partie supé-rieure est 1 milli-mètre (½ ligne) environ au-dessus des bords de la cap-sule.	1° Après 5 mi-nutes , soulève -ment; 10 minutes, la pâte saillante de plus de 7 millimè-tres (3 lignes) au-dessus des bords de la capsule.	1° Au bout du même temps , ré -traction bien mar-quée; 10 minutes , léger gonflement, presque inappré -ciable.
2° Soumise à l'ac-tion de la chaleur du four, après la cuisson, pain de bel aspect, yeux petits, mie jaunâtre, croû-te ferme, peu po-reuse.	2° Soumise à la même action la pâte cuite présente un pain beaucoup plus volumineux , yeux plus grands, croûte ferme.	3° Soumise à la même action , mê-me volume et même aspect que le pain sulfaté sans ammo-niaque.

tion, il y a production d'acide hydro-sulfurique ; c'est donc à cet acide que nous ferons jouer le rôle principal pour expli-quer notre théorie, en disant que le dégagement en a lieu avant celui des fluides qui résultent de la fermentation pa-naire proprement dite; en effet, la masse sulfatée a acquis au bout de dix minutes un volume considérable, tandis que la masse simple n'a presque pas augmenté de volume après ce temps. Ce qui vient à l'appui encore de la décomposition du sulfate et de la production de l'hydrogène sulfuré, c'est que si l'on plonge une lame mince d'argent dans la pâte avant que celle-ci ne soit soumise à l'action de la chaleur du four, cette lame se sulfure et devient jaune, ce qui n'arrive pas dans la pâte franche.

» Tout porte donc à croire, en résumé, que le pain dans la composition duquel on aura fait entrer, en quelque légère pro-portion que ce fût, du deuto-sulfate de cuivre, doit son volume et sa porosité au dégagement de l'acide hydro-sulfurique ; et, par suite, aux acides carbonique et acétique, produits de la fermentation panaire, ainsi qu'au dégagement d'un peu d'alcool.

» Si nous cherchons maintenant à nous expliquer ce que devient le deutoxide de cuivre mis à nu, nous serons conduits à admettre, en nous rendant compte des résultats de la fermentation panaire, que l'acide acétique formé se combine avec le deutoxide pour former un deuto-acétate de cuivre.

» Exposons maintenant les expériences que nous avons tentées pour reconnaître la présence d'un sel de cuivre dans le pain.

» Nous avons préparé un pain de 500 grammes (1 livre) avec 3 décigrammes (5 grains) de deuto-sulfate de cuivre ; ce qui fait que le sulfate est ici, par rapport à la pâte, dans les proportions de 6 sur 9,216. Ce pain bien cuit et desséché fut réduit en poudre et traité à chaud par l'eau distillée qui, refroidie, offrit un liquide louche, lequel, par le repos, devint translucide ; ce liquide fut filtré et mêlé à deux fois son poids d'alcool à 84° centésim. pour en précipiter toute la fécule dissoute ; filtré de nouveau, il fut soumis à l'ébullition jusqu'à ce qu'il ne marquât que faiblement à l'aréomètre. Pour déterminer alors la présence du cuivre à l'état de sulfate dans ce liquide, nous en avons traité une partie par l'eau de baryte qui n'a produit aucun précipité, d'où nous avons inféré que la somme du sulfate employé a été décomposée.

» Le restant du liquide a été ensuite traité par parties et successivement avec l'ammoniaque, l'hydrocyanate-ferrure de potasse, l'acide hydro-sulfurique, l'arsenite de potasse et le phosphore ; il a constamment donné des résultats qui permettent d'assurer la présence du cuivre (1).

» Si l'on augmente de beaucoup les proportions du sulfate, qu'on les élève à 1 2/9216 par exemple, on reconnaît alors par les réactifs la présence de l'acide sulfurique ; nous sommes donc conduits à admettre que lorsque le sulfate de cuivre est employé en quantité très-minime, il est constamment décomposé en totalité ; qu'en quantité plus considérable il n'est décomposé qu'en partie.

» D'après les assertions des boulangers qui ont employé le

(1) La non présence de sulfate dans le liquide prouve encore en faveur de cette théorie ; si les sulfates n'étaient pas décomposés par la réaction panaire, on retrouverait au moins dans le liquide la présence sinon du sulfate de cuivre, au moins celle des sulfates contenus dans les eaux employées pour faire le pain.

sulfate de cuivre, l'on fait usage de ce sel de la manière et dans les proportions suivantes : ils font dissoudre 32 grammes (1 once) de deuto-sulfate de cuivre dans un litre, 1000 grammes (2 livres) environ d'eau ; ils mettent 32 grammes (1 once) environ de cette solution dans 90 kilogrammes (180 livres) de farine, à quoi ils ajoutent un peu de levure ordinaire et 20 à 25 litres d'eau, ce qui leur donne 100 kilogrammes (200 livres) de pain cuit. Ainsi nous établissons par le calcul que le sulfate de cuivre employé est dans les proportions de 9 décigrammes (17 grains) pour 110 kilogrammes (220 livres) de pain ; et, si nous tenons compte de la constitution atomistique du sel dans lequel l'eau entre pour 36/100, nous verrons que la somme réelle d'acide sulfurique et de deutoxide de cuivre présente un total de 14, 68/100, pour 2,025,520 de pâte cuite.

» Dans la supposition basée, de la décomposition du sulfate et de la formation d'un deuto-acétate de cuivre, que l'on envisage la minime quantité de ce sel produit, en songeant que les proportions de l'acide sulfurique dans le deuto-sulfate sont, par rapport à la base, comme 100 est à 99,26, et que l'acide acétique n'est dans l'acétate que dans celles de 25,98, pour 65,25 d'oxide.

» Quoiqu'il en soit de la décomposition du sulfate de cuivre dans l'acte panaire, voyons maintenant jusqu'à quelle dose en moins on peut retrouver le cuivre dans le pain.

» Un pain de 500 grammes (1 livre) contenant 5 centigram. (1 grain) de sulfate de cuivre (deuto-sulfate), a été incinéré par parties dans un creuset de porcelaine; la cendre, lavée jusqu'à épuisement de matières solubles, a été traitée par parties avec l'acide sulfurique. L'eau de lavage fut soumise alors par fractions aux réactifs suivants :

» L'hydro-sulfate de potasse. — Production de couleur bleue très-peu appréciable et ne le devenant que par la comparaison du liquide avec l'eau distillée; au bout de quelques heures, très-léger précipité brun.

» L'ammoniaque. — Production de couleur bleue plus prononcée.

» L'hydrocyanate ferruré de potasse. — Liqueur troublée sensiblement; production de précipité léger, rouge-marron.

» Ces essais sont suffisants, je pense, pour prouver la présence du cuivre.

» L'acide sulfurique, menstrue du traitement secondaire

de la cendre , a été , après avoir été étendu dans l'eau distillée, traité par les mêmes réactifs et par le phosphore , et n'a donné aucun indice de la présence du cuivre, ce qui prouve encore que tout l'oxide de métal s'est recombiné avec l'acide acétique, et que le deuto-acétate qui en est résulté s'est entièrement dissous dans l'eau.

» 15 milligram. (1¼ de grain) de deuto-sulfate de cuivre ont été dissous et pétris avec 500 grammes (1 livre) de pâte ; le pain cuit a été calciné à blanc ; la cendre a été traitée aussitôt par l'eau distillée, et le résidu par l'acide sulfurique ; le tout réuni fut évaporé à siccité et fournit pour produit une poudre blanchâtre ; cette poudre, additionnée d'un peu de charbon de tilleul, a été calcinée dans un creuset et placée ensuite par petites portions à la distance focale de l'objectif d'un microscope composé. Un examen oculaire attentif de cette poudre ne m'a pas permis d'y reconnaître la moindre trace métallique.

» Une autre portion de cette poudre, traitée ensuite par l'acide sulfurique et cet acide mis en contact avec le phosphore , j'ai observé une manifestation palpable de la présence du cuivre qui s'est précipité sur divers points de la surface de ce réactif.

» Enfin, la même expérience répétée sur du pain qui ne contenait que 7 milligrammes (1|8 de grain) de sulfate pour 500 grammes (1 livre) de pâte, n'a donné aucun résultat qui puisse faire présumer la présence du cuivre. Il est donc évident qu'employé à une très-petite fraction, le sulfate de cuivre ne peut être retrouvé même à l'état de cuivre.

» Voyons maintenant si les boulangers pris en contravention mettaient dans leur pain une quantité de sulfate capable d'en laisser apercevoir le cuivre.

» Un des pains saisis m'a été remis par l'autorité, un de ceux qui, au dire de l'individu chez lequel la saisie a été faite, avait été préparé avec le sulfate de cuivre. Ce pain coupé transversalement était blanc-jaunâtre et offrait un centre humide qui présentait des traces de moisissure de diverses couleurs. Traité comme je l'ai fait pour les pains préparés pour mes expériences , il n'a offert que des résultats négatifs.

» D'autres pains saisis et traités de même n'ont pas donné de résultats plus susceptibles de faire inférer qu'ils contenaient du cuivre. Cependant je suis loin de penser que le sulfate n'y a été mis que dans les proportions désignées par les boulan-

gers prévenus de l'emploi de cette substance : en effet, d'après
nos expériences, ce n'est guère que dans les proportions de 1
pour 10,216, que le cuivre peut être rendu sensible aux
réactifs ; or, entre cette proportion 2,025, 520 pour 15, et
celle-ci : 10,216 pour 1, il y a juste le milieu de ces deux
sommes 153,240 — 10,216. »

M. F. Kulhmann, qui a étudié avec un soin tout particulier
la question de l'introduction, dans le pain, de diverses matières plus ou moins délétères, telles que le sulfate de cuivre,
l'alun, le sulfate de zinc, le sous-carbonate de magnésie, etc.,
a publié, il y a quelques années, sur ce sujet qui intéresse à un
si haut point la santé publique, un Mémoire rempli d'expériences exactes et dont nous extrayons ce qui suit :

« On ignore, dit M. Kulhmann, l'origine de l'emploi du sulfate
de cuivre dans la boulangerie; mais il paraît qu'il a été pratiqué en Belgique depuis un grand nombre d'années, ainsi que
dans le Nord, et dans quelques autres parties de la France.
Les avantages qu'en retirent les falsificateurs sont en grand
nombre. Ils y trouvent la facilité d'employer des farines de
qualité médiocre et mélangées; ils ont moins de main-d'œuvre.
La panification est plus prompte, la mie et la croûte sont plus
belles. Enfin ils y trouvent l'avantage de pouvoir employer
une plus grande quantité d'eau.

» D'après les renseignements que j'ai obtenus près de quelques boulangers, la quantité de sulfate de cuivre employé
est très-faible. L'on mettait dans l'eau destinée à la préparation d'une cuisson de 200 pains de 1 kilog. (2 livres), un
verre à liqueur plein d'une dissolution contenant 3o grammes
(1 once) de sulfate de cuivre pour un litre d'eau. Un autre
n'employait qu'une tête de pipe pleine de cette dissolution.

» Si des quantités de sulfate de cuivre aussi minimes que
celles qu'on vient d'indiquer, étaient réparties uniformément dans la masse du pain, aucun inconvénient prochain
n'en résulterait peut-être pour une personne en bonne santé ;
mais à la longue les effets nuisibles se manifesteraient. Sur
des constitutions affaiblies, les effets seraient plus prompts.
Enfin chacun comprend le danger de l'emploi frauduleux d'un
agent aussi vénéneux, mis aux mains d'un garçon boulanger,
dont l'inexpérience ou la maladresse peuvent occasioner les
accidents les plus graves. On ne saurait donc sévir avec trop
de rigueur contre l'introduction dans le pain des plus minimes
quantités de ce poison.

» . S'il est urgent de punir sévèrement un délit aussi grave, il n'en est pas moins essentiel d'étudier avec soin les moyens que la science peut nous fournir pour en constater l'existence.

» Le cuivre étant un des corps dont la présence se reconnaît par les moyens analytiques les plus précis, l'examen d'un pain suspect de contenir du sulfate de cuivre, semble d'abord ne présenter aucune difficulté. Le contact immédiat d'une disso-lution d'ammoniaque, d'hydrogène sulfuré, de prussiate de potasse, devrait pouvoir détruire toute incertitude. Mais si l'on considère dans quelle faible proportion ce sel vénéneux est employé habituellement, il sera facile de concevoir que ces sortes de recherches réclament des procédés analytiques plus longs. Toutefois, l'action du prussiate de potasse se mani-feste déjà, lors même que le pain ne contient qu'une partie de sulfate sur environ neuf mille de pain, par une couleur rose produite presque immédiatement, quand on opère sur du pain blanc, car cette nuance ne serait pas reconnaissable sur du pain bis.

» Ce procédé, utile seulement dans quelques circonstances, ne pouvant servir qu'à déterminer de très-minimes quantités de sel cuivreux que le pain peut contenir, M. Kulhmann a eu recours à la méthode suivante, qu'il a employée dans les re-cherches les plus délicates, et qu'il a mise plusieurs fois à l'épreuve en introduisant lui-même, dans du pain, des quan-tités infiniment petites de sulfate de cuivre ; une partie sur soixante-dix mille, par exemple, ce qui représente une partie de cuivre métallique sur près de trois cent mille parties de pain.

» On fait incinérer complètement dans une capsule de pla-tine 200 grammes (6 onces 4 gros) de pain. Le produit de l'incinération, après avoir été réduit en poudre très-fine, est mêlé dans une capsule de porcelaine avec 8 ou 10 grammes (2 gros à 2 gros 36 grains) d'acide nitrique. Ce mélange est soumis à l'action de la chaleur jusqu'à ce que la presque to-talité de l'acide libre soit évaporée, et qu'il ne reste qu'une pâte poisseuse qu'on délaie dans environ 20 grammes (5 gros) d'eau distillée, en facilitant la dissolution par la chaleur. On filtre et on sépare ainsi les parties inattaquées par l'acide, et dans la liqueur filtrée on verse un petit excès d'ammoniaque liquide et quelques gouttes de dissolution de sous-carbonate d'ammoniaque. Après refroidissement, on sépare par le filtre le précipité blanc et abondant qui s'est formé, et la liqueur alcaline est soumise à l'ébullition pendant quelques instants pour dissiper l'excès d'ammoniaque et la réduire au quart de son volume. Cette liqueur étant rendue légèrement acide par une goutte d'acide nitrique, on la partage en deux parties : sur l'une on fait agir le prussiate jaune de potasse; sur l'autre l'acide hydrosulfurique ou l'hydrosulfate d'ammoniaque.

« En suivant ponctuellement ce procédé, le pain ne contînt-il que $^1/_{70000}$ de sulfate de cuivre, la présence de ce sel vénéneux sera rendue apparente au moyen du premier réactif par la coloration immédiate du liquide en rose, et la formation, après quelques heures de repos, d'un léger précipité cramoisi. L'action de l'acide hydro-sulfurique ou de l'hydrosulfate d'ammoniaque communiquerait au liquide une couleur légèrement foncée, avec formation, par le repos, d'un précipité brun, moins volumineux toutefois que le précipité par le prussiate de potasse. »

Fraude par addition des farines de seigle, d'orge, d'avoine, de millet, etc.

D'après la connaissance des constituants de la farine de blé, il est aisé de reconnaître leur falsification au moyen des farines étrangères, par la quantité d'amidon et de gluten que l'on en extraira.

Farine de seigle.

Cette farine contient peu de gluten ; elle est d'un blanc grisâtre ; le son s'en sépare difficilement en entier ; elle est douce au toucher et extensible ; mise dans la bouche, elle y colle comme la pâte ; elle a une odeur et une saveur *sui generis* ; sa couleur grisâtre paraît due au son qu'elle contient ; celui-ci est en lames fines grisâtres et n'est pas rude comme celui du blé. La farine du seigle se panifie moins bien que celle du blé, à cause de la trop petite quantité de gluten qu'elle contient ; son prix inférieur l'expose moins à la fraude que celle du blé. On la conserve de la même manière.

Farine d'orge.

Cette farine est d'un blanc jaunâtre, moins douce au toucher, et collant moins dans la bouche ; elle a une saveur particulière ; le son s'en détache aisément ; il est jaunâtre et très-rude. Elle se panifie moins bien que la précédente. La farine de fève s'en rapproche un peu, de même que celle de pois.

Farine d'avoine.

Celle-ci a presque l'aspect de la farine de seigle; elle est douce au toucher, d'un blanc grisâtre, d'une saveur particulière, un peu sucrée, se dépouillant difficilement des particules de son.

Farine de millet.

Couleur blanche ou jaunâtre; très-rude, peu adhérente, ne formant pas de colle dans la bouche. Son très-rude.

DU MÉLANGE DES FARINES.

Le mélange des farines est, dans beaucoup de pays, une des opérations les plus importantes de la boulangerie. Il ne suffit pas en effet de mélanger les différentes sortes de farines pour obtenir le résultat avantageux de la blancheur du produit, il faut encore avoir égard à la nature et à la qualité, et n'opérer ces mélanges que dans des proportions déterminées. S'il est des espèces de farines qui, seules et sans mélange, donnent un pain de bonne qualité, il en est aussi qui, employées seules, lui feraient perdre une partie de ses propriétés les plus recherchées. Ces mauvaises qualités dans la farine dépendent probablement d'une foule de causes, telles que le terrain sur lequel le froment a végété, l'engrais dont on s'est servi pour fumer le sol, la température de la saison, l'état plus ou moins humide de l'atmosphère lors de la maturité, toutes circonstances qui contribuent à rendre le froment plus ou moins abondant en gluten, ou bien être le résultat d'un mode défectueux de conservation des grains, principalement dans les silos, ou les greniers humides.

On rencontre encore des farines qui, sans être piquées, échauffées ou détériorées, ont été affaiblies par l'âge; d'autres qui ont éprouvé des altérations très-variées, mais qui toutes sont encore propres à la fabrication du pain, quand on les a mélangées avec de la farine fraîche, ou avec des farines plus riches qu'elles en gluten et en sucre, entre autres avec la farine d'épeautre, qui abonde en gluten, mais qui, à cet effet, a besoin d'être parfaitement moulue.

Les farines de froment ne sont pas toujours employées seules, et les boulangers font ordinairement des mélanges suivant les qualités de pain qu'ils veulent fabriquer. Les pains de luxe se fabriquent ordinairement avec la farine de gruau, ou la farine de la première qualité, et on ne mélange

celle-ci que dans le cas où elle serait peu chargée en gluten ;
et, dans ce cas, le mélange se fait à parties égales entre les deux
farines, où bien on se contente quelquefois d'ajouter du
gluten, qu'on trouve aujourd'hui sous différentes formes dans
le commerce. La farine de deuxième qualité, qui sert à la préparation des pains dits de ménage, quand elle ne possède pas les
qualités nécessaires ainsi que la blancheur et la proportion
requise de gluten, est additionnée de farine de première qualité. La troisième qualité est souvent mélangée à la deuxième
pour produire le pain ci-dessus. Quant à la farine de quatrième qualité ou bise, on l'emploie soit seule pour faire le
pain de qualité inférieure, du pain bis, du pain de munition,
ou bien, comme en Allemagne, on la mélange à la deuxième
sorte de farine de seigle, pour en fabriquer un pain bis très-
savoureux et très-nourrissant.

Il arrive rarement, surtout dans les grandes villes, que les
boulangers fassent eux-mêmes les mélanges ; ce sont communément les meuniers qui s'en chargent, et fournissent ainsi
des produits mixtes plus homogènes, et plus intimement incor-
porés.

Dans les pays où l'on donne la préférence au pain de seigle,
on ne partage les farines qu'en deux sortes, qu'on peut travailler seules, ou en mélange avec les farines de froment ;
mais, dans la partie septentrionale de l'Allemagne, où ce
pain est presque exclusivement en usage, on distingue la farine de seigle d'hiver, de celle de seigle de printemps. Celle
de seigle de printemps renferme moins de gluten, et exige
plus d'attention tant de la part du meunier, que de celle
du boulanger, parce que le moindre défaut dans cette farine,
ou dans cette pâte, qui est très-courte, et la plus légère négligence à surveiller la fermentation, ne donnent plus qu'un pain
compacte et immangeable.

*Rôle des diverses substances pour tirer un parti plus avan-
tageux des Farines.*

Si l'on considère la nature des divers produits employés
dans le but de tirer un parti plus avantageux des farines de
qualités inférieures, il est difficile de se créer une opinion
sur le rôle que ces diverses substances jouent dans la fabrication du pain.

Un grand nombre d'entre elles semblent plutôt propres à

retarder le mouvement de la fermentation qu'à l'activer. Ce qui paraît surtout incompréhensible, c'est l'action que peuvent exercer sur le pain des quantités de sulfate de cuivre aussi minimes que celles qui ont été employées.

Dans le but d'éclairer cette question, M. Kuhlmann s'est livré à de nombreuses expériences pratiques pour constater l'action du sulfate de cuivre, de l'alun, du sous-carbonate d'ammoniaque, du sous-carbonate de magnésie et de quelques autres produits.

La présence du sulfate de cuivre, employé dans tous ces essais, s'est manifestée, même dans la plus petite proportion, en raffermissant la pâte et en l'empêchant de s'étendre ou de *pousser plat*.

« Le sulfate de cuivre, dit-il, exerce une action extrêmement énergique sur la fermentation et la levée du pain. Cette action se manifeste de la manière la plus apparente, lors même que ce sel n'entre dans la confection du pain que pour $1/_{70000}$ environ, ce qui fait à peu-près une partie de cuivre métallique sur 300,000 parties de pain, ou 5 centigrammes (1 grain) de sulfate par 3 kilog. 750 grammes (7 liv. 1/2) de pain. La proportion qui donne la levée de la plus grande est celle de $1/_{30000}$ à $1/_{15000}$; mais, passé ce terme, le pain devient humide, il acquiert par là une couleur moins blanche, et en même temps il possède une odeur particulière, désagréable, ayant de l'analogie avec celle du levain.

» Le sulfate de cuivre ayant la propriété de raffermir la pâte, on peut malheureusement obtenir un pain bien levé avec des farines dites *lachantes* ou humides. L'augmentation en poids du pain, par suite d'une plus grande quantité d'humidité retenue, peut s'élever jusqu'à $1/_{16}$ ou 30 grammes (1 once) par 500 grammes (1 livre), sans que l'apparence du pain en souffre.

» C'est surtout en été que le besoin de raffermir les pâtes et de les empêcher de pousser plat se fait sentir. On y parvient habituellement par l'emploi du levain et du sel marin. L'action d'une très-petite quantité de sulfate de cuivre correspond donc à celle de ces produits.

» La quantité de sulfate, la plus grande qui puisse être employée sans altérer la bonté du pain, est celle de $1/_{4000}$; passé cette proportion, le pain est très-aqueux et présente de grands yeux ; et avec $1/_{1800}$ de sulfate de cuivre, la pâte ne peut nullement lever, toute fermentation semble arrêtée, et le pain acquiert une couleur verte. Remarquons encore qu'une odeur sure et désagréable se manifeste dans le pain aussitôt que la quantité de sulfate de cuivre que l'on y a introduite dépasse une partie de ce sel sur 7,000 parties de pain.

» Tout porte à croire que, dans le sulfate de cuivre, c'est la base qui influe sur la panification en raffermissant le gluten altéré. Le sulfate de soude, le sulfate de fer et même l'acide sulfurique, ne donnent, dans des essais comparatifs, aucun résultat analogue.

» Les effets produits par l'alun dans la fabrication du pain, sont à peu près les mêmes que ceux obtenus avec le sulfate de cuivre, mais il en faut des quantités bien plus considérables. Nous avons vu que $1/7500$ de sulfate de cuivre est une quantité beaucoup trop forte, à tel point que, au lieu de favoriser la levée de la pâte, elle la diminue. Cette même proportion d'alun ne produit encore aucun résultat apparent. Pour obtenir un effet sensible, il a fallu élever la quantité d'alun à $1/936$; à la dose de $1/176$, l'effet a été plus remarquable.

» L'action qu'exerce l'alun sur la pâte est absolument la même que celle du sulfate de cuivre; *il retient* et fait *pousser gros*, pour se servir de termes usités par les boulangers.

» Le sous-carbonate de magnésie ne produit pas un grand effet sur la levée du pain; mais, dans la proportion de $1/442$, il communique au pain une couleur jaunâtre, qui peut modifier d'une manière avantageuse la couleur sombre que donnent au pain quelques farines de qualités inférieures.

» Le sous-carbonate d'ammoniaque n'a pas donné non plus de résultats bien remarquables, et il ne peut pas être d'un grand secours pour faire lever le pain, à moins qu'on ne l'emploie à une dose très-forte.

» Le sel marin possède la propriété de raffermir la pâte; il fait aussi augmenter le poids du pain; et l'addition de sel, au lieu d'être une dépense pour le boulanger, lui procure encore du bénéfice par la différence en poids du pain. Une quantité suffisante de sel peut dispenser de faire usage de levain; et le pétrissage seul, lorsqu'il a lieu pendant un peu plus de temps, permet de diminuer considérablement la dose de ce ferment.

» Tout en constatant les résultats remarquables de l'emploi du sulfate de cuivre dans la panification, les recherches de M. Kuhlmann prouvent donc que, par l'analyse chimique, il est facile de retrouver dans le pain jusqu'aux parties les plus minimes de ce produit vénéneux. Chaque consommateur peut mettre en pratique lui-même un moyen d'essai fort simple qui décèle déjà la présence du sulfate de cuivre dans le pain, bien avant que ce sel soit en quantité suffisante pour occasioner des accidents graves. Une goutte de dissolution de prussiate de potasse, versée sur le pain, le colore en rose jaune, au bout de quelques instants, lors même que cet aliment ne renferme qu'une partie de sulfate de cuivre sur neuf mille parties de pain. »

TROISIÈME PARTIE.

DESCRIPTION DU FOUR A PAIN.

La cuisson du pain étant une des parties essentielles de sa fabrication, nous ne pouvons nous dispenser de faire connaître la construction des fours destinés à cet usage. Dans quelques parties du midi de la France, ils sont, pour ainsi dire, souterrains; de manière que l'air n'y arrivant que difficilement, la combustion s'y opère fort mal. Nous croyons donc ne pouvoir mieux faire que de donner textuellement la description du four de boulangerie que Parmentier a publiée dans le *Nouveau Cours théorique et pratique d'Agriculture* (1).

Forme du four. Sa grandeur varie, mais sa forme est assez constante. Elle ressemble ordinairement à un œuf, et l'expérience a prouvé jusqu'à présent que cette forme était la plus avantageuse et la plus économique pour concentrer, conserver et communiquer de toutes parts, à l'objet qui s'y trouve renfermé, la chaleur nécessaire. C'est donc un hémisphère creux, aplati, dans lequel on distingue plusieurs parties : l'âtre, la voûte, le dôme ou chapelle, la bouche ou l'entrée, l'autel, les ouras, enfin le dessous et le dessus du four.

Dimensions. Elles sont relatives à la consommation et aux espèces de pain qu'on fabrique. Les boulangers de Paris qui cuisent de gros pains, donnent à leurs fours 3 mètres et demi (10 à 11 pieds), et ceux qui font des petits pains, 3 mètres (9 pieds) de largeur sur 33 centimètres 78 millimètres (1 pied, 1 pied et demi) de hauteur; mais le four de ménage doit avoir 2 mètres (6 pieds) environ de largeur, et 42 centimètres (16 pouces) de hauteur.

Atre. On lui donne une surface tant soit peu convexe depuis l'entrée jusqu'au milieu, en diminuant insensiblement vers les extrémités, parce que c'est dans cette partie que le four est le plus fatigué par le choc continuel des pelles et des autres instruments avec lesquels on y manœuvre pour y placer le bois et la pâte.

(1) 16 vol. In-8. Prix : 56 fr. Cet ouvrage se trouve à la *Librairie-Encyclopédique de Roret*, rue Hautefeuille, 10 bis.

Voûte, dôme ou chapelle. Les différentes courbures qu'on lui donnait autrefois faisaient varier sa forme, ses effets et sa dénomination. Sa hauteur est déterminée par la longueur du four, et il faut en prendre le sixième.

Ouras. C'est ainsi qu'on nomme les conduits par lesquels l'air passe pour favoriser la combustion du bois. Il existe des fours qui n'en ont pas besoin; mais, lorsqu'ils ont une certaine grandeur, et qu'on les chauffe avec du bois un peu vert, les ouras sont indispensables. On en place un de chaque côté du four, à côté du bouchoir, à 48 ou 54 centimètres (18 ou 20 pouces) au-dessus de l'autel.

Entrée ou bouche. Sa largeur doit être relative à l'étendue des pains, et garnie d'une porte de fonte adaptée à une feuillure bien juste et bien fermée en dedans avec un loquet. On pourrait la faire en forme de porte à penture et en forte tôle; mais la première est préférable.

Autel. C'est la tablette sur laquelle le bouchoir pose lorsque le four est ouvert; elle est ordinairement formée d'une plaque de fonte soutenue par trois traverses en fer. On pratique une ouverture circulaire, à travers laquelle tombe la braise dans l'étouffoir.

Dessus du four. En ménageant une espèce de chambre, on pourrait y faire sécher les grains quand ils seraient humides, et exécuter dans les grands froids tous les procédés de la boulangerie. Il suffirait de la faire égaliser et la faire carreler en élevant les murs de 2 mètres (6 pieds) de haut, et en prolongeant les ouras par le moyen de tuyaux de poêle.

Dessous du four. Il est employé ordinairement à serrer le bois et à le sécher; mais cette partie du four est peu nécessaire dans les cantons où le bois brûle aisément. Il faut que la voûte, sur laquelle pose l'âtre, ait au moins 65 centimètres (2 pieds) d'épaisseur, pour conserver la chaleur aussi longtemps qu'on le peut. En supposant que le local soit trop bas pour se procurer un dessous de four, on pourrait creuser dans les fondations.

On ne doit pas oublier que l'emplacement influe sur ses effets, et que c'est de l'argent bien employé que de se procurer un four solide dans toutes ses parties.

Construction. Il faut se servir des ressources que l'on a, et faire toujours en sorte que la maçonnerie ait une certaine épaisseur, afin que toute la chaleur s'y concentre et ne se perde pas au dehors.

Mais la manière de construire un four conforme à celui dont nous présentons le plan, est très-simple et très-facile. Lorsque le massif sera à la hauteur où l'on a dessein de former l'âtre, on le couvrira d'un enduit ; on tirera au milieu de sa longueur une ligne droite que l'on coupera à l'endroit que l'on destinera à être le milieu du four, par une autre ligne transversale formant le trait carré, en observant les mêmes épaisseurs de mur au pourtour. On enfoncera un clou rond au point où se réunissent les deux lignes ; on prendra ensuite un petite règle de bois, longue de la moitié du diamètre que l'on voudra donner au four, et qui aura une petite encoche à un bout, afin de ne point vaciller lorsqu'on la tournera contre le clou ; et, lui faisant décrire un demi-cercle d'un bout à l'autre de la ligne transversale, on formera la tête du four.

Cette opération faite, pour obtenir l'autre extrémité du four, on divisera la distance d'un bout du cercle à l'autre, sur la ligne transversale, en quatre parties égales entre elles. On enfoncera un clou dans chacune des deux parties qui forment le quart de la largeur totale ; ensuite, avec une règle de la même forme, mais d'un quart plus grande que la première, on décrira de chaque côté de la ligne droite un cercle dont un bout rejoindra celui du cercle à la ligne transversale, et l'autre la bouche du four : de cette manière un four se trouvera tracé, quelles que soient la forme et les dimensions qu'on lui donne.

Quant à l'ouverture de la bouche, on la fixera de la largeur qu'on voudra, et elle déterminera la longueur du four ; mais il ne faut pas l'écarter des dimensions de la nôtre.

C'est après avoir formé cette ligne circulaire que l'on placera les pierres ou briques formant le pied-droit du four, sur lequel on formera la voûte. Il serait essentiel que la forme des briques dont on se sert pour ces constructions fût conique, c'est-à-dire de 27 millimètres (1 pouce) plus étroite d'un bout que de l'autre.

Un four construit suivant la forme et les proportions que nous indiquons, sera aussi parfait qu'il est possible de le désirer ; le massif plus épais, et moins rempli d'interstices, ôtera aux insectes, qui cherchent tant la chaleur, la faculté de s'y introduire et de le détériorer. Le dôme, peu élevé, réfléchira mieux la chaleur, et achèvera à temps le gonflement de la pâte. L'âtre, plus solide et d'une matière moins dense, sera moins sujet à être regarni, et cuira le pain sans le brûler. Le nombre des ouras diminué et leur forme rectifiée, animeront la flamme, et donneront du mouvement à la fumée. L'entrée plus abritée, moins large et mieux fermée, ne perdra plus de chaleur.

Chaudière. En la plaçant dans le massif du four, peu importe de quel côté, on obtiendra, indépendamment du bois, l'avantage de se procurer l'eau à la température que l'on désirerait. Il faut y pratiquer, suivant la saison, et au moment de s'en servir, un robinet, mais à une hauteur convenable pour pouvoir la verser dans un seau et la porter au pétrin.

Etouffoir. Quand on emploie du gros bois au chauffage du four, la braise peut servir à dédommager de la manutention ; pour cet effet, il faut empêcher qu'elle ne se consume, et la recevoir dans un vaisseau de tôle de 62 centimètres (2 pieds) de largeur sur 1 mètre (3 pieds) de hauteur, garni d'un couvercle qui ferme exactement, et à son milieu de deux anses pour pouvoir le manier et le transporter dès qu'il est rempli ; rien n'est plus dangereux que l'usage de réunir la braise, aussitôt son extinction, dans des caisses, dans des tonneaux et autres vaisseaux susceptibles de prendre feu et d'occasioner des incendies.

Voici toutes les parties d'un four à pain :

Fig. 11.　A, plan du four.

　　　　　B, bouche.

　　　　　C, autel du four, soutenant le bouchoir lorsqu'il est ouvert.

　　　　　D, conduit pour introduire les cendres chaudes et les petites braises sous la chaudière.

　　　　　E, chaudière.

　　　　　F, cheminée de la chaudière, correspondant dans la cheminée du four.

　　　　　G, porte pour faire le feu sous la chaudière.

Fig. 12.　H, élévation sur la longueur du four.

　　　　　I, cheminée.

　　　　　K, autel.

　　　　　L, bouche du four.

　　　　　M, petite voûte servant à serrer les allumes pour le chauffage du four.

Fig. 13.　N, élévation sur la largeur du four.

　　　　　O, chapelle ou voûte du four.

　　　　　P, âtre du four.

　　　　　R, cheminée du four.

S, bouche.

T, arrière-quartier sous l'autel, pour contenir partie de l'étouffoir lorsque l'on retire la braise du four.

U, voûte sous le four.

V, conduit de la braise sous la chaudière.

X, endroit où l'on fait le feu sous la chaudière.

Y, les ouras, *fig.* 11, 12 et 14.

Z, Cavité au-dessus de la chaudière, tant pour y puiser l'eau que pour la remplir.

Du chauffage du four.

Cette partie est une des bases essentielles de l'art du boulanger ; elle exige une pratique que la théorie ne saurait donner. Il est cependant quelques principes que nous allons exposer, et qui ne peuvent qu'être fort utiles. Nous dirons d'abord qu'on peut chauffer les fours,

1° Avec tous les bois connus ;

2° Avec la paille, le feuillage, les joncs, les ronces, les élagures des arbres, etc.;

3° Avec le charbon épuré ou coke : dans ce cas, le four doit être modifié. Dans les localités où le bois est rare et cher, comme dans certaines localités de la France, on chauffe les fours des boulangers avec des sarments de vigne, des joncs, des élagures, etc. Dans les départements de l'Aude, de l'Hérault, des Pyrénées-Orientales, les paysans chauffent ainsi les fours de campagne. Dans celui de l'Aude, et notamment dans l'arrondissement de Narbonne, le chauffage des fours, dans les villes et villages, a lieu au moyen de jeunes pousses de buis, de sabine, de romarin, et d'une espèce de chêne nommé dans le pays *garouillo*, laquelle est le *quercus aculeatus* de Linné. On y brûle également divers cystes, le *phlomis herba venti*, le *cneorum tricoccum*, deux espèces de sainbois ou garou, le genêt, la lavande, et surtout le romarin, qui croît en abondance sur les montagnes de la Clape, des Corbières, etc. Il faut, comme on peut bien le croire, une très-grande quantité de ces bois ; aussi les boulangers sont-ils obligés d'en recevoir journellement d'une troupe de femmes nommées *garrigaïros*, uniquement occupées à dévaster et à défricher ces montagnes, et à transporter sur des ânes cette espèce de ramage.

Il est aisé de sentir que ces divers bois ne répandent pas la même quantité de calorique, ou, pour parler la langue de tout le monde, ne répandent point la même quantité de chaleur ; l'habitude les guide, et toujours sûrement. Cependant, il est un fait digne de remarque, c'est que plus ces bois sont verts, plus il en faut, à cause de l'humidité qu'ils répandent. Dans le midi de la France, on est dans l'usage de porter cuire au four des volailles, des quartiers de bœuf, de mouton, d'agneau, des plats de poisson, de pommes d'amour, d'aubergines, etc.; en été, surtout, journellement ces fours sont remplis de plats de poires, de pommes, d'oignons, de betteraves, etc. L'on sent combien cela doit refroidir les fours ; mais c'est une habitude à laquelle ils ne sauraient déroger sans s'exposer à perdre leurs pratiques.

Ce ramage, en brûlant, répand beaucoup de flamme et presque point de fumée ; de sorte qu'abstraction faite de la qualité du bois, et du refroidissement produit par la cuisson et l'humidité de ces aliments, ils savent à peu de chose près le nombre de fagots qu'ils doivent brûler. Dans les campagnes, où l'on brûle des joncs, des ronces, des roseaux et des plantes aquatiques, il est encore bien plus difficile de connaître le point du chauffage ; malgré cela, ils le manquent rarement. Il en est de même dans le Roussillon, où l'on trouve des villages où chaque particulier a un mauvais four dans sa maison pour faire cuire son pain qui, le plus souvent, est de seigle pur, parfois de méteil, et rarement de blé.

Dans les localités où le bois est plus abondant, et par conséquent moins cher, on l'emploie pour le chauffage des fours ; cette manière de chauffer est préférable. Mais tous les bois ne sont pas également propres à cet emploi. En général, les meilleurs bois, tels que ceux de chêne, d'ormeau, d'olivier, de hêtre, de châtaignier, de buis bien sec, méritent la préférence. Le hêtre, surtout, doit être recommandé, tant parce qu'il brûle très-bien, que parce que, répandant beaucoup de chaleur, il en faut moins pour le chauffage. Mais comme ces bois sont d'un prix trop élevé, les boulangers de Paris achètent de préférence du bois de frêne, de bouleau et autres bois blancs, qui sont à des prix inférieurs. Ces bois doivent être brûlés très-secs, attendu que, dans le cas contraire, ils produisent beaucoup de fumée, et que l'humidité qui s'en dégage refroidit beaucoup le four. Les boulangers de Paris sont, la plupart, dans l'usage de faire sécher leur bois dans le four, après que le pain est cuit. Parmentier blâme cette méthode,

non, comme il l'avance, parce que le bois trop sec ou mis au
four perd de sa qualité, mais parce qu'il le refroidit beaucoup, et que dès-lors il en faut davantage pour le chauffer.
Il est un fait bien constant, c'est que plus le bois est sec, plus
il brûle facilement, et moins il produit de fumée et d'humidité. Un autre fait digne de remarque, c'est qu'il faut, le
moins que l'on peut, brûler de bois flotté, attendu qu'il donne
peu de calorique, beaucoup d'humidité, et qu'il en faut, par
conséquent, beaucoup pour chauffer; outre cela, sa braise
est très-mauvaise.

Ou doit bannir aussi du chauffage les bois morts ou avariés, ainsi que ceux qui ont été peints, à cause des dangers
que peuvent produire les oxides métalliques, qui sont la base
des matières colorantes de la peinture.

Nous dirons donc, en thèse générale, que plus les murs
des fours seront épais, plus leur construction sera parfaite,
et moins il faudra de bois pour les chauffer. Il en sera de
même relativement au plus ou moins de temps qui se sera
écoulé d'une fournée à l'autre. Parmentier, dans son intéressant ouvrage, a décrit avec soin le chauffage des fours. En
reproduisant, dans la première édition de cet ouvrage, le
travail de ce savant, M. Dessables y a joint quelques observations qui lui sont propres; nous allons consigner ici l'ensemble de ces travaux.

La saison, l'espèce et la qualité du pain qu'on doit cuire,
déterminent ordinairement le moment où l'on doit mettre le
feu au four; en été, on allume au moment où l'on commence
à tourner; mais, en hiver, on met le feu au four beaucoup
plus tard.

Il ne suffit pas, pour chauffer un four, d'y jeter du bois et
de l'y laisser consumer; il faut que ce bois soit arrangé de
manière à répandre la chaleur également dans toutes les parties du four.

Le premier chauffage du four se fait avec de gros bois; sa
quantité dépend de l'espace de temps qui s'est écoulé depuis
la dernière fournée jusqu'à celle qui doit suivre: on sent
qu'il faut plus de bois pour un four qui n'est chauffé qu'à de
longs intervalles, que pour celui qui se chauffe à plusieurs
reprises, et successivement, aussitôt que le pain en est retiré après sa cuisson; de là, il est facile à conclure que le
boulanger qui ne fait qu'une ou deux fournées, dépense
beaucoup plus de bois que celui qui en fait un plus grand

nombre, puisque plus le four a été chauffé de fois, et moins il consume de combustible.

On distingue, dans le four, la chapelle, le fond, la bouche et les deux côtés, qu'on nomme *les quartiers*; la voûte s'échauffe la première, parce que c'est là où se porte naturellement toute la flamme; mais la bouche n'est échauffée que la dernière, une partie de sa chaleur étant continuellement tempérée par l'air extérieur.

Pour commencer le chauffage, on choisit une bûche tortueuse, et on la place au fond du four; on la prend tortueuse, parce que, devant servir d'appui aux autres, il ne faut pas qu'elle porte dans toutes ses parties sur l'âtre, autrement la flamme ne pourrait circuler tout autour: on place sur cette première bûche deux autres bûches que l'on croise par les bouts, et, sur le milieu de ces dernières, on en met deux autres, disposées de manière que leurs extrémités aboutissent dans les deux côtés du four. Le bois ainsi arrangé se nomme *la charge*; on y met le feu avec un tison embrasé qu'on place à l'endroit qui occupe le fond du four, vis-à-vis de la bouche. Quand une partie des bûches qui servent de soutien est convertie en braise, il faut étendre cette braise avec une pelle ou avec le fourgon, parce que, en restant sur l'âtre dans la place où elle est tombée, elle l'échaufferait beaucoup trop. Il faut aussi remettre toujours de la même manière le restant des bûches les unes sur les autres; pendant qu'elles brûlent, on tire, avec le grand rouable, la braise vers la bouche du four, et, au moyen du petit rouable, on la fait tomber dans l'étouffoir. Si on laissait cette braise dans les rives, elle se consumerait à pure perte, et chaufferait l'âtre parfois assez pour brûler le pain.

Pour chauffer les autres parties du four, on établit un second foyer du côté de la bouche, à la distance d'environ un tiers de sa profondeur, et on forme ce foyer en plaçant, sur un tison, six à sept bûches fendues en long, disposées en plan incliné, et dont les bouts répondent partie à la rive droite, et partie à la rive gauche du four. Il faut bien observer que si la charge était trop rapprochée de la bouche, la flamme se perdrait dans la cheminée, et pourrait, parfois, occasioner des incendies. A mesure que le bois brûle, on soulève les bûches, et on les replace les unes sur les autres, en les rapprochant un peu de la bouche; quand tout le bois est brûlé, si l'entrée du four n'est pas bien échauffée, on y allume du petit bois; mais on négligera cette précaution, si la pâte, parvenue au point de son apprêt, demande à être mise au four.

Pour la seconde fournée, on ne se sert que de bois fendu, qu'on place dans un des côtés du four, et non au milieu; on pose un allume dans le dernier quartier, à 32 centimètres (un pied) environ de la rive, sur cet allume porte l'une des extrémités du premier morceau de bois; le second morceau, qui croise, porte, par un de ses bouts, sur le milieu du premier, tandis que l'autre bout est dirigé du côté de l'entrée du four; on met un troisième, un quatrième, et jusqu'à sept morceaux de bois, toujours en plan incliné, et toujours dirigés vers la bouche du four. Si le four était d'une très-grande dimension, on pourrait employer le bois plus gros, ou un plus grand nombre de morceaux: on se sert, pour chauffer la bouche, de bois plus menu que pour la première fournée; mais on le distribue de la même manière.

On suit les mêmes procédés pour toutes les autres fournées, en observant que les dernières consomment toujours moins de bois que les précédentes.

Il est des circonstances où l'état de la pâte demande que le four soit chauffé plus promptement; alors, on se sert de bois plus petit, en augmentant le nombre des morceaux, afin de produire la même chaleur; on a aussi soin de mettre dans le four un allume enflammé, qui communique le feu aux morceaux de bois, à mesure qu'ils sont placés. Parfois, on ferme le four de manière que toute la chaleur se concentre dans son intérieur, et dessèche le bois, au point qu'en lui communiquant la flamme la plus légère, il s'allume, s'embrase dans toutes ses parties dans la capacité entière du four, et le chauffe simultanément au degré nécessaire.

Chez les boulangers qui ont deux fours et qui pétrissent deux fournées à la fois, il faut calculer l'opération de manière à ce qu'on chauffe à bouche le premier four, quand on met le feu au dernier, et que la pâte de chaque fournée se trouve à son vrai point au moment de l'enfournement.

C'est une très-bonne méthode, pour ceux qui font du pain de deux espèces, de cuire à deux fours et de pétrir séparément, parce que la pâte est toujours mieux préparée, et le pain meilleur.

La cuisson des gros pains ne coûte pas plus de bois que celle des petits; c'est une vérité démontrée par l'expérience;

car les pains d'un gros volume, quoique enfournés les premiers, sont bien plus longs à cuire que les autres; si la chaleur était trop vive, elle les surprendrait à leur surface, em-
pêcherait l'évaporation intérieure, et nuirait à la parfaite
cuisson.

On juge ordinairement qu'un four est chaud quand la chapelle est blanchâtre; comme ce signe n'est pas toujours certain, nous ne le donnerons pas pour une règle positive, et
nous renverrons encore au local, à la position du four, à la
quantité et à l'espèce de pâte, à sa forme et à son volume, et
surtout à l'expérience, pour connaître le point où un four est
suffisamment chauffé, et la quantité de bois qu'exige le chauffage; quand cette opération a acquis le degré marqué, on
peut entretenir la chaleur avec des éclats de bois, ou bien en
fermant exactement la bouche du four.

Les boulangers, dans leurs propres intérêts, doivent avoir
la plus grande attention de ne jamais se laisser surprendre par
la pâte; car il vaut infiniment mieux que le four attende après
la pâte, que la pâte après le four; parce qu'on peut, avec
quelques morceaux de bois seulement, entretenir la chaleur
du four, et qu'il y a de grands inconvénients à suspendre ou
à arrêter l'apprêt de la pâte.

*Aperçu de la dépense en bois et du produit en braise d'une
fournée.*

C'est avec juste raison que M. Dessables dit que plus on
fait de fournées et moins on dépense de bois, parce qu'il en
faut moins pour la seconde que pour la première, et ainsi de
suite. Pour apprécier au juste la dépense en bois d'une fournée, il faut connaître la grandeur et la structure du four; car,
plus un four est spacieux, plus la chapelle est élevée, et plus
il consume de combustible. Cependant, en prenant un terme
moyen, on peut évaluer, à Paris, de 88 à 90 centimes le
chauffage de chaque fournée, chez un boulanger qui en fait
de cinq à six par jour, et dont le four a de 3 à 4 mètres
(9 à 12 pieds) de diamètre, sur 40 à 50 centimètres (16 à
18 pouces) d'élévation au centre de la chapelle. La dépense
serait plus considérable pour un four de la même grandeur
qu'on ne chaufferait qu'une ou deux fois par jour.

Quant à la braise, si vous consultez les boulangers, ils
vous diront qu'elle les dédommage d'un tiers, tout au plus,
de la valeur du bois; mais je sais bien positivement que le

prix de la braise équivaut, s'il n'excède pas, celui du bois, et que le combustible ne doit pas être compté parmi les dépenses de la boulangerie.

FOURS DIVERS DE BOULANGERS.

Depuis quelques années on a cherché à améliorer la construction des fours de boulangers, sous tous les divers rapports où les appareils se trouvaient encore dans un état d'infériorité. C'est ainsi qu'on a tenté de les chauffer plus économiquement, à augmenter leur effet, à rendre plus propre et plus salubre la cuisson, etc. Nous allons passer en revue quelques-uns des perfectionnements proposés pour cet objet.

Four avec fourneau au-dessous qui se chauffe économiquement avec du charbon de terre, par J. LAUNE.

Voici l'explication des figures qui représentent une disposition de four propre à être chauffé par du charbon de terre, dont on doit l'invention à M. J. Laune.

Fig. 37. *Pl.* III. Coupe verticale et longitudinale du four, par un plan passant par le centre.

Fig. 38. Section horizontale montrant l'aire du four.

Fig. 39. Plan supérieur du fourneau au-dessus de la grille.

Fig. 40. Plan inférieur dudit fourneau.

a, aire du four ayant la forme circulaire.

b, fourneau tirant, établi sur le devant du four, mais que l'on peut placer sur l'un des côtés.

c, grille en fonte de fer de ce fourneau; elle s'étend jusqu'au fond du cendrier *d*, dont la profondeur est moindre que celle du fourneau.

e, murs en briques du fourneau.

f, voûte du fourneau également en briques.

g, ouverture circulaire établissant la communication entre le fourneau et le four.

h, conduit percé obliquement dans la chapelle du four et conduisant la fumée dans un tuyau vertical *i*, qui se rend dans la cheminée dépendant du local.

Le conduit *h* peut être placé à tel endroit qu'on veut de la chapelle du four; on doit cependant, autant que les localités le permettent, l'éloigner de l'ouverture de communication *g*.

k, soupape ou registre pour régler le tirage.

Les devantures *l*, *m* du fourneau et du cendrier doivent

se fermer, chacune, avec une porte en fonte, qui laisse le moins possible d'accès à l'air extérieur.

Les choses étant ainsi disposées, on garnit la grille avec du même bois, sur lequel on met du charbon de terre ; on ouvre la soupape ou registre *k* ; on ferme la porte du four ainsi que la porte du fourneau placée en *l* ; on laisse ouverte celle du cendrier et l'on allume le menu bois par le cendrier, à travers les barreaux de la grille.

Le tirage s'établit immédiatement, la flamme pénètre dans le four par l'ouverture *g*, et la chauffe s'opère en une heure de temps : alors, on ferme la soupape ainsi que les deux portes du fourneau et du cendrier, et l'on ouvre le four, qui se trouve prêt à recevoir le pain ou la pâtisserie ; car ce four est propre à la cuisson de ces deux espèces d'aliments.

Procédé de chauffage économique des fours de boulangerie et autres, avec toute espèce de combustible flamboyant,

Par M. F.-A. Camus.

Explication des figures. — *fig.* 129. Vue, de face, de ce procédé, tel qu'il a été établi en 1829 au four manutentionnaire de Versailles.

a, porte du fourneau que la figure 130 montre particulièrement dans son châssis.

b, porte du cendrier, représentée en particulier dans son châssis, *fig.* 131.

Fig. 132. Vue, en perspective, de l'encadrement de l'entrée du fourneau sur lequel vient s'asseoir le châssis supérieur, *fig.* 130.

c, *fig.* 133, porte battante qui reste ouverte intérieurement au moyen d'un mentonnet mouvant. Cette porte favorise la combustion des matières ; elle facilite la concentration de la chaleur, et elle empêche la principale porte *a* du fourneau de rougir, ce qui fait que l'ouvrier ne s'en trouve point incommodé.

Fig. 134. Encadrement ou support de la grille du fourneau.

d, *fig.* 135, barreaux de la grille du fourneau, que l'on voit particulièrement sur deux faces.

Fig. 136 et 137. Elévation et plan d'un châssis, avec sa porte en fonte, servant de fermeture à la bouche à feu qui communique sa chaleur dans le four ; il se trouve placé immédiatement à la suite de l'encadrement ou support de la grille du fourneau, *fig.* 134; cette fermeture de bouche à feu, fermée au moment de l'enfournement des pains, empêche ceux qui en sont voisins de brûler.

Fig. 138. Tuyau recourbé, avec son prolongement, en dessus; il est destiné à fermer l'ouverture ou la petite cheminée du fourneau ; ce tuyau s'appelle vulgairement *ouras.* Le prolongement est en forte tôle.

Fig. 139. Fermeture à laquelle vient se terminer le ouras qui communique à la cheminée ordinaire du four.

Fig. 140. Châssis avec son couvercle, qui entoure l'ouverture pratiquée extérieurement en face de la fermeture du ouras, pour le nettoyer au besoin, ce qui arrive rarement.

Fig. 141. Châssis avec sa porte, interceptant ou communiquant l'air extérieur dans la cheminée ordinaire du four.

Fig. 142. Chaudière ordinaire en cuivre, avec son couvercle au-dessus; on aperçoit en *e* deux bouts de tuyaux, l'un pour l'eau froide, l'autre pour l'eau chaude. Cette chaudière se place sur l'encadrement de la grille du fourneau.

Fig. 143. Chemin en cuivre, ou pyromètre pour la dilatation, indiquant les degrés de l'eau contenue dans la chaudière.

Fig. 144. Cadran en cuivre, ou pyromètre pour la dilatation, indiquant les degrés de la chaleur qui conviennent pour la mise de la pâte au four.

f, fig. 145, barre de fer que l'on voit aussi *fig.* 144 ; elle se place dans l'intérieur du four, et sert de moteur au thermomètre, dont une des extrémités est fortement fixée au centre de la chapelle, au moyen d'un scellement à écrou et d'un second scellement qui la maintient au milieu; l'autre extrémité passe derrière le cadran pour en faire fonctionner l'aiguille indicative des degrés approximatifs de chaleur, au moyen d'une petite barre carrée en fer qui s'y trouve vissée, et au bout de laquelle se trouve une vis de rappel, qu'on fixe, par suite des premières expériences de chauffage, de manière à éviter que, malgré une très-forte chaleur, l'aiguille ne puisse dépasser son point fixe de rotation; ce qui, dans le cas contraire, briserait l'engrenage intérieur du cadran.

Fig. 146. Tuyau en fer, servant d'enveloppe à la partie de la barre (*fig.* 145) qui traverse dans la maçonnerie pour venir gagner le cadran.

Fig. 147. Bouche du four en fonte.

Fig. 148. Atre d'un four montrant la position du fourneau et du ouras de l'appareil.

Observations. — La forme que j'ai adoptée pour la fermeture graduée de mon ouras, dans la cheminée principale du four, a pour but d'activer ou de ralentir, selon le besoin, la ventilation, et, par conséquent, le plus ou le moins de chaleur nécessaire à donner au four, par rapport au degré de fermentation de la pâte.

Le châssis, ou porte en fonte (*fig.* 141), fermant hermétiquement et placé exactement au centre de la cheminée, un peu au-dessous de la bouche du four, est fermé pendant que s'opère le chauffage, et est ouvert quand le pain ou les autres denrées cuisent ; ce châssis offre l'avantage d'établir une issue pour l'évaporation résultant du pain en cuisson et du peu de fumée qui reste encore dans le four, quoique ce procédé ne forme pas de suie, mais bien une légère poussière, et en très-petite quantité. Le ménagement de cette ouverture, qui est suffisante pour l'introduction d'un homme dans la cheminée, facilite la sortie de cette poussière, et peut devenir utile en cas de réparation intérieure de la cheminée.

La chaudière en cuivre, à fond cylindrique, formant la voûte de mon fourneau, et de la contenance de 17 seaux d'eau, est chauffée par ce fourneau en même temps que le four, ce qui procure de très-grands avantages.

Ces nouvelles dispositions peuvent s'adapter aux fours ordinaires au moyen de petits changements.

Le pyromètre, *fig.* 144, ou régulateur de la chaleur par l'effet de la dilatation, remplit parfaitement son objet ; il fonctionne aussi sûrement avec l'ancien mode de chauffage qu'avec le nouveau.

L'exhaussement de 54 millimètres (2 pouces), pratiqué au-dessus de l'âtre du fourneau, aux ouvertures internes de la bouche à feu du ouras *a*, et désigné par les *fig.* 137 et 138, est d'une très-grande importance, en ce que la flamme qui sort de l'une de ces ouvertures pour entrer dans l'autre, étant, par l'effet de la ventilation, obligée de s'élever à sa sortie et à son introduction, empêche les parties voisines de ses ouvertures de s'échauffer trop fort, et par conséquent de serrer le pain, ce qui concourt puissamment à l'amélioration de la cuisson de cet aliment.

Avantages de ce nouveau procédé. — 1° Economie d'eau, moins 50 pour 100 sur la consommation de toute espèce de bois ;

2° Économie de charbon de terre sur le bois, en proportion des prix de ces denrées ;

3° Économie au moins de la moitié du bois employé ordinairement à l'éclairage du four, puisqu'on n'en a besoin que pour désenfourner le pain ;

4° De pouvoir, en même temps que le four chauffe, faire chauffer l'eau destinée au pétrissage de la pâte, en telle abondance, qu'on peut donner facilement, au surplus de cette eau chaude, d'autre destination utile, telle que bains, etc ;

5° Économie de temps, à cause de la rapidité du chauffage ;

6° Diminution de locaux pour l'emmagasinage du charbon de terre qui tient peu de place ;

7° Facilité d'exécution, au point, en cas de besoin, de faire chauffer par le premier venu, ou par soi-même, un four par le moyen du pyromètre ;

8° Conservation de l'âtre et de la chapelle du four, que rien ne dégrade ;

9° Sécurité parfaite pour le préservatif des feux de cheminées, qui n'ont pas même besoin d'être ramonées ;

10° Facilité de pouvoir se rendre compte des consommations de bois à cause du pyromètre, vis-à-vis des brigadiers, qui doivent tous employer la même quantité avec un peu de soin.

Nouveau four à cuire le pain, par M. V. ARIBERT.

Détails du plan. — *fig.* 148, *a*, porte du cendrier.

b, cendrier.

c, grille.

d, porte du foyer.

e, foyer.

f, calorifère en fonte, de 3 centimètres (un pouce) d'épaisseur.

g, conduit d'air brûlé.

h, intérieur du four sous la sole ; passage de l'air brûlé.

i, mur pour guider l'air brûlé sous la sole.

j, mur à jour pour servir d'appui à la sole.

k, conduit d'air brûlé, après son passage sous la sole.

l, cheminée.

m, mur de séparation des deux fours.

n, registres des cheminées pour régler le feu, ou faire passer l'air brûlé sous l'un ou sous l'autre des deux fours.

o, réservoir d'air chaud autour du calorifère.

p, conduit d'air chaud dans l'intérieur du four.

q, registres pour régler l'entrée de l'air chaud pur dans l'un ou dans l'autre des deux fours.

r, manches en fer des deux registres dont l'extrémité sort à l'extérieur du four.

s, intérieur du four.

t, sole du four.

1. Quatre ouvertures pratiquées à l'extrémité du calorifère, où vient se déposer la cendre volatilisée, et que l'on vide une fois chaque année par-dessous la grille.

2. Quatre ouvertures à l'extrémité des conduits *q* d'air brûlé, où les cendres les plus ténues qui ont dépassé les ouvertures 1, viennent se déposer, et que l'on vide par l'intérieur du four une fois tous les dix ou douze ans.

3. Huit ouvertures placées à l'extrémité des conduits *x*, *y*, d'air pur, où vient se déposer le son qui pourrait tomber par les ouvertures 1, et que l'on vide par l'intérieur du four une fois tous les dix ou douze ans.

4. Vide entre les murs latéraux et entre les deux voûtes du four; on remplit cet espace de charbon pilé, pour éviter la perte de chaleur à travers les parois.

5. Deux thermomètres à mercure, dont les tiges droites sortent en dehors dans la cage 6, et les boules entrent dans les deux fours par deux des ouvertures 8.

6. Cage contenant les tiges droites, graduées et sortant en dehors, des deux thermomètres.

7. Trou d'homme, que l'on débouche à volonté pour s'introduire dans l'intérieur du four sous la sole.

8. Galerie pour le service du foyer.

9. Niveau du sol.

10. Porte-pain.

11. Porte des fours.

Dans les fours perfectionnés, la réflexion de la chaleur par la voûte du four est comptée pour rien; l'air seul, chauffé par le calorifère, est employé pour la cuite du pain. Après avoir servi à la cuite, il est repris par les ouvertures 8, au niveau de la sole, qui est son point le moins chaud, pour être ramené au bas du calorifère par les conduits *y*, d'où, en se chauffant de nouveau, il remonte par l'ouverture *p*; en sorte qu'il y a constamment un courant d'air chaud ascendant, emploi d'une portion de chaleur pour la cuisson du pain, et courant d'air moins chaud descendant.

D'un autre côté, l'air brûlé, après avoir parcouru le calorifère, est amené, par les conduits *y*, sous la sole du four,
qu'il échauffe sur toute sa surface, et repris à son point le plus
bas, qui est le moins chaud, par les conduits *k*, qui le mènent
dans la cheminée *l*.

Au moyen des registres *y* du conduit *p*, on peut régler
l'entrée, dans les deux fours, de l'air chaud, de manière à chauffer à volonté l'un ou l'autre des deux fours, et le dessus ou
le dessous; car, en fermant les registres, l'air du réservoir *o*
ne se renouvelant pas, s'échauffe beaucoup, et la fumée, ou
air brûlé, en est d'autant plus chaude sous la sole.

Les dimensions du four ci-indiquées sont celles qui se rapportent à un four brûlant de l'anthracite de la Motte, département de l'Isère, et à une sole en pierre de grès de 8 centimètres (3 pouces) d'épaisseur; en sorte que, pour cuire
suffisamment le pain par-dessous, comme il faut 300° de chaleur, et que l'intensité de la chaleur diminue de 200° pour
traverser 8 centimètres (3 pouces) de grès, il en résulte que
les surfaces de chauffe du calorifère combinées avec la quantité
de charbon brûlé, doivent être telles que l'air brûlé, en sortant
du calorifère, conserve encore 500° de chaleur.

Comme la matière et l'épaisseur de la sole varient en raison
des matériaux que présentent les différentes localités, il faut
également faire varier les dimensions du four, de manière à
obtenir une cuite toujours parfaite. Ainsi, comme on ne peut
pas présenter autant de plans différents qu'il existe de diver-
sités de matériaux, j'indiquerai seulement que, depuis la tôle
mince jusqu'aux pierres les moins perméables à la chaleur, on
peut tout employer pour la construction de la sole, en diminuant les dimensions de la grille et de la cheminée, et augmentant celles du calorifère, en raison du plus de conductibilité et du moins d'épaisseur des matières que l'on emploiera
pour la sole; et, au contraire, en augmentant la grille et la
cheminée, et diminuant la surface du calorifère, en raison
du moins de conductibilité et du plus d'épaisseur des matériaux de la sole. Il en résulte toujours une perte de chaleur
qui varie en raison du moins de conductibilité et de l'épaisseur de la sole. Ainsi, pour le four avec une sole en grès de
8 centimètres (3 pouces) d'épaisseur, l'air brûlé s'échappe par
la cheminée à 480° centigrades de chaleur, tandis qu'avec une
sole en tôle de 2,5 millimètres (1 ligne) d'épaisseur, l'air
brûlé s'échapperait dans la cheminée à 280°.

Dans la construction, il faut varier le foyer de la cheminée en raison de la quantité du combustible à employer, et il faut varier la surface de chauffe du calorifère, en raison de l'épaisseur et de la faculté conductrice de la chaleur de la sole. Ainsi, si la sole était en tôle ou en fonte, il faudrait, toutes circonstances égales d'ailleurs, que la surface de chauffe du calorifère fût augmentée au point que l'air brûlé ne conservât que 920° à sa sortie du calorifère.

Il résulte de la propriété de l'air (d'augmenter de légèreté en raison de l'augmentation de chaleur), que la cuisson est parfaitement égale, pourvu que les pains soient placés au même niveau, quelle que soit la forme du four, en sorte que, quoique les plans représentent un four carré, on peut lui donner toute forme appropriée aux localités.

Un four de la dimension indiquée par le plan, peut cuire par vingt-quatre heures 4,000 pains de munition de 15 hectogrammes (3 livres) chaque, ou 60 quintaux métriques de pain, en consommant dans le même espace de temps 2 à 3 quintaux métriques de charbon : soit un quintal de charbon pour 20 quintaux de pain à cuire.

On peut brûler dans ces fours toute espèce de combustible en y adaptant les formes du foyer; l'économie serait toujours proportionnelle au prix du combustible employé.

Four perfectionné à cuire le pain , par M. Lespinasse (*Julien-Félix*), *à Paris.*

Fig. 149 à 154, ce four est construit sur un massif qui est supporté par une voûte ; cette voûte est fermée sur le devant pour que l'air froid ne puisse y pénétrer.

La forme du four, au-dessus de l'âtre, est celle d'une surface formée par l'intersection d'un tronc de cône par un plan passant par son axe; le sommet du cône est du côté de la bouche; les angles sont arrondis à l'intérieur.

La chapelle est surmontée par deux voûtes concentriques de forme conoïdale, laissant entre elles un intervalle d'environ 14 centimètres (5 pouces 2 lignes) ; cet intervalle est divisé par cinq cloisons formant six conduits, qui doivent être parcourus dans toute leur longueur par la flamme et la fumée, avant que cette dernière se perde dans la cheminée située sur le devant du four.

Entre le massif du four et l'âtre, se trouvent des compartiments qui forment des conduits dans lesquels l'air froid circule pour se chauffer avant d'être introduit dans l'intérieur, où il doit servir à la combustion du bois.

Les plans, coupes et élévation ci-annexés indiquent les dispositions et détails de construction.

La légende explique l'usage de chaque objet.

On chauffe ce four comme les fours ordinaires, en plaçant le bois dans l'intérieur, près de la bouche; en face est l'introduction de l'air chaud; pendant tout le temps de la combustion, la bouche du four reste fermée; on peut activer ou ralentir cette combustion au moyen des registres d'introduction d'air marqués *a* sur le dessin, en introduisant une plus ou moins grande quantité et en augmentant ou diminuant les sections de passage de la fumée au moyen des trappes des ouras marquées *b*.

Le bois étant placé sur le devant du four, suivant la *fig.* 6, et les ouras ayant leur origine dans le fond, il suit, de cette disposition, que la flamme qui se dégage de la combustion se dirige dans le fond du four, qu'elle tapisse en entier; le rayonnement de cette flamme se fait donc sentir sur toute sa surface.

Lorsque la flamme arrive au fond du four, elle est encore utilisée en parcourant les conduits pratiqués entre les deux voûtes, avant de se perdre en fumée dans la cheminée, où elle arrive presque entièrement dépouillée de chaleur au profit du four.

La combustion est aussi parfaite qu'on peut le désirer, et l'on tire du calorique qu'elle produit tout le profit possible.

L'intervalle laissé entre les deux voûtes n'a pas seulement pour objet d'utiliser davantage la flamme et la fumée, mais bien aussi de former un matelas d'air chaud, pour empêcher la chaleur de la première enveloppe de s'échapper à l'extérieur, lorsque les trappes *b* sont fermées.

Les trappes *b* ont aussi pour fonction de permettre de chauffer une moitié du four plus que l'autre.

Les conduits d'air placés sous l'âtre et ceux adossés contre les pieds-droits de la première voûte de la chapelle, forment aussi une enveloppe d'air chaud qui empêche la chaleur de l'intérieur de s'échapper dans les massifs lorsque les registres *a* sont fermés.

La partie inférieure de la cheminée est fermée par une trappe *c*; cette trappe peut s'ouvrir à volonté au moyen d'une bascule; elle est toujours fermée lors de la combustion, pour empêcher l'introduction de l'air froid dans la cheminée, ce qui

ralentirait beaucoup le tirage. Cette trappe ne s'ouvre que lorsqu'on enfourne, afin de laisser échapper la fumée de l'allume
qui se répandrait dans la boulangerie.

Le bouchoir du four *h* se manœuvre par le mécanisme *g*,
placé sous l'autel ; il est à contre-poids, de sorte que le bouchoir est en équilibre dans toutes ses positions ; un petit effort
sur un levier à crémaillère suffit pour le rendre mobile.

Les ouvertures *e* sont destinées au nettoyage des conduits
des ouras ; elles sont fermées, sur le devant du four, par
des tampons en tôle à double fond.

Les ouvertures *d* sont deux ventouses pour chauffer la boulangerie : à cet effet, on ouvre les deux registres *a*, après avoir
fermé la bouche du four et les trappes *b*; alors l'air qui s'est chauffé
dans l'appareil est forcé de sortir par ces ventouses ; elles sont
également bouchées par des tampons en tôle à double fond,
lorsqu'on ne s'en sert pas. On doit faire observer que la chaleur que produisent les fours étant presque toujours suffisante,
ces ventouses ne deviendraient utiles que dans des froids ex-
cessivement rigoureux.

Résumé. — Les dispositions ci-dessus décrites donnent
pour résultat la meilleure combustion possible, puisqu'on a
tous les moyens nécessaires de régler le tirage, soit en introduisant une plus ou moins grande quantité d'air chaud, soit
en augmentant ou diminuant la section de passage de la fumée
au moyen des registres placés à cet effet.

La disposition des charges de bois sur le devant du four,
en face des introductions d'air chaud, et celle des ouras
placés dans le fond, ont établi des courants directs qui n'ont
pas l'inconvénient des remous qu'on remarque dans les anciens
fours qui ont leurs ouras placés au milieu de la voûte. La
flamme qui tapisse entièrement le four, dans mon système,
pour se rendre du lieu de la combustion dans les ouras, produit tout l'effet possible, puisque, après avoir chauffé toute la
surface intérieure, elle se trouve encore utilisée en parcourant
les conduits situés entre les deux voûtes. La fumée, lorsqu'elle
arrive à la cheminée, n'a plus que la chaleur nécessaire pour
y faire son ascension.

Il n'y a plus autant de causes de refroidissement que dans
les anciens fours, puisque la voûte sous le massif est bouchée
sur le devant ; on n'introduit plus d'air froid par la combustion, et en outre on a une enveloppe presque générale d'air
chaud à une haute température au pourtour du four ; l'air,

comme on sait, étant un très-mauvais conducteur du calorique.

L'objet du brevet que je demande, consiste principalement dans les principes réunis de la combustion du bois dans le four par l'air chaud, et de son entourage d'un matelas d'air à une haute température, plutôt que dans les moyens employés pour obtenir ces effets, lesquels peuvent varier à l'infini.

Légende du plan. — *Fig.* 149. Plan, coupe suivant G H de la *fig.* 2°.

fig. 150. Coupe, élévation suivant A B,

fig. 151. Elévation devant le four.

fig. 152. Coupe sur la ligne C D des plans.

fig. 153. Plan suivant la ligne I K.

fig. 154. Plan suivant la ligne E F.

Les mêmes lettres sur les figures indiquent les mêmes objets.

a, registres d'introduction d'air froid dans l'appareil ; ils ne doivent s'ouvrir que pour la combustion.

b, trappes des ouras par lesquelles la fumée quitte l'appareil pour entrer dans la cheminée ; ces trappes servent à régler le tirage et à chauffer à volonté un quartier plus que l'autre.— *c*, trappes fermant le bas de la cheminée.— *d*, ventouses pour chauffer la boulangerie; à cet effet, toutes les autres issues doivent être fermées. — *e*, ouvertures servant au nettoyage des ouras. — *f*, emplacement du bois pour chauffer le four. — *g*, mécanisme pour ouvrir et fermer le bouchoir. — *h*, bouchoir du four. — *i*, entrée de l'air chaud dans le four. — *k*, origine des ouras.

Four dit aérotherme, propre à cuire le pain, inventé par
MM. JAMETEL ET LEMARE.

La Société d'encouragement a décerné, en 1836, une médaille d'argent à MM. Jametel et Lemare, pour le perfectionnement qu'ils ont apporté dans la construction des fours à cuire le pain. Voici la description du four aérotherme qu'on doit à ces inventeurs :

Le four aérotherme, représenté sur ses différentes faces, dans nos figures, a 4 mètres (12 pieds) de long, sur 3 mètres (9 pieds) de large ; il est entièrement construit en briques.

La *fig.* 155 est le plan pris au niveau du sol, ou sur la ligne *a b*, *fig.* 156. La *fig.* 160, le plan à la hauteur des carneaux de fumée *d*, ou sur la ligne *c d*. La *fig.* 157, le plan à la hauteur du carneau d'air, ou sur la ligne *e f*. On y a disposé en galeries des briques servant à soutenir l'âtre du four. La *fig.* 158 est la coupe horizontale de l'âtre du four *s*, sur la ligne *g h*, *fig.* 160.

On voit, *fig.* 159, une élévation antérieure du four. La *fig.* 160 est une coupe longitudinale et verticale sur la ligne *i k*, *fig.* 2. La *fig.* 161 est une coupe transversale sur la ligne *l m*.

Les mêmes lettres indiquent les mêmes objets dans toutes les figures.

a, foyer; B, entrée du foyer fermée par une porte en fonte et par une double porte *b*, pour empêcher la perte trop prompte de la chaleur; *c c c*, galeries ou réservoir d'air chaud entourant le foyer; *d d d*, carneaux pour la circulation de la fumée; *e*, cheminée prise dans l'épaisseur du mur; *f*, tuyau servant à conduire directement l'air chaud du réservoir dans le four; il prend naissance à la partie supérieure des galeries *c*, et s'élève jusqu'à la retombée de la voûte du four.

g, tuyau de retour de l'air refroidi du four dans le réservoir; il part du niveau de l'âtre du four, et se prolonge jusqu'au sol du réservoir d'air chaud.

h h, tuyaux conduisant l'air chaud du réservoir directement dans le carneau d'air *r*; ils prennent naissance au point le plus élevé de la galerie, et aboutissent au droit du sol inférieur du carneau d'air; ces tuyaux sont munis de trappes, ou tirettes à tringles, que l'on ferme, et que l'on ouvre à volonté.

i i, tuyaux conduisant l'air de ce carneau dans le four; ils partent de la partie supérieure du carneau, et s'élèvent jusqu'à la retombée de la voûte du four.

k k, portes du foyer.

l, chaudière ou réservoir d'eau établi dans l'épaisseur de la maçonnerie.

m, robinet de la chaudière.

n n, trappes ou tampons servant à faire entrer l'air froid dans le carneau d'air, pour refroidir l'âtre.

o, hotte établie en-dessus des bouches du four pour emporter la fumée au moment d'allumer, et une partie de la buée qui s'échappe lors de l'enfournement.

r, carneau d'air.

s, four.

t, cendrier.

u, vide sous le plancher du four servant à l'introduction de l'air atmosphérique dans les galeries.

a b, portes en fonte pratiquées à l'entrée du foyer.

c c, *fig.* 1, piles supportant la voûte ou galerie formant le réservoir *c*.

d, tirette du tuyau *f*.

e, tirette du tuyau *g*.

f f, tirettes des tuyaux *h h*.

g g, tirettes des tuyaux *i i*.

h, tuyau communiquant du four à la chaudière *l*.

i, tirette placée dans ce tuyau.

Marche du four.—Le combustible employé, qui est ordinairement du coke, se place dans le foyer *a*. Aussitôt que le feu est allumé, la flamme circule dans les carneaux *d d*. Après avoir communiqué toute sa chaleur tant aux galeries latérales *c c*, qu'à la capacité *r*, la fumée s'échappe par la cheminée *e*. L'air extérieur pénètre, par la fente *u* pratiquée sous le plancher du foyer, dans la capacité *c c*, divisée çà et là par des piliers en briques terminés en arceaux et servant à supporter la maçonnerie du four. Par cette disposition, l'air circule librement autour du cendrier et du foyer, et s'échauffe considérablement par son contact avec les parois du foyer; il pénètre ensuite, par les tuyaux *h h* qui se trouvent à la partie supérieure du réservoir et à l'opposé de la porte du four, dans des conduits ménagés au-dessous de l'âtre et au-dessus des carneaux *d d*. Ayant acquis dans ce trajet une température plus élevée, il entre dans le carneau d'air *r*, d'où il se rend dans le four par les tuyaux *i i*, qui débouchent près de la sole. En même temps, l'air échauffé dans la galerie *c* monte par le tuyau *f*, jusqu'à la voûte du four, auquel il communique un degré de chaleur de 200 à 220 degrés centigrades. C'est à ce moment qu'on introduit le pain par les portes *k k*, puis on ferme toutes les issues, et l'air qui tamise à travers les briques suffit pour entretenir la combustion. Pendant l'opération, les gaz, refroidis à l'intérieur du four par la vapeur du pain et par les déperditions ordinaires, deviennent spécifiquement plus lourds et se précipitent par le tuyau *g*, dans le réservoir inférieur, où ils vont se réchauffer pour remonter ensuite par le tuyau *f*, et circuler dans le four.

Chaque ouverture servant à la circulation de l'air, est munie d'une tirette destinée à modérer l'activité du courant d'air et même à l'arrêter au besoin.

Avantages de ce four.—On voit, par ce qui précède, que les gaz du foyer ne sont pas en contact immédiat avec l'air en circulation, et qu'ils ne peuvent pénétrer dans le four. La presque totalité du calorique est utilisée au profit du four; lorsqu'il a été peu à peu épuisé, l'air brûlé s'échappe par la cheminée *e*, à une température plus ou moins basse. Comme il y a absence de toute poussière dans le four et dans le fournil où se confectionne la pâte, le pain s'obtient plus blanc et plus propre.

On peut cuire dans le four que nous venons de décrire seize à vingt fournées en vingt-quatre heures, chacune de 170 kilogrammes (340 livres); la cuisson s'y fait sans interruption, avec une grande économie de combustible et de main-d'œuvre, et une propreté parfaite.

Ce four a été employé dans les boulangeries des hospices civils, et a donné des résultats très-satisfaisants; on a cuit en cinq jours, c'est-à-dire depuis le lundi à deux heures jusqu'au samedi à pareille heure, 11,965 kilogrammes (23,930 livres) de pain, en consommant 945 kilogrammes (1,890 livres) de coke. Les frais se sont élevés à 47 centimes par fournée de 120 kilogrammes (240 livres), tandis que dans les fours de boulangeries ordinaires, alimentés avec du bois, la dépense est près du double.

On a remarqué que quelques pelletées de coke, jetées dans le foyer après trois ou quatre fournées, suffisent pour entretenir le feu. Le chauffeur a donc peu de chose à faire et peut vaquer à d'autres occupations. Les ouvriers n'ont pas à respirer un air enflammé, nuisible à la santé, et la chaleur étant égale dans toute la capacité du four, le pain se trouve parfaitement cuit.

Un des effets de la circulation de l'air chaud autour du foyer, est que, la combustion une fois commencée, continue indéfiniment sans aucune prise distincte d'air extérieur; cet effet est tel, qu'il se continue lors même que la porte du foyer et celle du four ont été bouchées, d'où il résulte que la combustion s'y fait avec le très-peu d'air qui pourrait être aspiré à travers les briques du four.

Description d'un four aérotherme continu, à cuire le pain,
Par M. V. ARIBERT.

Le four se compose d'une gaîne étroite horizontale, en maçonnerie, fermée aux deux extrémités par des portes en tôle, contenant une cheminée de fer, inclinée de 20 centimètres

(7 pouces 1/2), sur 8 mètres (24 pieds) de longueur d'une porte à l'autre.

La sole consiste en une série de plateaux en tôle, montés sur des cadres en fer portant des galets en fonte. Les plateaux sont joints bout à bout dans le four; ils sont mobiles sur un chemin de fer. On place le pain en pâte sur un plateau posé à l'entrée du four; on ouvre les portes, et on pousse ce plateau dans le four, et ainsi des autres, en mettant entre chaque plateau cinq à six minutes d'intervalle. A chaque introduction d'un plateau chargé de pain en pâte, correspond, par l'autre porte, la sortie d'un plateau chargé de pain cuit.

Un calorifère, placé en contre-bas du four, chauffe l'air. Cet air, dilaté par la chaleur, monte dans le four par des conduits ménagés à cet effet, et est introduit dans la gaîne par des bouches pratiquées à proximité de la porte d'entrée; il circule dans l'intérieur de cette gaîne, en se dépouillant d'une partie de sa chaleur au profit du pain, et l'air le moins chaud, relativement le plus dense, arrive à l'extrémité de la gaîne, du côté de la porte de sortie ; à ce point, il est repris par des conduits ouvrant dans la gaîne au point le plus bas, pour être ramené aux dernières surfaces du calorifère qui sont les plus éloignées du foyer, les moins chaudes et les plus basses; de là cet air remonte, en s'échauffant de plus en plus, le long des surfaces qui sont les plus voisines du foyer, et par conséquent les plus chaudes; il est reconduit, toujours en montant, dans le four, à l'extrémité, du côté de la porte d'entrée, d'où l'on voit que le courant d'air chaud circule constamment, et que la cuisson est continue.

Il résulte de cette disposition, que la partie du four qui reçoit la pâte, recevant aussi de première main le courant d'air chaud, est toujours la plus chaude; et comme, à mesure que l'air circule dans le four, il perd de sa chaleur en cuisant le pain, il en résulte encore que chaque partie du four est d'autant moins chaude qu'elle s'éloigne davantage des bouches de chaleur; et, comme chaque pain passe successivement dans toutes les parties qui sont de moins en moins chaudes, il se trouve donc placé dans les mêmes circonstances que s'il était dans un four chauffé à la manière ordinaire, c'est-à-dire qu'il reçoit une forte chaleur au commencement de la cuisson, chaleur qui va toujours en diminuant jusqu'à la fin.

Un thermomètre, placé dans le four, en règle la température.

Avantages du four continu sur les fours ordinaires. — 1º Économie de combustible, résultant de ce que la fumée étant constamment refroidie par l'air à la température *minimum* du défournement, est abandonnée dans la cheminée à une température très-peu supérieure à celle du pain à sa sortie du four. Cette économie peut être évaluée, pour la plupart des localités, à 75 p. 100, et 100 kilogrammes (200 livres) de pain dans un travail continu.

2º Économie d'emplacement: un seul foyer, dans les dimensions du plan, peut cuire en vingt-quatre heures 15,000 rations.

Les grands établissements des manutentions militaires, qui ont de vastes magasins pour leur approvisionnement de bois, n'auraient plus besoin que d'un petit local pour le magasin de charbon.

3º Régularité de la cuisson : tous les pains passent successivement par les mêmes circonstances de température, dans les différentes parties du four; il en résulte une cuisson égale pour tous : or, il est impossible d'obtenir cette égalité avec les soins ordinaires, car, quelle que soit la rapidité de l'enfournement et du défournement, il y a toujours une différence de cuisson entre les premiers et les derniers pains enfournés.

Légende des plans. — *Fig.* 162. Plan à la hauteur brisée 1, 2, 3, 4, *fig.* 164.

Fig. 163. Plan à la hauteur 5, 6, *fig.* 164.

Fig. 164. Coupe suivant la longueur 7, 8, *fig.* 163.

Fig. 165. Coupe suivant la largeur 9, 10, *fig.* 162.

Fig. 166. Coupe suivant la longueur brisée 11, 12, 13, 14, *fig.* 164.

Les lettres sont communes pour les cinq figures.

a, cendrier.

b, foyer.

c, calorifère en fonte, doublé de terre au-dessus du foyer.

d, tuyau de fumée en fonte ; prolongement du calorifère.

e, conduit de fumée en maçonnerie de briques.

f, conduit de fumée en fonte.

g, conduit de fumée en briques, conduisant la fumée du calorifère jusqu'à la cheminée, en passant autour de la chaudière.

i, chaudière pour chauffer l'eau.

h, conduits de fumée de la chaudière à la cheminée.

k, plusieurs regards ménagés pour le ramonage.

l, galerie pour le service des regards.

m, galerie pour le service du foyer.

n, plaques en tôle roulant sur un chemin de fer, sur lesquelles on enfourne le pain.

o, couches de charbon entre les murs et les doubles-voûtes.

p, portes du four.

r, registres d'air chaud.

s, tiges en fer pour régler les registres.

A, réservoir de l'air le plus chaud autour du calorifère.

B, conduits d'air chaud du réservoir dans le four.

C, intérieur du four où circule l'air chaud.

D, conduits en maçonnerie de l'air moins chaud, après son action sur le pain, jusqu'au pied du calorifère.

E, conduits d'air autour des surfaces de chauffe du calorifère jusqu'au réservoir *A*.

Théorie de la combustion.

On définit la combustion : une combinaison de l'oxigène avec un corps accompagnée d'une émission de calorique et quelquefois de lumière. Dans tous les cas, il n'y a jamais émission de lumière sans dégagement de calorique. Il est cependant reconnu que plusieurs corps peuvent, en s'unissant, dégager du calorique et de la lumière, et simuler une combustion, sans cependant absorber de l'oxigène.

Lavoisier a attribué le dégagement du calorique à la condensation des molécules de l'oxigène absorbé. Cependant, quoique cette absorption soit bien démontrée, il ne l'est pas, bien s'en faut, que tout le calorique produit par la combustion lui soit dû dans tous les cas.

D'après Berzélius, le calorique et la lumière qui sont produits par la combustion, ne sont point dus à une variation de densité des corps, ni à un moindre degré de calorique spécifique de nouveaux produits, puisqu'il arrive souvent que le calorique spécifique est plus fort que celui des principes constituants des corps qui avaient été brûlés. D'après ce fait et l'action que le fluide électrique exerce sur les corps combustibles, il pense qu'au moment où ils s'unissent, ils développent des électricités libres, opposées, dont la force devient d'autant plus grande qu'elles approchent davantage de la température à laquelle la combinaison a lieu, jusqu'à ce qu'au

moment de cette combinaison les électricités disparaissent en
donnant lieu à une élévation de température telle qu'il se
produit du feu. « Dans toute combinaison chimique, dit-il,
il y a neutralisation des électricités opposées, et cette neutralisation produit le feu de la même manière qu'elle le produit
dans les décharges de la bouteille électrique, de la pile électrique et du tonnerre, sans être accompagnée, dans ces phénomènes, d'une combinaison chimique. »

Quoi qu'il en soit, il est bien démontré que la combustion
ne saurait avoir lieu sans le contact de l'oxigène ou de l'air
avec les matières combustibles ; or, plus l'air se portera avec
vitesse dans le four, et plus cet air sera sec, plus la combustion sera rapide. Cette considération doit s'opposer à la construction des fours dans des lieux bas et humides, et doit porter les constructeurs à faire en sorte que l'air y ait un libre
accès.

INSTRUMENTS PROPRES A LA BOULANGERIE.

Allume et *porte-allume*. L'on donne le nom d'allume à de
petits morceaux de bois bien sec et fendu longitudinalement,
que l'on brûlait jadis sur la braise pour éclairer l'intérieur du
four pendant tout le temps de l'enfournement ; mais comme,
par ce moyen, le four était toujours inégalement éclairé, on
a inventé le *porte-allume*, qui est une espèce de caisse en
tôle d'environ 33 centimètres (1 pied) de longueur, sur 16
centimètres (6 pouces) de largeur et 8 centimètres (3 pouces)
de hauteur. A la surface, qui est ouverte, se trouvent adaptées
plusieurs petites barres de fer destinées à supporter l'allume
qui brûle successivement dans les parties du four qu'on veut
éclairer.

Le *porte-allume* est inconnu dans le midi de la France.

Bassin. Vase en cuivre, en fer-blanc ou en bois, servant à
mesurer l'eau. Sa capacité est d'environ 27 centimètres (10
pouces) de diamètre sur 22 centimètres (8 pouces) de hauteur.
Il doit être muni d'une ou deux anses en fer. Autant que possible, on ne doit pas le faire en cuivre.

Blutoir. Voyez l'article FARINE.

Chaudière. Vaisseau en cuivre destiné à faire chauffer l'eau
pour le pétrissage. Sa grandeur est relative à la quantité de
farine que l'on veut convertir en pain. D'après les nouveaux
principes, les chaudières doivent présenter moins de profon-

deur qu'autrefois, et beaucoup plus de surface; par ce moyen l'eau est plus tôt chaude, et il y a emploi du temps et du combustible.

Corbeilles. Elles servent à porter la farine au pétrin et à mettre les levains. Dans le midi de la France, on en fait en paille de seigle de plus ou moins grandes. Les unes sont destinées à porter la farine; les autres, garnies de toile en dedans, servent à transporter la pâte. Il en est de plus petites qui sont destinées chacune à recevoir la pâte nécessaire pour un pain. On saupoudre auparavant la toile avec de la bonne farine. Ces pains sont nommés *pains tournés.* On nomme ces grandes corbeilles en paille *paillassos,* et les petites *paillassons.*

Couche. C'est ainsi qu'on nomme les tables qu'on couvre d'une toile, et sur lesquelles on dispose les pains d'un demi-kilogramme (1 livre) et au-dessous, avant d'être cuits. Dans quelques boulangeries, on les dispose en tiroirs dans de grandes armoires qui conservent une douce chaleur. Dans le midi de la France on saupoudre de recoupes de longues planches, sur lesquelles on place les pains non cuits, et on les superpose en rayons sur de petites barres plantées dans le mur. Ces pains restent ainsi exposés quelque temps au contact et aux injures de l'air. Quelle que soit la saison, l'on sent combien une pareille méthode est vicieuse.

Couches. Toiles qui servent à couvrir les tables où l'on place les pains qui ne sont pas encore cuits.

Ecouvillon. Longue perche à l'extrémité de laquelle se trouvent adaptés des morceaux de grosse toile qu'on mouille dans un baquet rempli d'eau, et avec lesquels on nettoie le four, et principalement l'âtre, dès qu'on en a enlevé les cendres.

Les boulangers du midi de la France nomment l'écouvillon *escougal;* ils ont la malpropreté de le tremper dans une eau sale qui croupit dans un petit trou qu'ils pratiquent devant leur porte et au dehors.

Coupe-pâte. Plaque de fer poli, munie d'un manche, et destinée tant à enlever la pâte qui adhère aux parois du pétrin, ainsi qu'aux mains, qu'à couper ou diviser toute la pâte par parties.

Etouffoir. Grand cylindre en cuivre ou en tôle de 1 mètre à 1 mètre 33 centim. (3 à 4 pieds) de longueur sur 65 ou 81 centimètres (2 pieds ou 2 pieds 1/2) de largeur, hermétiquement fermé par un couvercle de même métal, et muni de deux anses, pour le rendre plus facile à transporter. C'est dans ce cylindre qu'on dépose la braise pour l'éteindre, que l'on vend ensuite quand elle est bien refroidie. Dans les localités où l'on ne brûle pas du bois dans le four, ce vase est inconnu.

Fourgon. Longue perche, terminée à la plus grosse extrémité par une tige de fer aplatie, servant à remuer le bois en combustion, et à le pousser vers les parties diverses du four.

Grattoir. Instrument en fer, propre à ratisser les angles du pétrin.

Lauriot. Baquet rempli d'eau, dans lequel on plonge l'écouvillon.

Pannetons. Espèce de petites corbeilles couvertes de toile, destinées à recevoir la pâte distribuée en pains, afin que la fermentation panaire puisse arriver à son dernier période. Les pannetons ont la grandeur et la forme des pains que l'on veut avoir.

Pelles. Il y a plusieurs sortes de pelles, suivant l'usage auquel on les destine : celles qui sont destinées à retirer la braise du four pour la porter dans l'étouffoir, sont en fer. Les autres sont en bois dur ; elles doivent cependant être légères et flexibles. Il y en a qui offrent un carré long. Le *pelleton* doit avoir une proportion égale avec le manche, et être en raison directe de la grosseur du pain qu'on veut enfourner.

La plus grande pelle se nomme *rondeau ;* elle est de forme ronde et dépourvue de poignée ; elle est destinée à porter les pains ronds des couches au four.

Pétrin, huche ou *maie.* Grande caisse en bois dur, de 2 à 4 mètres (6 à 12 pieds) de long, sur 49 à 81 centimètres (1 pied 1/2 à 2 pieds 1/2) d'ouverture, et les deux tiers de fond, destinée à pétrir la pâte. Comme Parmentier, nous croyons que la forme cylindrique serait plus convenable. Voyez, à l'article *Pétrissage,* la description de nouveaux pétrins.

Rouable. Longue perche terminée par un grand crochet en fer destiné à ramasser la braise et à la tirer jusqu'à l'âtre du four. On divise les *rouables* en grands et petits : ils ne diffèrent les uns des autres que par la longueur du manche ; à cela près, leur usage est le même.

FIN DU TOME PREMIER.

BAR-SUR-SEINE. — IMP. DE GAILLARD.

www.ingramcontent.com/pod-product-compliance
Lightning Source LLC
Chambersburg PA
CBHW060135200326
41518CB00008B/1037